爱、罪疚与修复

Love, guilt and repair

梅兰妮·克莱因 儿童心理学

有爱才有罪疚感，
有罪疚感才会修复爱与情感

[英] 梅兰妮·克莱因 著
冀晖 译

北京理工大学出版社
BEIJING INSTITUTE OF TECHNOLOGY PRESS

版权专有　侵权必究

图书在版编目(CIP)数据

爱、罪疚与修复 /（英）梅兰妮·克莱因著；冀晖译. — 北京：北京理工大学出版社，2021.1（2024.6重印）

ISBN 978-7-5682-9342-6

Ⅰ. ①爱… Ⅱ. ①梅… ②冀… Ⅲ. ①儿童心理学 Ⅳ. ①B844.1

中国版本图书馆 CIP 数据核字（2020）第 253966 号

责任编辑 / 李慧智		**文案编辑** / 李慧智	
责任校对 / 刘亚男		**责任印制** / 施胜娟	

出版发行 / 北京理工大学出版社有限责任公司
社　　址 / 北京市丰台区四合庄路6号
邮　　编 / 100070
电　　话 /（010）68944451（大众售后服务热线）
（010）68912824（大众售后服务热线）
网　　址 / http://www.bitpress.com.cn

版 印 次 / 2024年6月第1版第2次印刷
印　　刷 / 天津明都商贸有限公司
开　　本 / 880 mm × 1230 mm　1/32
印　　张 / 12
字　　数 / 228千字
定　　价 / 79.80元

图书出现印装质量问题，请拨打售后服务热线，负责调换

目录
CONTENTS

001　**第一章**
　　　儿童的发展

044　**第二章**
　　　青春期的抑制与困惑

049　**第三章**
　　　学校在儿童力比多发展中的作用

055　**第四章**
　　　早期分析

073　**第五章**
　　　抽搐的心理起因探讨

088　**第六章**
　　　早期分析的心理学原则

098　**第七章**
　　　儿童分析论文集

130　**第八章**
　　　正常儿童的犯罪倾向

148　**第九章**
　　　俄狄浦斯情结的早期阶段

162　**第十章**
　　　儿童游戏中的拟人化

174	**第十一章**	艺术作品中反映的婴儿焦虑情境
185	**第十二章**	象征形成在自我发展中的重要性
201	**第十三章**	对精神病的心理治疗
206	**第十四章**	智力抑制理论
220	**第十五章**	儿童良心的早期发展
230	**第十六章**	论犯罪
235	**第十七章**	论躁郁状态的心理成因
263	**第十八章**	断奶
281	**第十九章**	爱、罪疚与修复
325	**第二十章**	哀悼及其与躁郁状态的关系
356	**第二十一章**	从早期焦虑讨论俄狄浦斯情结

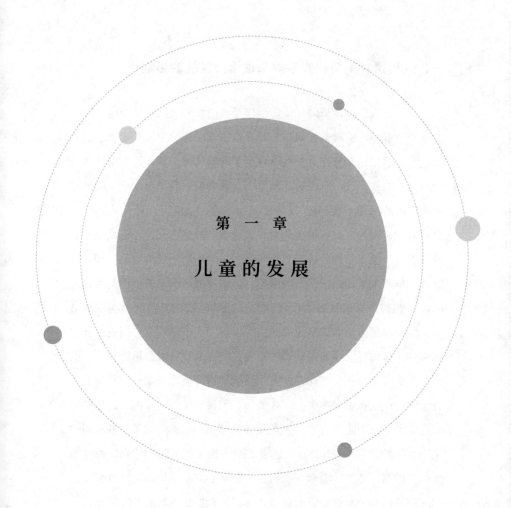

第一章

儿童的发展

一、性启蒙和削弱权威感对儿童智力发展的影响

如今,人们越发赞同儿童应该接受性启蒙的观点。学校也开始大力推行儿童性启蒙教学,预防儿童在青春期时因"无知"而面临更多的危险,这也让儿童性启蒙教学得到了普遍认可。然而,根据精神分析的经验来看,这一阶段的儿童是十分脆弱的,我们至少应该向他们提供恰当的教养(甚至是"启蒙"),才能让他们不至于需要特殊的启蒙方式,因为,只有符合儿童发展速度的教养方式,才是最完整、最自然的启蒙。精神分析的经验得出了一个毋庸置疑的结论,即儿童应该尽量避免受到过于强烈的潜抑,以防发展出病态或负面的人格。所以,精神分析的任务不仅包括尝试巧妙地以信息对抗那些明显的现实危险,还包括尝试避免那些因难以辨别而不够明显,但更加普遍和深刻,从而更急需被观察到的现实危险。通过精神分析的每一个案例,几乎都可以得出结论,即童年性欲的潜抑是成人疾病,甚至是所有正常心理状态中多多少少存在的病态元素或抑制的根源,这也给我们提供了一条明确的道路。人类基于情感和一致性建立了一种虚假的文明,给性特质(sexuality)包裹了一层神秘而危险的外壳,而要想使儿童远离不必要的潜抑,我们首先要从心理层面消除这层外壳。我们应该依据儿童对性知识的渴望程度,为他们提供足够的性信息,并且从根本上消除性特质的神秘感和危险性。这样一来,儿童就不会重蹈我们的覆辙,将一部分愿望、想法和感觉潜抑起来,其余部分则成为羞愧和焦虑的导火索。更重要的是,我们在帮助儿童远离这种潜抑

第一章　儿童的发展

以及不必要的痛苦的同时,也为身体健康、心理平衡以及良好的人格发展建立起基础。此外,彻底而坦然地面对性特质,不仅有利于个体和人性的演化,而且决定着智能的发展。

我曾经深入参与了一个儿童的发展过程,这个过程清晰且明确地证实了以上根据精神分析的经验和理论而得出的结论。

先前历史

弗里茨（Fritz）是我亲戚家的一个男孩子,我们两家住得很近,来往密切。在弗里茨的教养方面,我为他的母亲提供了很多建议,她也一直按照我的建议去做。现在,弗里茨已经5岁了,身体健壮,心智发展正常但比较缓慢。他直到2岁才开口说话,3岁半才能用连续的句子说出自己的想法。有些孩子在年龄很小的时候就展现出语言天赋,能够说出引人注意的话,但弗里茨始终没有这样的表现。然而,他的外表和行为却显得聪明伶俐。对于一些概念,他掌握得很慢,直到4岁以后才学会区分颜色,快到4岁半才明白"昨天""今天""明天"的概念。他对现实事物的理解力明显弱于同龄儿童。虽然他经常跟随家长去买东西,但从他提出的问题来看,他似乎难以理解,当一个人拥有很多同样的东西时,为什么不能从中拿出一个送给别人。他还难以理解为什么要用钱去换东西,而且不同的东西要用不同数量的钱去换。

但是,他具有相当出色的记忆力,不仅很容易记住事情,而且对于比较久远的事情,也能记得当时的细节。他一旦了解了某个概念或事实,就能彻底掌握。一般来说,他很少提问。直到4岁半左右的时候,他的心智发展才开始加速,并且有了比较强烈的发问冲动。在这一阶段,他也表现出明显的全能感（omnipotence,弗洛伊德称之为

"万能想法的信念"）。无论他听说了哪一种技能或手工，他都觉得自己能够胜任，即便事实截然相反。有时候，别人告诉他，爸爸妈妈也不是什么都懂，但他依然坚信自己和身边的人是无所不能的。即使当他无力辩解的时候，或者当事实足以反驳他的时候，他也会坚称："只要有人给我做个示范，我就能做到！"因此，在种种反证面前，他依然认为自己会做饭、阅读、写字，以及说一口流利的法语。

询问出生问题的阶段

弗里茨从4岁9个月开始询问有关出生的问题，此时，他的发问需求有了明显的增加。

在这里，我要强调的是，大部分时候，他会向母亲或我提问，而我们会给他提供完全真实的答案，必要时也会根据他的理解程度，尽量简洁明了地给他提供科学依据。回答完问题后，除非他重复提问，或者提出新的问题，否则我们不会主动提起这个问题或者提出新的问题。

一开始，他的问题是："出生前，我在哪里？"然后，这个问题变成了："人是怎样制造出来的？"他几乎每天都重复一模一样的问题，这并非因为他的智力不足，而是他显然能够理解关于胎儿在母亲体内成长的解释（此时，他还没有直接提到关于父亲角色的问题）。

他的所有表现——漫不经心、尴尬为难、想要迅速结束对话、试图中止自己刚刚开始的话题——都说明他产生了某种"痛苦"的感觉，并且难以接受事实（但他的求知欲又与此形成了对抗）。有一小段时间，他不再向母亲和我提问，而是去向保姆（不久她就离开了）和哥哥提问。然而他们给出的答案是送子鸟送来婴儿以及上帝造人，这些答案给他带来的满足感只持续了短短几天。然后，他再次问母亲："人是怎样制造出来的？"此时，他似乎终于可以接受母亲的答案才是真相。

面对他的再次提问，他的母亲又重复了一遍以往的解释。这一次，他的话变多了，他告诉母亲，保姆说（他似乎也听别人说过）婴儿是送子鸟送来的。母亲对他说："那只是故事而已。"他又说："L家的孩子告诉我，复活节的时候，根本不会出现复活节兔子，其实是保姆把东西藏在了花园里。"母亲回答："他们说得对。""复活节兔子压根不存在，那只是故事而已，对吗？""是的。""那么圣诞老人也是假的？""是的，圣诞老人也不存在。""那么圣诞树是谁拿来的？又是谁装饰的？""是爸爸妈妈。""天使也只是故事，根本不存在？""没错，世上根本没有天使，只是故事而已。"

显然，他不太容易理解这些知识，因为他在结束这段对话之前停顿了一下，然后问道："但是铁匠是真的吧？世上真的存在铁匠吧？不然箱子是谁做的呢？"两天后，他说想要做一个调换父母的实验，让L太太当他妈妈，让L家的孩子当他的兄弟姐妹，而且这个实验要持续整整一下午。然而，晚上他自己回家时，显得很懊悔。次日早上，他向母亲问候早安之后，提出的第一个问题是："妈妈，能不能告诉我，你是怎么来到这个世界的？"这显示出，此前难以理解的领悟与他刻意调换父母之间存在着因果关系。

此后，他对这一主题越发感兴趣，一再探究。他问过狗是怎样来到这个世界的。他还对我说，他刚刚"往一颗破掉的蛋里偷看了一眼"，但发现里面并没有鸡。我解释了小鸡与小孩的区别，并且告诉他，小孩会在妈妈温暖的身体里待到足够强壮，可以适应外面的世界时，才会从妈妈身体里出来。听了我的话，他显得很高兴，并且问道："那么，小孩在妈妈身体里的时候，是谁在喂他呢？"

次日，他又问我："人是怎样长大的？"我以他认识的一个幼儿，以及他自己、他哥哥、他爸爸为例，解释了人的不同成长阶段。他说："我知道这些，但人究竟是怎么长出来的？"

当晚，他因为不听话而挨了批评。他很伤心，决定改正。他说："我明天会听话，还有之后的那天，和之后的那天……"说到这里，他突然停下来想了想，然后问道："妈妈，之后的那天会一直到来多久？"母亲不太明白他的意思，他换了一种问法："新的一天会一直到来多久？"接着，他又立即问道："妈妈，晚上就算是前一天了，对吗？但是特别早的早上就是新的一天了？"当他母亲出去拿东西又返回时，他正在哼唱一首歌。她一进屋，他的歌声就停了下来，然后，他认真地看着母亲说："如果你让我别唱歌，我应该立刻停止吗？"母亲解释说，她绝不会这样说，因为，除了某些不能做的事情，他无论什么时候都可以做他想做的事情。她用几个例子进行说明，他听了以后，显得很满意。

第三阶段

这种相当明显的发问需求从第二阶段持续到第三阶段，只是发展路线似乎有了改变。

现在，弗里茨依然会经常提出关于出生的问题，但是从他的提问方式可以看出，他已经吸收了这些知识，将其融入了自己的整体思考中。他依然对出生方面的问题非常感兴趣，但是这种兴趣已经淡化了很多，因为他变得较少提出问题，而经常确认答案。例如，他会说："狗也是在妈妈肚子里长出来的吗？"或者："鹿是和人一样长出来的吗？"在得到肯定的回答后，他又问："那么，它也是在妈妈肚子里长出来的？"

虽然他没有再问"人是怎样制造出来的"，但是由这个问题延

第一章 儿童的发展

伸出关于一般存在的问题。在这几周里,他提出了大量此类问题,例如:牙齿是怎样长出来的?眼睛为什么在(眼窝)里面?手上的纹路是怎样制造出来的?树、花朵、木头等东西是怎样长出来的?樱桃的茎是不是一长出来就带着樱桃?不成熟的樱桃吃进胃里会不会变熟?花摘下来以后还能不能种回去?如果种子还没成熟就被捡起来,以后它还能不能成熟?泉水是怎样制造出来的?河流是怎样制造出来的?船是怎样到了多瑙河上?灰尘是怎样制造出来的?除此以外,他还会问各种物品和材料是怎样制造出来的。

对粪便和尿液的兴趣

从他那些特定的问题,例如"人是怎么动的?脚是怎么动的?手是怎么摸东西的?血是怎样进到身体里的?各种东西是怎样长出来的?为什么人能工作、做东西?"以及他的追问方式,还有他总是表示想要看到东西(衣橱、供水系统、水管、左轮枪等)是怎样制造出来的,想了解它们的内部结构等,我看到了他的好奇心,这让我觉得,他对于感兴趣的事物,已经有了一探究竟的需求。这种强烈的欲望可能一部分是因为他潜意识中想知道父亲在孩子出生的过程中扮演了怎样的角色。同样体现出这一点的是另一种问题,即关于两性差异的问题,以前,他从来没问过这种问题,但在一段时间内,他多次询问:他的母亲、我、他的姐姐是不是一直都会是女的?每个女人是不是小时候都是女孩子?他自己是不是从来都没有变成过女孩子?他的父亲小时候是不是男孩子?是不是每个人、每个爸爸起初都很小?当出生问题对他来说已经比较真实的时候,有一次,他问他父亲以前是否也是在他自己妈妈的身体里长出来的。他的原话是"在妈妈的胃里",虽然他已经被纠正过这个错误,但偶尔还是会这样说。他很早就对粪便、尿液之类的东西产生了浓厚的兴趣，直到现在依然如此，有时候，他也会公然表达出这种兴趣。有一段时间，他经常说自己的"卡奇"（kakis，指粪便）很漂亮，有时还会细致地欣赏粪便的形状、颜色和大小。

现实意识

弗里茨的现实意识在发问阶段开始后有了很大的进展（就像前文中描述的那样，在开始关心出生问题之前，他的现实意识发展缓慢，落后于同龄儿童）。当时，他还在努力对抗潜抑的倾向，因此很难辨别各种概念是否真实，但这也促使他能够区分得更加鲜明、更加清晰。但现在，他已经有了想要对一切事物一探究竟的表现。这一点在第二阶段结束后便体现出来，其中最明显的表现为，他不断追问现实情况，并且对于他熟悉的事物、他很早就知道的东西，以及他练习过且反复观察过的活动，都要求得到存在的证据。通过这些，他得以进行独立的判断，并发展出自己的推论。

明显的疑问和确认

例如，当他吃面包时，如果面包是硬的，那么他会说："这个面包好硬。"吃完后，他会说："我也能吃硬面包。"有一次，他突然忘了厨房里用来做饭的那个东西的名字，于是来问我。当得知答案后，他说："它叫炉子，因为它是炉子。我叫弗里茨，因为我是弗里茨。你叫阿姨，因为你是阿姨。"还有一次，他吃饭时没有好好咀嚼，所以咽不下嘴里的食物。等到终于咽下去后，他说："我咽不下去，因为我没嚼。"然后又说："人能吃东西，因为人能嚼。"吃完早餐,他说:"我把糖放进茶里,所以它会进入我的胃里。"我问他:"真的吗?""真的,因为杯子里没有糖了,所以它进入我的嘴巴了。"

他以这样的方式确认事实,并将其作为标准,用来对比需要继续深入探究的现象和概念。由于他的智力尚不足以让他掌握新的概念,因此,他会尝试借助已经熟知的事物来进行评估,并且通过比较来掌握概念,而且,他会更加细致地复盘已经了解的知识,由此建立新的概念。

他早已习惯于使用"真的""不是真的"等词汇,现在,这些词汇对他来说又有了新的意义。在他确定了送子鸟和复活节兔子都只是故事,以及小孩从母亲体内降生的事实虽然显得不太美好但更加真实可信以后,他就曾经说过:"但是铁匠是真的吧?不然箱子是谁做的呢?"同样,在他无须被迫相信那个他无法理解、无法相信、无法看到,但又全能全知的存在以后,他问道:"我能看到存在的东西,是吧?……能看到的就是真的。我能看到太阳和花园。"对他来说,这些"真的"东西便有了本质上的意义,使他可以区分能看到的、真实的东西,以及希望和幻想中出现的东西(虽然美丽,但不真实,"不是真的")。他的心中形成了这种"现实原则"(reality-principle)。通过与父母交流,他决定像母亲一样不信上帝。他说:"电车是真的,火车也是真的,因为我坐过它们。"首先,他已经借助现实的具体事物获得了区分标准,由此分辨出那些缺少现实感的虚幻事物。一开始,他以能否实际接触到作为区分标准,但后来,他说:"我能看到太阳和花园,但我看不到玛丽阿姨的房子,可是,她的房子是存在的,对吗?"这说明他又进了一步,从看得到的真实,达到了思考的真实。他基于自己的智力发展来确认事物是否"真实"(这是他唯一的方法),并加以吸收和运用。

在第二阶段，他的现实意识有了迅猛发展，并且一直持续到第三阶段，此时，他获得的新事实越来越多，现实意识的发展也由确认转变为以复盘已知信息为主，同时伴随着新的发展，即更加细致地探究这些信息，并将其发展为知识。接下来，我列举一些他在这一阶段随口问的问题和说的话。在问完有关上帝的问题之后不久，有天，他的母亲叫醒他时，他对她说，L家的一个女孩子告诉他，她见到过一个会走路的小瓷人。母亲问他应该把这种信息称为什么，他笑着说："这是故事。"然后，母亲给他端来早餐，他说："但早餐是真的，对吧？晚餐也是真的吧？"当他被禁止吃尚未成熟的樱桃时，他问道："现在不是夏天吗？夏天的樱桃是成熟的！"当天，他的哥哥对他说，如果有别的男孩子欺负他，他要学会反击（他性格温和，缺少攻击性，哥哥觉得必须提醒他这一点）。当天晚上，他问母亲："妈妈，如果我被狗咬了，我要咬回去吗？"他的哥哥想把装满水的杯子放在微微隆起的边缘，结果水洒了出来，弗里茨看到后，说道："杯子在边边立不住。"（他把所有代表边缘和边界的地方称为"边边"，包括膝盖在内）他对母亲说："妈妈，如果我想把杯子立在边边上，我就是想把水洒出来，对吗？"天气炎热的时候，他经常说想在花园里把身上唯一一件短裤脱掉，光着身子。他的母亲实在没有足够的理由劝阻他，于是只好说，只有特别小的小孩子才能光着身子，而且和他一起玩的L家的小孩也不会光着身子，因为谁都不会这样做。他听后央求道："拜托了，让我光着身子吧，这样，L家的小孩就会说我光着身子，所以他们也可以光着身子，然后我也能光着身子了。"此外，他终于开始对金钱有了了解和兴趣。他反复说，人们工作就能得到钱，在商店卖东西也能得到钱，爸爸工作得到了钱，但也要花钱请人为他做事。他问母亲，她在家里工作（料理家务）能否得到钱。当他再一次想要得到某个当时不能得到的东西时，他会说：

"现在还在打仗吗?"当得知目前物资短缺,他想要的东西又贵又难买到时,他会问:"它是因为太少了,才会那么贵吗?"然后,他又想知道哪些东西是便宜的,哪些东西是贵的。有一次,他问道:"你把礼物送给别人的时候,自己不会得到东西,对吗?"

界定权利:会、必须、可以、能够

弗里茨渴望了解他的权利和能力的确切界限,这一表现相当明显。这种渴望在他提出"新的一天会一直到来多久"这一问题的那个晚上开始呈现出来。当时他问母亲:"如果你让我别唱歌,我应该立刻停止吗?"她说她会尽量让他做他想做的事。起初,他显得很高兴,但马上又举了很多例子来询问,以便确认哪些事情是可以做的,哪些事情是不可以做的。几天后,他的父亲给了他一个玩具,并且说,只要他听话,这个玩具就属于他了。他向我讲了这件事,然后问道:"谁都不能拿走属于我的东西,对吗?妈妈爸爸都不可以,对吗?"当得到肯定的答案后,他显得非常满意。当天,他问母亲:"妈妈,你不会随便禁止我做什么,你肯定是有理由的。"(他模仿了母亲的说法。)有一次,他对姐姐说:"我可以做任何我能做的事情,我会做的事情,而且是我可以做的事情。"还有一次,他问我:"我想做什么,都可以做,对吗?只是不可以淘气。"吃饭时,他进一步问道:"以后我就不能在吃饭时淘气了吗?"大人安慰他说,以前他吃饭时就总是很淘气,他又问:"那现在我就不能再淘气了吗?"他在玩耍的时候,或者其他时候,经常说自己想做什么,例如:"我可以做这件事,对不对?因为我想做这件事。"在这几周里,他显然掌握了"会、必须、可以、能够"的概念。他有一个机械玩具,笼门一打开,就会蹦出一只公鸡,他说:"公鸡会蹦出来,因为它必须蹦出来。"当我们谈论猫可以灵巧地跳上屋顶时,他补充道:"只有在它想跳上去的时候才可以。"当他看见一只鹅时,问道:"它能跑吗?"与此同时,鹅跑了起来,于是,他问道:"是因为我说的话,它才开始跑的吗?"得到否定的答案后,他又问:"那么,是因为它想跑吗?"

全能感

在我看来,他前几个月里表现出的显著的"全能感",现在之所以会减少,与他现实意识的迅猛发展密切相关。他从第二阶段就开始发展现实意识,此后便一直维持着这种发展。他已经在很多种情境下表现出对自己能力限度的了解,也减少了对所处环境的要求。可是,从他提的问题和说的话可以看出,这种"全能感"的减少只体现在量上,它与现实意识之间的斗争依然激烈。换言之,现实原则与享乐原则之间的对抗依然存在,最终虽然可以达成妥协,但这种妥协往往更倾向于享乐原则。接下来,我引用他提的一些问题和说的一些话,以此证明以上结论。有一天,他处理完复活节兔子等问题后,向我问道,他的父母是怎样找来圣诞树的,以及圣诞树是被人制造出来的,还是从地上长出来的。接着,他又问,到了圣诞节的时候,他的父母能否给他一整片带有装饰的圣诞树森林。当天,他还请求母亲给他某个地方(他会在夏天去往那个地方),这样一来,他就可以马上到达那里了。一天清晨,时间还很早,别人告诉他,外面太冷了,他必须多穿点衣服。后来,他对哥哥说:"外面太冷了,所以现在是冬天。现在是冬天,所以到圣诞节了。今天是圣诞节前夕,我们能喝热可可了,还能从树上拿核桃吃。"

愿　望

他平时经常许愿,并且一心一意地盼望着愿望能够实现,即使明知道不可能实现。他在许愿的同时会显得烦躁不安,其他时候,他很少有这种表现,因为他性格温和,缺少攻击性。例如,当他说起美国时,他向妈妈请求道:"拜托了,妈妈,我想去美国看看,不是长大以后,是现在,马上就去。"在表达愿望的时候,他经常加上一句"不是长大以后,是现在,马上",因为他觉得大人肯定会用延迟实现的说法来哄他。然而,那些在以往全能感相当显著时,完全忽略了可能性的愿望,现在他往往也会遵循可能性和现实来表达。

他对于一整片圣诞树森林和某个地方的要求,是在许愿失败后提出的,这或许是因为,他试图了解自己的愿望破灭之后,父母是否依然具有全能性。但另一方面,现在当他对我说,他会从某个地方给我带漂亮的礼物回来时,他都会加上一句"如果可以的话",或者"如果我能做到的话"。但以前,他在许下愿望或承诺时(例如长大以后他会给我什么或者为我做什么),似乎完全忽略了可能性。现在,当我们提及他尚未掌握的技能或手工时(例如装订书本),他会说他不会做,并且要求大人教给他。然而,一旦出现对他有利的迹象,他的全能感又会表现出来。例如,当他在朋友家学会操作一个玩具机械后,他便宣称自己可以像工程师一样操控机器了。此外,他往往会在承认不会做某件事之后加上一句:"要是有人认真教我,我就会做了。"与此同时,他往往会问他的父亲是否也不会做这件事。这显然体现了一种爱恨交织的态度。有时候,如果得知父母也不会做这件事,他就会显得很满意,但有时他又会显得很不满,并且提出证据来反驳。有一次,他问用人,她是否什么都懂,她说"是的",虽然后来她反悔了,但那段时间他依然反复问她这个问题,并且夸她拥有各种技能,希望她坚持此前的答案,说她是无所不能的。曾经有一两次,别人对他说,父母也可能不懂某件事,但他显然不愿相信这一点,于是说道:"东妮什么都懂……"(与此同时,他也相信,如果她并非什么都懂,就是不如他父母懂得多)。有一次,他想看看道路上的水管具有怎样的内部结构,于是请求我把水管挖出来。我告诉他这不可能,而且我也无法把水管再安装回去,然而,他试图忽视我的拒绝,说道:"可是,如果世上只有L一家人,那么这些事情由谁来做呢?"有一次,他对母亲说,他逮到了一只苍蝇,并且加上一句:"我已经会逮苍蝇了。"母亲问他是怎样学会的。他说:"我想试试,结果就逮到了,所以我现在知道怎样逮苍蝇了。"他随即问母亲,她有没有学会怎样"做妈妈"。我觉得我有充分的理由认为,他是在嘲讽母亲,即便他并没有意识到这一点。

他一方面让自己处于强大的父亲位置(并且希望可以维持一段时间),对父亲产生认同,另一方面又希望摆脱父亲对他的限制。这种矛盾态度自然部分地造成了他在父母全能性方面的犹豫不决。

现实原则与享乐原则之间的对抗

但我们有充分的理由认为,由于他的全能感显然会因现实意识的增加而有所减弱,而且这种全能感只有在一探究竟的冲动的促使下,通过他的艰苦努力才能得以克服,因此,现实意识与全能感之间的冲突,也是他这种矛盾态度的成因。在这种冲突中,当现实原则占据优势,个人全能感体现出局限性时,随之而来的便是平行的需求,为了缓解这种痛苦的冲动,他会试图对父母的无所不能加以贬低。然而,当享乐原则占据优势时,他为了支持该原则试图维护的全能感,便会坚称父母是无所不能的。可能正是出于这个原因,他才会抓住一切机会，试图挽回对自己和父母的全能信念。

当现实原则促使他必须痛苦地放弃对自己拥有无限全能性的信念时，他或许就需要对自己和父母的能力限度做出界定了。

我认为，在该案例中，这个孩子的求知欲出现得较早且发展良好，他由此激发了原本并不强烈的现实意识，并且改善了潜抑倾向，从而得以拥有了对他来说相当重要的新认知。这些认知，以及与之相伴的对权威的削弱，将会使他的现实原则得到完善和强化，这样一来，从他改善了全能感后就开始发展的思考和认识，将会继续发展下去。他在本能冲动的驱使下，试图弱化父母的全能性（这显然可以帮助他对自己和父母的能力限度做出界定），这降低了他的全能感，并且削弱了权威。因此，权威的削弱与全能感的降低是相辅相成的。

乐观态度和攻击倾向

他那近乎坚不可摧的全能感，使他具有了强烈的乐观态度。此前，这种态度已经非常明显，但如今在各方面都表现得更加明显。而全能感的降低使他越发能够适应现实，可是，他的乐观态度却往往可以战胜一切现实。这尤为明显地体现在他的一次痛苦幻灭中。在此之前，他或许从未遭受过如此严重的幻灭。当时，由于一些外部原因，原本与他关系很好的几个小伙伴突然态度大变，仗着年龄和人数上的优势，从各个方面挖苦他、羞辱他。他是一个性格温和的孩子，因此竭力好言恳求，试图挽回友情，甚至不愿承认自己被他们欺负。例如，即使在得知真相后，他也绝不承认自己被他们骗了，而当他的哥哥再次拿出证据，并提醒他不要相信他们时，他依然哀求道："可他们也不会每次都骗我啊。"但他偶尔也会抱怨，可见，他已经开始承认他们的恶行。此外，他开始表现出非常明显的攻击倾向。他曾提到想用自己的玩具手枪打死他们，或者打他们的眼睛。有一次，一个孩子打了他，事后，他说要打死他们。在玩耍时，他也说了这句话以及类似的话，这体现了他想要摧毁别人的愿望。但与此同时，他依然在试图挽回友情。一旦他们又来找他玩，他就显得非常满足，好像把之前的事情忘得一干二净似的，即使从他偶尔话语可以看出，他很清楚这种关系的变化。此前，他和其中一个女孩子关系非常好，所以，他们之间的关系恶化让他尤为伤心，但他淡定地承受了这件事，并且表现出极度乐观的态度。有一次，他在听说了有关死亡的事情后，主动向大人询问这件事，大人对他解释说，任何人老了以后都会死。于是他对母亲说："我也会死，你也会死，L家的孩子也会死。然后我们都会回来，然后他们又会变好。可能会，也许会。"后来，他找到了新的小伙伴，似乎终于放下了这件事，并且一再说，他再也不喜欢L家的孩子了。

教育和心理层面

我发现，新获得的知识使弗里茨的心智能力有了很大的提高，我将这些观察结果与发展情况较差的案例进行比较，并且从中得到了新的发现：以坦诚的态度对待儿童，给他们的问题提供真实的答案，那么儿童就会获得内在的自由，从而有利于心智的发展。儿童会因此避免遭受思考的潜抑，要知道，对思考而言，潜抑倾向是最大的负面因素。换言之，这可以避免本能能量（instinctual energy）促进潜抑升华，并且避免破坏与之相伴的、涉及被潜抑情结的观念化联想。费伦齐曾经在《俄狄浦斯神话中享乐与现实原则的象征表现》（*Symbolic Representation of the Pleasure and Reality Principles in the Oedipus Myth*，1912）一文中说："这些倾向源自个人和种族的教养文化，它们会让意识倍感痛苦，并且会引发潜抑。这种潜抑会阻碍涉及这些情结的各种观念和倾向与其他思绪进行自由沟通，或者至少阻碍它们经由科学现实得到处理。"

若是思绪的自由沟通受阻，无法引发联想，那么便会对智能的发展造成严重伤害，这样的伤害分为几种类型，根据伤害涉及的层面、伤害的程度等进行划分。换言之，即根据伤害的深度和广度进行划分。在智能发展的初始阶段，这种伤害造成的影响相当大，因为它决定了意识层面能否接受各种想法，而且这一过程将保持下去，终生都会发挥作用。这种伤害或许会对"一探究竟"的深度造成影响，也或许会对思考范围的"广度"造成影响，而且，对这两者的影响程度并无关联。

但无论是哪种类型的伤害，都不会只改变思考的方向，或者使能量从一个思考方向转向另一个思考方向。其实，受潜抑的能量只是被"禁锢"了，所有强烈的潜抑对心智发展造成的影响都是如此。

好奇和冲动的天性会促使儿童去了解未知的事物，以及原本只进行过臆测的那些事实和现象，但如果这种行为遭到阻碍，那么更进一步的探索也会遭到潜抑，因为儿童会在潜意识中担心这一探索过程会使他们遭遇禁忌的、罪恶的东西。与此同时，对所探寻问题的范围进行拓展的冲动也会受到抑制。这样一来，儿童就会对"一探究竟"心生厌倦，而提问的天性也会变成表面上粗浅的好奇。或者，也可能成为常见的那种在日常生活和科学方面有一定的天赋，想法很多，但无力完成更进一步的执行任务的人。或者，也可能成为那种具有良好的适应力、聪明踏实、懂得基本现实的人，然而当面对复杂的问题时，却缺少深层的逻辑性，也难以辨别真实和权威。他担心自己会质疑权威强加给他的信念，或者担心自己会坚信那些被否认和忽略的东西，因此他不愿深入探索自己的疑问，并且避免任何深度思考。在我看来，以上例子或许都是求知本能的受损影响了心智发展，以及思考深度受到潜抑影响了现实意识的发展。

另一方面，如果个体的求知欲被潜抑所破坏，导致其逃避被隐藏否认的东西，那么他无法抑制的、探寻禁忌事物的兴趣，以及广泛提问的兴趣、一探究竟的冲动，都会被"禁锢"，换言之，他会因思考广度的受损而变得缺少兴趣。如果涉及探究冲动的某个抑制阶段已经被个体克服，而探究冲动依然活跃或者再度出现，那么他或许会对探究新的问题心生厌倦，从而将仅存的一部分自由能量全部用于深入探索有限的几个问题。这样，他或许会朝着"研究者"的类型发展，将毕生精力投入他感兴趣的某个问题，但对该领域之外的任何事物都毫无兴致。或者，他能够通过深入的探索，获取真正的知识和重要的事实，但无力应对任何现实状况，一点都不务实。这并不是说，他因专注于伟大的事业而不拘小节，如弗洛伊德关于"表意失误"（parapraxis）的说法：注意力只是被琐事引开了。这一点最多只能形成一种个人倾向，远没有造成表意失误的心理机制这一根本原因那么重要。即便一位思想家确实因专心思考重要问题而忽略了日常琐事，但我们依然会看到，当他必须应对日常事务时，他也会表现得束手无策。在我看来，出现这种结果，是因为他在认识简单有形的日常事物和基本概念的发展阶段中受到了阻碍，没有成功获取这些认识。这种情况必定是潜抑导致的，而绝非因为他对眼前单纯的生活事物不感兴趣，故意忽略。或许，我们可以假设，他在早期的某一阶段受到抑制，无法认清那些被他臆测为真实的，但却遭到否定的原始事物，所以，他面对的那些有形的日常基本事物，也被归入潜抑和抑制的范畴。这样一来，此后，或者克服抑制一段时间后，他再次一探究竟时，便只能从深度上下手。这种早期心理历程将形成固定的模式，让他始终避免触及广度和表面，而这方面对他来说也将越发艰难。有些人虽然也对这方面不感兴趣，但由于在早期已经对此有所熟悉，因此可以轻松自如地应对。可是他即便到了后来也无法做到这一点。他越过了这个受潜抑封锁的阶段。然而，那些"完全务实"的人同样会受到潜抑，只能停留在这个阶段，而无法到达更深层的阶段。

我们经常会看到一些孩子（往往是在潜伏期开始前）在言语方面表现出卓越的心智能力，让人无法不相信他的未来将大放异彩，然而到了后来，他却落后于别人，最终，他的智力与普通成年人无异，并没有超出平均水平。这种心智发展的失败，可能多多少少与某些心智发展方向上的受损有关。其实，很多孩子的情况都证明了这一点，起初，他们提很多问题，不断地对任何事情的"怎么样"和"为什么"一探究竟，甚至把身边的人弄得很累，但一段时间后，他们就不再提问了，最终变得缺少兴趣，无法深入思考。无论是某个或某些层面的思考受到影响，还是整体思考受到影响而无法拓展到各个方向，都会严重阻碍智力的发展。作为儿童，他们会觉得这是既定事实，不可能改变。所以，对任何有关性或原始事物的否定，都会把他隔离开，从而导致潜抑，使求知冲动和现实意识受损。但与此同时，另一个威胁也在危及儿童的求知欲和现实意识，即成年人将已有的答案强加给儿童。这种强迫性导致儿童不敢利用自己的现实知识发起反驳，更不敢尝试做出推论或结论，这便造成了永久的伤害。

我们都知道，思想家正是因为"勇于"推翻惯例和权威，才能在独创的研究上取得成功。但若非儿童必须具备超凡的毅力才能挑战最高的权威，独立思考那些敏感又困难、部分被否定、部分被禁止的问题，那么便无须"勇于"做出这种行为了。虽然挑战禁忌经常能够激起与之对抗的力量，但这并不适合儿童的心理和智力发展。在儿童的发展中，如果遭到权威的对抗，那么他或许不会无条件顺从，但也并非不可能产生依赖。只有在两个极端之间，才能发展出真正的心智独立。处于发展进程中的现实意识应该与潜抑的天性进行对抗，排除万难获取个人知识，如同人类历史上一切科学和文化知识的获取过程一样。另外，处于发展进程中的现实意识还应该与外界的干扰进行对抗。因此，内在和外在的诸多压制已经足以引起发展的对抗，而不会对独立性构成威胁。其他所有必须在早期克服的问题——无论是要对抗还是顺从——其他所有外在阻力都是不必要的，甚至往往是有害的，因为它们都有可能成为干扰或障碍。虽然我们也经常能够在智能出色的人身上清楚地看到抑制，但儿童的智能刚刚开始发展，尚且无法抵御这些负面的外在阻力。在一个人所拥有的心智认知中，有多少仅仅是表面上属于他，而其实都是教条、理论和权威施加给他的，并非出于他自己的意志而形成的自由思考！虽然经验和洞察力能够帮助成年人解决早期的某些禁忌的、明显困难的、必然被潜抑的问题，但思考受到的阻碍依然不可避免，且无法降低力度。因为，即便成年人显然有能力跨越早期遭受的思考障碍，但早期针对心智局限所采取的处理方法——无论是反抗还是恐惧，都会始终影响其思考的整体方向和方法，而不被后来获得的知识所左右。

儿童与父母的关系，是他最早且最重要的权威经验，这种经验是决定个体会永远遵从权威原则，还是会形成一定的心智独立或局限的关键因素。将庞杂的伦理道德观念全部灌输给儿童，会使这种经验的影响变得更加深远，并且给他的自由思考带来更多阻碍。可是，即便这些观念以几乎完全正确的方式呈现出来，一个拥有较高的智力天赋且阻抗能力受损较少的儿童，依然多多少少可以成功地对抗它。虽然这些观念的呈现方式极具权威性，并且看上去坚不可摧，但有时候，由于大人在呈现观念的同时必须提供证据，因此观察力较强的儿童就会发现，那些被大人视为自然的、正确的、良好的、恰当的东西，在他自己眼中似乎并非如此。所以，在这些观念中必定都能找到攻击的突破口，或者至少能够找到可以质疑的地方。然而，当基本的早期抑制得到一定的改善之后，思考又将面临由未证实的超自然观念构成的新威胁。儿童很难抵御这一观念，即世界上存在着一个不可见的、全知全能的神，特别是有两个因素强化了他的力量。其中一个因素是需求权威的天性。

弗洛伊德在其著作《达·芬奇及其儿时的回忆》（*Leonardo da Vinci and a Memory of His Childhood*）中说道："从生物学的角度来说，宗教信仰或许起源于人类幼儿在降生以后的长期无助以及对照料的需求。此后，当他面对生命强大的力量时，发现自己有多么的无助和弱小，童年的感受就会重现。所以，他会试图退回到寻求儿时受到的保护，以此驳斥自己的弱小无助。"当所有儿童都经历了人类的发展时，便能通过神的概念，使自己对权威的需求得到满足。然而，弗洛伊德的理论以及费伦齐的《现实意识的发展阶段》（*Stages in the Development of the Sense of Reality*，1913）都曾提出：天生的全能感和"万能想法的信念"在我们内心根深蒂固，并且永远存在，所以，既然我们坚信自己是全能的，那么也必定愿意认可神的观念。全能感会使儿童假设自己所处的环境也是全能的。所以，相信世上存在着具有权威的全能上帝，有助于儿童建立和巩固全能感。所以，上帝的概念可以与儿童的全能感彼此协调。在这一点上，父母情结（parental complex）也发挥了重要作用。全能感在儿童最初的重要情感关系里是被强化还是被破坏，决定着他会发展成乐观者还是悲观者，换言之，决定着他会发展成一个积极主动的人，还是一个疑心重、游移不定的人。恰当地引导和修正儿童的思考，能够使儿童具有适度的乐观心态，避免发展出无节制空想的心态。弗洛伊德所说的"宗教对思考的强烈抑制"会阻碍儿童通过思考适时地从本质上修正其全能感。宗教能够达到这种效果，是因为它所采取的方式具有权威性，且呈现的上帝是全能而无法超越的,这样便对思考起到了压制作用,使得经由思考而实现的全能感的减弱过程受到阻碍,而这一过程本应开始于生命早期,且逐渐强化。现实原则能否完全发展,取决于儿童能否"勇于"协调现实原则和享乐原则。如果儿童能够做到这一点,那么愿望和幻想就会被归入全能感的范畴,而全能感必须基于协调式思考,与之相对的是,思考和既定事实则由现实原则决定。

二、早期分析

儿童对启蒙的阻抗

根据成年人神经官能症的分析结果来看,其病因均源自早期,因此,对儿童的分析是有可能且有必要的。而弗洛伊德已经通过分析小汉斯的案例及其相关工作,提供了针对儿童的精神分析方法。此后的很多研究者,特别是胡格-赫尔姆斯博士,都遵循且发展了这个方法。

在一次会议中,胡格-赫尔姆斯博士发表的论文极具趣味性和启发性,并且呈现了丰富的资料,她讲述了自己在儿童精神分析领域的研究历程,并且根据儿童的心理需求,调整了儿童精神分析的技巧。她的分析针对人格发展出现病态或缺陷的儿童,此外,她认为,精神分析的对象不能小于6岁。

但我认为,我们在成年人和儿童精神分析中获得的经验,也可应用于6岁以下的儿童,因为众所周知,在分析神经官能症的过程中,经常要涉及6岁以前的经历中存在的伤害。那么这个信息能够给疾病预防学带来怎样的启示？我们在这个对精神分析而言相当关键的阶段，除了预防将来的疾病以外，还能做些什么来帮助长远的人格形成和智力发展呢？

根据知识，我们得出了一个最重要的结论，即必须避免那些精神分析证实会给儿童心智造成严重伤害的因素。所以，我们必须坚持某些必要的原则，例如，儿童从降生开始就必须与父母分房睡；此外，在强迫性的道德规范方面，我们对发展中儿童的要求应该比对其他人更松一些。在比较长的一段时间内，我们要让儿童保持自然状态，避免受到抑制，不要像传统的教养方法那样横加干涉，要让儿童能够察觉到自己的种种本能冲动，以及它们带来的乐趣，而不要急于施加对抗天性的文化倾向。我们要让儿童慢慢发展，给他足够的空间来察觉自己的本能，从而有可能实现本能的升华。与此同时，我们不要禁止他表达自己萌发的性好奇，而要逐步满足他，甚至要和盘托出。我们要明白怎样向他提供足够的感情，而又避免造成溺爱。最关键的是，我们要严禁体罚和威胁，并且通过偶尔收回感情来建立教养所需的服从。当然，我们还可以根据知识自然地延伸出诸多细节性原则，在这里就不一一列举了。此外，本文涉及的范围决定了我们无法更进一步探讨怎样在特定的教养限度内，既能达到这些要求，又不会让儿童变得与社会格格不入，或者难以建立良好的人际关系。

我只想说，这些教育方面的要求是可实践的（我已多次证实了这一点），而且会带来明显的积极影响，以及诸多比较自由的发展趋势。如果它们可以得到普及，那么必定会颇有成效。但我还有一点保留意见，即如果一个人没有接受过精神分析，那么他即便有充分的悟性和意愿去完成这些要求的实践，他的内在也可能无力达到目的。在这里，我只简单地探讨理想情况，即个体无论是在意识层面还是在潜意识层面，都能理解并实践这些要求，从而取得一定的成效。

我们重新来看最初的问题：在这样的情况下，这些预防手段能否阻止神经官能症的出现，能否避免发展出不良的人格？根据观察，我相信，即便在这样的情况下，我们往往也只能实现一部分预期目标，并且只能运用一部分已知的工具。因为分析经验告诉我们，在潜抑造成的所有伤害中，只有一部分可以归咎于环境或其他外在因素。而另一个相当重要的部分则要归咎于儿童自身的态度，这种态度从他最年幼时就存在，他往往因为对强烈的性好奇施以潜抑，而变得在潜意识中抗拒任何关于性的东西，这种状况只有通过彻底的分析才能得到改善。对成年人的分析，特别是重建（reconstruction）的分析，未必能发现这些问题，也未必能确定这种神经官能症的先天倾向会如何影响病程。不同的人在这方面受影响的程度也是不同的，其后果也是不可预期的。但我们至少能够确定：对于有严重神经官能症倾向的人来说，哪怕外界只稍稍施加一点禁止，他往往也会明显地抗拒任何性的启蒙，并且造成过度的潜抑，使心智发展全面受阻。我们之所以能够确认通过精神分析获得的认识，是因为儿童使我们拥有了观察这些发展的机会。例如，虽然我们为了彻底满足儿童的性好奇，采取了各种各样的教育手段，但儿童往往无法自由表达性好奇的需求。这种负面态度有诸多表现形式，最极端的是完全不想知道；或者转移兴趣目标，但这种兴趣往往明显带有强迫性；或者在已经接受了一部分启蒙之后出现这种态度，对性的兴趣减弱，变成了强烈的阻抗，不愿接受更加深入的启蒙，甚至彻底拒绝所有启蒙。

　　本文开头介绍的案例就运用了上述教育方法，并且成效显著，特别是让这个孩子的智力有了很好的发展。截至目前，他接受的启蒙包括：了解胎儿在母亲体内的生长情况，以及他感兴趣的全部细节。他没有直接提出关于父亲在生育和性交中所扮演角色的问题，但我认为，这些问题当时已经在他的潜意识中发挥作用了。有些问题在已经得到详细解答的情况下依然反复出现，例如："妈妈，你给我讲讲，那个很小的肚子和很小的脑袋，还有别的东西，都是从哪儿来的？""人为什么能动？为什么能做东西？为什么能工作？""皮肤是怎样长在人身上的？""它是怎样跑到那儿去的？"在启蒙阶段和此后快速发展的两三个月里，他反复提出这些问题以及其他一些问题。起初，我并没有从整体上解释他为什么会反复提出这些问题，原因有两点：其一，他整体表现出喜欢提问，因此我没有领会他提出相同问题的意义；其二，他对事物一探究竟的冲动，以及他的智力都在迅速发展，因此我认为，他对深入的启发有需求，只要配合他有意识的提问，逐渐深入地启发他就可以了。

这一阶段之后，渐渐出现了一个变化。他总是问上述这些问题，以及其他固定的问题，很少再问那些能够体现探究冲动的问题，并且具有了一定的臆测性。与此同时，开始出现明显肤浅、不经思索且无凭无据的问题。他会反复询问各种东西是用什么做的、怎么做出来的。例如，"门是用什么做的？""床是用什么做的？""木头是怎么做出来的？""玻璃是怎么做出来的？""椅子是怎么做出来的？"还有一些很细节的问题，例如，"这一大堆土是怎样跑到土下面的？""石头和水是从哪儿来的？"这些问题的答案他基本都知道，因此反复提出这些问题与他的智力没有关系。从他提问时漫不经心的态度也可以看出，虽然他一再追问，但实际上并不关心答案。但他的问题也变得更多了。众所周知，儿童经常会问一些看似毫无意义，又无法从别人提供的答案中获得帮助的问题，使得身边的人都很无奈。

反复提出肤浅问题的阶段持续了不到两个月，然后，弗里茨又有了新的变化。他变得不爱说话，而且明显地讨厌玩耍。在此之前，他玩耍的时间也并不多，也没有在玩耍中表现出想象力，但他一直非常喜欢和小伙伴玩动态的游戏，或者把箱子、长凳、椅子当成各种车辆，自己扮演车夫或司机，一玩就是好几个钟头。但现在，他不再玩这些游戏，也不再愿意跟其他孩子相处，即使必须相处，也会表现得不知所措。他甚至开始讨厌母亲的陪伴，以前他从未有过这种表现。而且，他不再喜欢听母亲讲故事，但是他对母亲的感情没有变，并且依然渴望得到母亲的感情。他在提问时越发频繁地表现出漫不经心的态度。虽然观察力强的人都能看出他的改变，但他还算不上是"生病"。他的睡眠非常好，整体来看也很健康。虽然他话不多，而且因为活动减少而变得有些淘气，但他依然是个活泼善良的孩子，而且待人方式也很正常。此外，近几个月他变得很挑食，对某些菜品表现出明显的厌恶，但一遇到喜欢的食物就吃得津津有味。虽然他讨厌母亲的陪伴，但越发喜欢黏着母亲。这一系列变化要么没有被照顾者注意到，要么就算注意到了，也没有太在意。成年人往往由于无从解释儿童的一些暂时或长期的变化，因此习惯性地将其视为发展中的正常现象。从某种程度上来说，这样的态度也很合理，因为几乎每个儿童都会带有一些神经官能症的特征，只有当这些特征变得越来越多、越来越严重时，才会形成疾病。对于他变得讨厌听故事，我感到很诧异，因为这和他此前的态度截然相反。

我将他在部分启蒙以后爆发出的强烈的提问兴趣，以及之后反复提出肤浅问题的现象，与他现在讨厌提问和听故事的现象进行对比，同时想到了他曾经提出的一些固定模式的问题，从而发现他的潜抑倾向已经和探究冲动同样强烈，并且彼此冲突，而潜抑倾向已经明显占据优势，使他对意识中渴望的答案产生抗拒。所以，在他提出了大量问题，以替代那些潜抑的问题以后，他在接下来的发展中不得不彻底逃避提问和倾听，因为他担心自己在没有提问的情况下，会被灌输他无法接受的那些答案。

我越发相信，被潜抑的性好奇是造成儿童心智变化的关键因素之一。我不久前获得的一个启示证实了这一点。当时，我刚刚结束了给匈牙利精神分析学会（Hungarian Psycho-Analytical Society）做的演讲，安东·佛朗德（Anton Freund）在与我交谈时，说我的观察和分类完全符合精神分析原则，但我的说明和解释却不太符合这一原则，因为我所考虑的仅仅是意识层面的问题，而没有触及潜意识层面。当时我觉得，除非有可信的反驳理由，否则只考虑意识层面就已经足够了。但现在我改变了想法，事实证明，确实不能只考虑意识层面。

现在，我认为，我们应该向弗里茨提供其他一些信息，这些信息是此前未曾提供给他的。当时，他经常问："植物都是从种子长出来的吗？"这个问题就是很好的切入点，可以由此解释人也是从种子长出来的，然后为他描述受孕的过程。然而这个解释并没有引起他的关注，他支开了话题，显得一点都不想了解细节。还有一次，他说其他孩子告诉他，母鸡要想下蛋，必须有公鸡的帮助。但他刚抛出这个话题，就立即表现得不想再谈。对于这个新信息，他相当明确地显示出一点都不理解，也不想理解。而这种更加深入的启蒙，似乎也难以影响他心智的变化。

但他的母亲借助幽默小故事，再次激发了他的兴趣和认同。她在拿糖果给他吃的时候，说糖果早早就在等着他了，然后给他讲了一个小故事，说的是一个男人许愿之后，他妻子的鼻子上长出了香肠。弗里茨非常喜欢这个故事，一再要求母亲给他讲。此后，他开始主动讲故事，这些故事有长有短，有的是他听过的，但大部分是他自己编的，我们在其中发现了诸多分析素材。此前，相比讲故事，他更喜欢玩耍。在第一次解释之后的一段时间内，他的确对讲故事产生了明显的兴趣，并且试着讲过几次，但从整体上来看，这依然是例外情况。他讲故事时完全不会模仿大人的表现，一般来说，儿童在讲故事时都会运用一些原始技巧，但他的故事就像是梦境一样，缺少更加深入的演绎和解释。有时候，他会先讲前一天晚上他做的梦，然后再讲故事，但故事依然和梦差不多。他在讲故事时显得兴趣盎然，但此后，即便我非常谨慎地为他做解释，他依然会时不时地有阻抗的表现。此时，他会停止讲故事，但很快又会兴致勃勃地讲下去。以下引用他的一部分幻想：

"两只母牛正在一起走，突然一只跳到了另一只的身上，骑到它背上。然后，另一只又跳到了另一只的角上，紧紧抓着它的角。然后，一只小牛也跳到了母牛的脑袋上，紧紧抓着缰绳。"（我问他母牛叫什么名字，他给出的答案是两个女用人的名字）"然后，它们接着往前走，去地狱。地狱里有个老魔鬼，眼睛很黑，所以什么都看不见，但是他能知道有人来了。小魔鬼的眼睛也很黑。然后，他们去拇指仙子看见的那座城堡。然后，他们和跟着他们的那个男人一起进去，上楼来到一间屋子，用纺纱（他是指纺锤）捅了自己。然后他们睡了一百年。然后，他们醒了，见到了国王。国王高兴地问他们，就是那些男人、女人，还有和他们一起的小孩，问他们想不想留下来。"（我问他："母牛去哪儿了？"他说："它们都在，小牛也在。"）接着，他讲到了教堂的墓地和死亡，他说："有一个士兵射死了一个人，没有把他埋起来，因为灵车司机也是一个士兵，他不愿意埋他。"（我问："他把谁射死了？比如说谁？"他先是提到他的哥哥卡尔，但立刻有些警惕，又说了其他几个亲戚或认识的人）他还讲了另一个梦："我的棍子跑到了你的脑袋上，然后，它拿起熨斗，在上面压。"有一次，他和母亲道早安，母亲摸了摸他的脑袋，然后他说："我要爬上你的身体。你是山，我要爬上你的身体。"没过多久，他又说："我比你能跑。我能跑上楼，你就不行。"过了一阵子，他开始对一些问题感兴趣，例如："木头是用什么做的？窗框是怎样搭起来的？石头是怎样做出来的？"如果别人告诉他，它们原本就是那个样子的，他就会很不满意，并且说："那它们原本是什么东西？"

与此同时，他开始兴致勃勃地长时间玩耍，特别是和别人一起玩。他会和哥哥或小伙伴们一起玩他们想出的所有游戏，也会自己一个人玩。其中有一个游戏叫"吊死人"，他说他砍下了哥哥姐姐的脑袋，然后把他们的耳朵放进盒子，他说："把耳朵放进盒子里，他们就不会打你了。"他还给自己起名叫"吊死人使者"。有一次，我看到他正在玩另一个游戏，他把一个西洋棋子当作士兵，另一个西洋棋子当作国王。士兵因为骂国王是"肮脏的禽兽"，而被国王打入大牢，判了死刑。然后，他遭到鞭打，但是他毫无知觉，因为他已经死了。而国王用王冠挖开士兵的底座，士兵就复活了。国王问他以后还骂不骂他，士兵说不骂了，所以他只是被关在牢里。他起初会做这样一个游戏：他一边玩喇叭，一边说自己是军官，又说自己是掌旗官和号角手，他还说："如果爸爸也是号角手，但是不愿意带我一起去打仗，那我就会带着喇叭和枪，自己去打仗。"他还会摆弄一些玩偶，其中有两只狗，他把一只叫作帅哥，另一只叫作脏鬼。有一次，他把这两只狗当作两个男人，把帅哥当作他自己，把脏鬼当作他的父亲。

从弗里茨的游戏和幻想可以看出，他对父亲充满了敌意，而对母亲则怀有爱慕之情。与此同时，他的话也多了起来，变得活泼开朗，可以和小伙伴们玩好几个钟头，后来又对各种知识和学习产生了浓厚的兴趣，他在很短的时间内，几乎独立地学会了阅读。他这方面的主动意愿似乎有些早熟。他提出的问题已经不再具有固定模式的冲动特征。这一变化显然应该归功于幻想的解放。我虽然偶尔会进行谨慎的诠释，但也只是给这种变化提供了一定的帮助而已。但在我引用一段非常重要的对话之前，我需要强调一点：对弗里茨来说，胃具有独特的重要性。即便他已经懂得了很多知识,并且反复被纠正,但在各种情况下,他依然多次坚称小孩是在妈妈的胃里长大的。从其他方面来看,他也给胃赋予了某些情感意义。他总是用"胃"这个字来顶撞别人。例如,当其他孩子对他说"去花园"时,他会顶撞说:"去你胃里。"当用人问他某个物品在哪里时,他总是回答"在你胃里",并因此受到训斥。他偶尔会在吃饭时抱怨"我的胃好冷",并说他之前喝了凉水。他还对几道凉菜表现出厌恶感。在这段时期,他还对母亲的裸体产生了好奇。当看到母亲的身体后,他会说:"我还想看你的胃,还有胃里面的样子。"母亲问他:"你是说你以前待的那个地方吗?"他回答:"是的!我想看看你胃里有没有小孩。"后来,有一次,他说:"我对世上所有事情都很好奇,我什么都想知道。"当问他到底想知道什么时,他说:"我想知道,你的鸡鸡和'卡奇'洞是什么样的。当你坐在马桶上时,我想(笑)偷看你的鸡鸡和'卡奇'洞。"过了几天,他对母亲说,大家可以一起在马桶上,一个人在另一个人上面"做卡奇",妈妈在最下面,然后是哥哥姐姐,他自己在最上面。从这些零散的表达可以看出他的理论,尤其是,他觉得小孩是食物变成的,就像粪便一样。根据他的描述来看,他所谓的"卡奇"指的是不愿出来的淘气小孩。通过这种联想,他立即对我的理论表示赞同,并且说,在他的幻想中,楼梯上那些跑来跑去的小煤块就是他的小孩。还有一次,他对自己的"卡奇"说,他要打它,因为它总是迟迟不出来,而且它太硬了。

没过多久,弗里茨就彻底体现出了俄狄浦斯情结。例如,那次对话后,过了三天,他对我描述了他的一个梦,我也为他做了一些诠释。他说:"有一辆汽车,特别大,就像电车一样,里面有座位。还有一辆小汽车,跟在大汽车后面一起跑。它们的顶子都能打开,下雨时也能关上。然后它们一直跑,最后撞上了一辆电车,把电车撞倒了。然后，大汽车跑到电车上面，后面拽着小汽车。电车紧紧挨着那两辆汽车。电车上有一根连接杆。你能听明白吗？大汽车上有一个银色的东西，特别大，特别好看，是铁做的。小汽车上有两个小钩子一样的东西。小汽车在电车和大汽车中间。然后，它们跑到了一座高山上，又一下子冲下来。到了晚上，大汽车和小汽车也会在一起，如果电车过来了，它们就撞开它。如果有人这样做（他张开一条胳膊），它们就会马上向后退去。"（对此，我的诠释是，大汽车代表他的父亲，电车代表他的母亲，小汽车代表他自己。他让自己位于父母之间，因为他很想赶走父亲，与母亲独处，并且和母亲做只有父亲才被允许做的事情）他犹豫了一下，然后认可了我的说法，接着又说："后来，大汽车和小汽车都开走了。它们在自己家里，从一扇大大的窗子往外看。然后，来了两辆大汽车，是爷爷和爸爸。没有奶奶，她……（他神情凝重地犹豫了一下）……她死了。"（他看了看我，见我没有反应，便继续讲）"然后，它们一起下了山。一个司机用脚把门打开，另一个司机用脚把能转的那个东西（门把手）打开。一个司机吐了，那是爷爷。"（他再次带着质问的神情看了看我，见我依然没有反应，又继续讲）"另一个司机对他说：'你真脏，你是想挨揍吗？我一拳就能揍扁你。'"（我问他，另一个司机是谁）他说："是我。然后，我们的士兵打倒了他们。他们全是士兵。然后，他们砸烂了汽车，把他也揍了一顿，用煤块涂抹他的脸，还把煤块塞进他的嘴里；（露出安抚人的表情）你知道，他把煤块当成了糖果，所以才会吃它们。然后，所有人都是士兵，只有我是军官。我的制服特别好看，而且我是这样站着的（他挺胸抬头），所以他们必须听我的。他们拿走了他的枪，他只能这个样子走路（他弯下腰）。"他语气轻柔地继续说："然后，士兵拿给他一个勋章，还有一把刺刀，因为他自己的枪已经被他们拿走了。我是军官，妈妈是护士。"（他在所有游戏里都把护士设定为军官夫人)"卡尔、蓝妮和安娜(他的哥哥、姐姐)都是我的孩子,我们住在一座非常漂亮的房子里,从外面看就像王宫一样。房子还没盖好,还差门和屋顶,但已经非常漂亮了。我们自己把缺的东西做好。"(现在,他已经能够欣然接受我所诠释的各种东西所代表的意义,例如没盖好的房子等)"我们有漂亮的花园,在屋顶上,要用梯子才能上去,我一点都不费劲就能爬上去,但是卡尔、蓝妮和安娜需要我的帮助才能爬上去。我们还有漂亮的餐厅,里面有树和花。它们很容易种,放点土就长出来了。然后,爷爷偷偷地走进花园,就像这样(他再次做出那个古怪的姿势)。他拿着铲子,想去埋一个东西。然后,士兵用枪打他,最后(他再次神情凝重)他就死了。"他又讲了很久,讲到了两个盲人国王,说一个是他父亲,另一个是他母亲的父亲,然后他说:"国王穿的鞋有美国那么长,里面很大,你可以跑进去。到了晚上,用布包裹的小婴儿也会放在里面睡觉。"这次讲述之后,他越发对游戏感兴趣,能独自一人玩好几个钟头,而且像讲述幻想时一样兴致勃勃。有时他会说"我把我讲的演出来"或者"我就不讲了,直接演吧",虽然在表演的过程中,能够宣泄潜意识幻想,然而幻想的抑制也会造成游戏的抑制,而这两者也能被同时消除。根据我的观察,他以前经常做的游戏和活动,如今几乎都不做了,特别是那些扮演车夫、司机的游戏,他曾经会一连玩很久,把箱子、长凳、椅子放在一起,互相挤来挤去,或者坐在上面。以前,每当他听到汽车的声音,就会跑去窗前看,一旦错过就很不开心。为了看来往的车辆,他可以在窗前、门前站几个钟头。在进行这些活动时,他表现出极大的热情和排他的态度,我由此认定这些活动具有强迫性。

到了后期,当他无所事事的时候,就不再进行这些代替玩耍的活动了。有一次,为了用新活动唤起他的兴趣,大人建议他用新方法做一辆车子，可是他说："什么都不好玩。"然而，编造幻想使他重新对玩耍产生了兴趣，更确切地说，编造幻想使他找到了玩耍的切入点。此时，他经常借助玩偶、动物、人、推车和积木来编造幻想，其中还涉及开车和换房子的情节。但这只是他的玩耍形式之一。他开始以各种形式玩耍，他的幻想也有了突飞猛进的发展，这些表现都是前所未有的。游戏到了最后，往往都会变成士兵与印第安人、强盗或农民之间的战争，而他和他的部队总是代表着士兵一方。战争结束后，他曾听大人说，他的父亲退伍后上交了军装和武器，这让他深受打击，尤其无法接受父亲上交了刺刀和步枪。此后，他立即在游戏中设定了农民偷士兵的东西，反被士兵虐杀的情节。在讲述了关于车子的幻想后，次日，他一边玩耍一边对我解释道："这是一个印第安人，士兵把他关了起来。他承认他很淘气地对待他们。他们说：'我们知道，你比这还淘气。'他们往他身上吐口水、尿尿，还做'卡奇'，然后把他关进一个小屋子，对他做各种事。他尖叫的时候，嘴巴里被塞进鸡鸡。一个士兵走出去，另一个士兵问他：'你去哪儿？'他说：'我去拿马粪，往他身上扔。'这个淘气的男人往铲子上尿尿，然后把那些尿全泼在他脸上。"我问他，这个人究竟做了什么，他说："他太淘气了。他不让我们在小屋子里做。"然后，他继续说，小屋子里除了关着那个淘气的男人，还有其他两个人在做手工。这一时期，他还总是对着手纸说话，在如厕的时候，他会一边用手纸擦屁股，一边嘲笑道："尊敬的先生，请你好好吃吧。"当我问到此事时，他说，手纸是吃"卡奇"的恶魔。还有一次，他说："有个先生把领带弄丢了，他找了很久，最后终于找到了。"后来，他再次提起被砍断脖子和腿的恶魔。他说，必须等到有脚以后，脖子才能走路，现在恶魔不能走路，只能躺着，大家都以为他死了；还有一次，一个士兵把他揪到窗前，然后从窗子推出去，他就死了。我觉得，这个幻想可能代表着他在几周前曾经产生的恐惧,对他来说,那种感觉非常奇特。当时,他正站在窗前,看着外面,而用人在他后面一把抓住他。他看上去很恐惧,直到用人松开手,他才安静下来。此后,他在一次幻想中投射出潜意识的攻击欲,这体现了他的恐惧:在游戏中,敌军的一名军官被虐杀而死,然后又活了过来。当他被问到他是谁时,这个男孩子说:"我当然是爸爸。"此时,每个人都变得很温柔,并且说(弗里茨的语气变得柔和):"没错,你是爸爸,那么请你到这边来。"在另一次幻想中,队长也受到了种种虐待,比如被蒙上眼睛、被羞辱,等等。但他说,此后他就开始善待队长了,并且说:"他也对我做过这样的事,我只是还回去而已,然后我就不生他的气了。如果不还回去,我就会生他的气。"

在这一阶段,我认为已经无须进行深入的诠释,所以只是偶尔用暗示的方式,让他注意到一些单独的事件。除此之外,根据他的幻想和游戏的整体变化,以及他偶尔的言谈来看,他的一部分情结已经在意识层面,或至少是潜意识层面体现出来,这已经足够了。因此,有一次,他在上厕所时说他要做面包卷,他的母亲配合说道:"那你就赶紧把面包卷做出来吧。"于是他回答:"只要我把面团做出来,你就会高兴了。"接着立即补充道:"我说的是面团,不是卡奇。"上完厕所后,他说:"我太棒了,我做了这么大的一个人出来。只要有人给我面团,我就能做出来一个人。我只需要用尖尖的东西做眼睛和扣子。"

从我开始偶尔为他提供一些诠释,到此时为止,经过了两个月左右。接下来的两个月,我没有再观察他。在此期间,他开始表现出焦虑(恐惧)。这一点从他拒绝与小伙伴一起玩他近来非常喜欢的强盗和印第安人的游戏就可看出端倪。在两岁到三岁时,他曾出现过夜惊(night-terrors),除此之外,他从未明显地表现出强烈的恐惧,至少我们从未看到过这种迹象。所以，他此时出现的焦虑，或许是经由分析而得以暴露的症状，又或许是他试图对那些在意识层面体现出来的东西进行更加强烈的潜抑。而这些恐惧或许是在听格林童话的过程中被激发出来的。他最近非常喜欢听格林童话，也喜欢自己讲。除此之外，他的恐惧也可能源于母亲最近生病了，没有过多关心他，而他又非常黏母亲，这样一来，他的原欲就会转变为焦虑。他总是在入睡之前表现出恐惧，比以往更难入睡，有时睡着以后会突然惊醒。其他方面，他的表现也有所退步。他不再长时间独自玩耍，也不再讲很多故事。他对阅读的热情变得强烈，甚至有些过于强烈，能连续阅读好几个钟头，而且一整天都在练习阅读。同时，他变得有些淘气，有些不开心。

我在该案例中积累了大量素材，其中大部分都是没有诠释的。除了一个主要的性理论，弗里茨还表现出其他一些诞生理论和思考倾向，这些理论都是同时存在的，但在不同的时期总会有一个最显著的理论。他的幻想中曾出现过女巫，在我看来，这是他通过对母亲意象进行隔离而塑造出的一个角色（当时，这个角色频繁出现）。这一点也体现在他最近对于女性明显的矛盾态度中。从整体来看，他对两性的态度都非常好，但我发现，他偶尔会表现出对小女孩和成年女性的反感，而这种反感很不合理。为了让自己所爱的母亲维持理想的形象，他在母亲身上分割出另一个女性意象，那是一个拥有阴茎的女性。对他来说，这个女性可以让他触及他如今已经明显表现出来的同性恋欲望。同时，在他看来，母牛也代表着拥有阴茎的女性。他很讨厌母牛，但很喜欢马。例如，他说他讨厌母牛嘴角的泡沫，因为那意味着它想朝人吐口水，但对于马嘴角的泡沫，他却说那是它想要亲吻他。他的幻想和言谈中总是明显地体现出，母牛被他视为拥有阴茎的女性。他在尿尿时总是把阴茎当作母牛，例如，他会说："母牛往马桶里挤牛奶。"或者在脱下裤子时说:"母牛从窗子里伸出脑袋。"在他的幻想中,巫婆给了他毒药,其中的意义或许与他的进食受孕理论相关。这种对于女性的矛盾态度在几个月前还没有一点迹象,当时,有人说起某个女士很讨厌时,他还非常诧异地问:"难道有人会讨厌女士?"

他还讲述了另一个关于焦虑的梦,其中也存在着非常强烈的阻抗。他说这个故事太长了,他讲不了,要讲就得讲一整天。我让他只讲一部分,他说:"可是,光是那个长度就已经很吓人了。"然而,他很快明白了,这是一个关于巨人的梦,他所说的"吓人的长度"指的是巨人阴茎的长度。这个巨人出现过很多次,每次都是不同的样子,有一次,他变成了一架飞机,被人带进了一座建筑。那座建筑没有门,四周也没有地面,但是从窗子可以看到里面全是人。巨人向他扑过来,浑身上下挂了很多人。这个幻想与父亲和母亲的身体相关,同时体现了他对父亲的渴望。然而,这个梦也体现了他对自己通过肛门怀上父亲(有时是母亲),并且将其生下来的幻想,这是他的一种诞生理论。在梦的结尾,他可以独自飞翔,而且,有一些人从火车上逃出来,帮助他把巨人关在行驶的火车里,并且带着火车钥匙飞走了。在我的帮助下,他亲自对大部分梦境进行了诠释。他总是很喜欢亲自诠释,并且经常问我,这个梦是否在"很深的里面"。他觉得,关于他的事情全都储存在那里,而且都是他未知的事情。他也会问,是否每个大人都能对他的梦进行诠释,等等。

恢复观察后,我主要通过联想的方式分析他的焦虑梦境,如此进行了六周左右,他的焦虑彻底消失,睡眠和入睡,以及游戏和社交都正常了。他之前还对街上的孩子有轻度的恐惧症。其实,这源于他经常受到街上男孩子的威胁和欺凌。他不敢独自过马路,无论别人怎样劝说,他都不愿尝试。由于他最近旅行过一次,因此我无法确定这种恐惧症的原因。其他方面，我觉得他的状态很好。几个月后，当我再次见到他时，更加感受到他的良好状态。在这段时间里，他自己克服了恐惧症，据他所说，他采取了以下方式：在我离开后，没过多久，他先是尝试闭上眼睛跑过马路，然后尝试扭过脸去跑过马路，最终，他可以淡定地穿过马路了。然而与此同时，他说什么都不愿接受分析，也讨厌讲故事、听故事。这可能是他尝试自我治疗而造成的，因为他信誓旦旦地对我说，他已经什么都不怕了，并且表现出自豪的样子。但直到半年以后，我才能明确这一结果究竟是永久的，还是仅仅源于他自我治疗的尝试，抑或至少其中一部分是停止治疗以后出现的效果。因为在一些案例中，确实有个别症状会在分析治疗结束以后才消失。

此外，我并不认为对该案例的分析是完整的。我只是在观察和讨论时偶尔加入了一些诠释，这算不上是治疗，而应该算是"具有分析特征的教养方法"。因此，我也不认为这个过程至此已经结束。在我看来，既然他这么抗拒分析，不愿听故事，就说明他将来的教养过程或许依然需要偶尔进行分析。

在这里，我想说一说我在该案例中得出的结论。在我看来，教养儿童的过程中，分析是必备的辅助，从疾病预防的角度来看，分析能够带来大量极具价值的帮助。这一结论不仅源自该案例，而且，我在观察和接触了诸多没有接受精神分析辅助教养的儿童之后，也得出了同样的结论。在这里，我只引用两个案例，它们都是我很熟悉的例子，而且用在这里非常合适，因为这两名儿童均未出现神经官能症或异常发展，而被认为是正常的。他们天性良好，接受的教养也很合理。例如，他们被允许提出任何问题，父母也愿意提供解答，这也是父母的教养原则之一。此外，他们的父母给他们提意见时，比其他父母表现得更加自然、自由，态度也充满爱意，同时又能给予非常坚定的指导。但是,在性启蒙方面,只有一个孩子能够充分利用这种自由来提问和获取信息,而且这种利用也是相当有限的。直到他几乎成人以后,他才说,自己当时在出生问题上获得的正确信息,远远没有让他满足,他一直对这个问题存有困惑。他的问题虽然得到了答案,但或许因为没有提及父亲的角色而有所缺憾。但需要注意的是,他虽然一直对此困惑,但他坚信父母一定愿意给他提供答案,然而出于某种原因,他从未问到过此事,至于是什么原因,他自己也没有意识到。4岁以后,他开始害怕与人——特别是成年人——亲密接触,而且开始害怕甲虫。这两种恐惧症持续了几天,最终逐渐在情感和习惯化的帮助下得以克服。然而,他一直对小动物心存厌恶。此后,虽然他已经不再厌恶社交,但也从未产生过社交的欲望。他在心理、生理以及智能等方面都有良好的发展,而且非常健康。但我认为,他的恐惧症看似彻底消除了,实则依然有所残存,例如明显的不善交际、拘谨、内向等特征,它们永久地成了他人格的一部分。另一个案案是一个女孩。在出生后的几年内,她表现得极具天赋,求知欲旺盛。但5岁以后,她开始变得不再渴望探究事物,越来越肤浅,对学习毫无兴趣,且完全没有深度的喜好。虽然她的智能肯定很高,但截至目前(如今她已满14岁),她仅表现出中等的智能。虽然截至目前,广受赞誉的教育原则一直是推动人类文化发展的力量之一,但无论是过去的教育家,还是当今的教育家,都知道不同的人所适合的教养方法依然是未知的。所有对儿童的发展进行过观察,或对成年人的人格特征进行过深入了解的人,都知道一些极具天赋的儿童会突然无缘无故地以各种方式变得进步缓慢,落后于同龄人;一些原本听话懂事的儿童,会变得淘气、难以管教,甚至相当叛逆且表现出攻击性;一些原本活泼开朗的儿童,会变得孤僻内向;还有一些原本智力超群的儿童,曾经展现出异于常人的天赋,却突然失去光彩;相当聪明的儿童可能遇到了一些小挫折，从此一蹶不振，变得自卑。当然，这些发展中的障碍往往也可以得到令人满意的改善。然而，虽然父母的关照有助于消除比较小的障碍，但这些障碍却经常会在很多年以后再度出现，成为顽疾，甚至可能造成精神崩溃，或至少导致各种痛苦。能够给发展带来影响的伤害和抑制简直不胜枚举，更不用说有些人还会因此发展为神经官能症。

即便我们坚信，精神分析是教养过程中的必备辅助，但这并不意味着要彻底抛弃至今依然被广泛认可的、有效的教育原则。精神分析的作用只能是辅助，让教育更加完善，而不能撼动至今被广泛认可的、被认为是有效的教育基础。真正优秀的教育学家始终在——潜意识中——努力探寻正确的方向，并且尝试以爱和理解来触及儿童更深层的、时而不可理喻，且显然应该被批评的冲动。如果教育学家并没有完成这项任务，或者只完成了一部分，那么只能归咎于他们为应付现实状况而使用的手段。很多父母渴望拥有孩子的爱和信任，却会在突然之间不自觉地意识到自己从未实现过这个愿望。

我们再来看前文中详述的这个案例。精神分析是基于什么被纳入这个男孩子的教养中的？他在游戏方面存在抑制，在听故事和讲故事方面也存在抑制。此外，他越发不爱说话，过于挑剔、漫不经心以及孤僻内向。虽然从整体来看，他此时的心理状态算不上是生病，但我们完全可以模拟出发展的可能性。在未来的阶段中，游戏方面的抑制，听故事、讲故事方面的抑制，对琐事的过于挑剔，以及漫不经心等，都可能发展为神经官能症特征，而不爱说话、孤僻内向则可能发展为人格特征。需要注意的是，在他非常年幼的时候，这些特点就已经存在了，只不过不太明显。后来，它们经过进一步的发展，并且加入了其他特点，才变得明显起来，并且促使我觉得必须介入精神分析。但此前和此后，他都有一种不寻常的表情，好像在思考着什么，当他的语言表达比较流利之后,这种表情就出现了,它与他所说的那些正常但算不上聪慧的话语没有任何关系。现在,他已经变得开朗起来,话也变多了,他明显需要伙伴,而且无论是和小孩还是和大人,都能愉快相处。这些都与他此前的性格截然相反。

通过这个案例,我还发现,尽早在儿童的教养中介入精神分析,在能够触及儿童的意识时,就做好准备接触其潜意识,这不仅很有必要,而且很有益。它或许可以将抑制或神经官能症特征扼杀在摇篮里。3岁的正常儿童,甚至是年龄更小但兴趣表现活跃的儿童,其智力必定足以理解他人提供的解释。对于这些事物,年龄稍大的儿童已经形成较强烈而固着的阻抗,因而在情感上表现出抗拒。比较而言,年龄稍小的儿童由于尚未受到教养中负面因素的过多影响,因此反倒与自然的事物更加贴近。所以,相比这个5岁孩子的案例,我们在更幼小儿童的教养中介入精神分析,可能会取得更好的效果。

在这里,我还要谈一谈早期分析中的另一个难题。因为精神分析把他的乱伦愿望(incest-wishes)带到了意识层面,所以,尽管在日常生活中,他会显露出对母亲的强烈依恋,但他从未像一般的充满热情的小男孩那样,试图打破已形成的界线。他和父亲保持着良好的关系,虽然(也可以说是因为)他对自己的攻击欲有所意识。在该案例中,相比潜意识层面的情绪,意识层面的情绪同样更容易控制。在意识到自己存在乱伦愿望的同时,他便开始尝试摆脱它,并且为它寻找更加合适的客体。在我看来,前面所引用的一段对话中,他痛苦地确认自己至少能和母亲住在一起,就印证了这一点。其他频繁出现的话语也说明,他已经开始部分地脱离母亲,或者至少已经开始尝试这样做。

所以,我们期待着他通过适当的途径,进行重新选择,找到与母亲意象近似的客体,从而完全脱离母亲。

我好像还没听说过哪个接受过分析的孩子会在与他想法不同的环境中遇到困难。儿童对委婉的拒绝相当敏感，所以，他能清楚地知道谁能理解他，谁又不能。例如，在这个案例中，他试探了几次后，发现没有成功，便不再向母亲和我以外的人谈及此事，但其他事情还是会向其他人述说。

还有一件事，看起来很麻烦，结果证明处理起来也很容易。这个孩子有一种天生的冲动，能把分析当作玩耍的手段。晚上临睡前，他会说他有了一个想法，必须马上讨论。他也可能整天都会谈到这个想法，以便引起别人的关注，或者选择不适宜的时间与我们交谈，告诉我们他有什么样的幻想。简单说来，他会试图以种种方式让分析变成首要的事情。关于此事，佛朗德博士给我提出一个建议，这个建议对我帮助很大。我特意安排了一个明确的分析时间——即便偶尔需要调整。所以，在日常生活中，尽管我和这个孩子关系很近，我们能经常共处，但仍然要严格执行约定的时间。他几次试图违约都没有成功，于是只好按约定办。我还要求他做到基本的礼貌，严禁他以任何方式对父母或我发泄分析中呈现出来的攻击性，他也很快照办了。当然，一个5岁的孩子已经可以明事理了，但我相信，对于更年幼的孩子，我们同样可以利用一些手段来避免这些问题的出现。其中至少有一点需要注意，即不要与幼儿进行如此细致的对话，最好是偶尔通过游戏或利用其他时机提供诠释，与大孩子相比，幼儿可能更容易接受这些诠释。此外，截至目前，社会上的普遍教养方式都会教儿童辨别想象与现实、真实与虚假。所以，我们很容易在教育方式中融入对愿望和实践（实践也是表达愿望的方式）的辨别。对儿童来说，学习往往是很容易的，他们的文化天赋也足以令他们认识到，想象和希望是可以无限制的，但实践是有限制的。

所以，我们无须过于担心这些事情。每一种教养方式都有可能遇到困难，但相比在潜意识中由内而外呈现出来的教养方式，由外而内的教养方式至少不会给孩子带来太大的压力。只要真正信任这个方法，那么但凡有一些经验，就能克服这些外在的困难。我同样相信，一个在早期接受了分析的孩子，他的心理会变得坚韧，能够顺利解决所有困难。

当然，我们也可以提出这样的问题：是否所有孩子都需要精神分析的帮助？世上必然存在着毫无缺陷、发展良好的成年人，那么也必然存在着这样的儿童，他们毫无神经官能症的特质，或者能够克服这些特质，同时不受任何伤害。但根据精神分析的经验来看，可以确定的是，这样的成年人和儿童属于少数。在《畏惧症案例的分析》中，弗洛伊德清楚地表明，认清自己的恋母情结对小汉斯来说是有益而无害的。弗洛伊德认为，极端的畏惧症在儿童中间很常见，但小汉斯与其他孩子的唯一区别就在于，他的畏惧症得到了关注，而且，这可能使他"享有其他孩子无法享有的好处，他无须再把内心的秘密潜抑起来；而潜抑情结总能影响儿童未来的生活，即便不会形成神经官能症，也必定会导致某些性格扭曲"。弗洛伊德进一步表明："无论对儿童还是成年人来说，'神经官能症患者'与'正常人'之间都没有清晰的界线。我们关于'疾病'的概念仅仅是基于实用而进行的加法，其规则是计算阈值内的人生潜在因素与一切可能性的总和，所以，必定会有一些人不断地从健康的范畴跨越到神经官能症的范畴内……"，等等。在《孩童期神经官能症案例的病史》（*From the History of Infantile Neurosis*）中，他这样写道："假如说几乎没有哪个孩子能够避免暂时性的无食欲或恐惧动物的失调情况，那么肯定会有人反对这种说法。但这种说法恰恰是我所期待的论点。我认为，成年人的神经官能症都是基于早期形成的神经官能症而建立起来的，只不过它们在早期未必足够明显，因此很难引起重视。"所以，我们非常需要关注儿童是否具有神经官能症特质的苗头。但如果想要控制并消除这些特质，那么尽早进行分析式的观察，以及偶尔进行分析实操，就是绝对必要的了。如果儿童对自身和环境发生兴趣，并且在表达这种兴趣时呈现出对性的好奇，同时试图满足这种好奇；如果他在这方面没有任何抑制的表现，能够完全接受性的启蒙；如果他可以通过游戏和幻想感受到自己的一部分直觉冲动，特别是不加抑制地体会到俄狄浦斯情结；如果假设他爱听格林童话，并且不会对此感到焦虑，心理基本平衡，那么以上情况或许就无须介入早期分析。但即便对这些并不常见的情况而言，早期分析依然是有益的，因为发展最良好的人也可能被各种抑制所困扰，而早期分析恰恰可以在这方面提供帮助。

那么我们应该如何实践以精神分析为原则的教养呢？根据分析经验来看，至少家长、保姆和老师必须先接受分析，但这一点即便在将来也很难实现；就算真的实现了，就算本文开头阐述的一些有益的信息能够确保得到实践，但依然无法预期他们能接受早期分析。所以，在时机成熟之前，我想先提一个暂时性的建议：让女性分析师参与幼儿园的领导工作。当然，这位女性分析师要训练几位保姆助手，帮助她观察所有孩子，判断是否需要介入精神分析，并且能够立即实施。这个建议很可能遭到种种反对，其中一个理由便是这种方式会使儿童从年幼时就在心理上疏远了母亲。但我认为，儿童会从中得到很多好处，而母亲最终也会得到其他方面的好处，从而弥补这方面可能的损失。

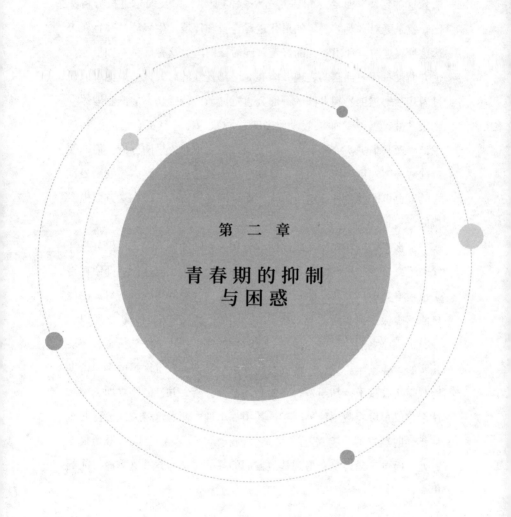

第 二 章

青春期的抑制
与困惑

我们知道，当儿童进入青春期以后，往往会出现心理上的问题，并且出现明显的人格变化。我将对男孩子的一些情况进行探讨，女孩子的发展情况则需另行探讨。

通常情况下，人们会觉得，当男孩子出现性成熟以及伴随而来的身体变化时，他们缺乏应对这种情况的心理功能，由此便导致了开头提到的问题。在性能力的强烈影响下，男孩子感到非常困惑，自己的愿望既不被允许也无法得到满足，因此他要承受巨大的心理压力。但这个观点并不能充分解释青春期经常产生的种种深层障碍和问题。

一些男孩子曾经表现得非常快乐，对人充满信任，但突然或渐渐地变得有些神秘和叛逆，甚至与家庭和学校作对，不管是宽容还是严厉，对他都无济于事；有些男孩子丧失了学习动力和兴趣，造成成绩下滑，引起人们的注意；还有一些男孩子则充满了不健康的热情，经验丰富的老师会透过现象洞悉背后的隐情，即他们的自尊非常脆弱且容易受伤。在青春期会出现很多冲突，它们强度不一，有的冲突过去就存在，只不过表现得很轻微，没有引起注意；而现在这种冲突可能表现得非常极端，比如会出现自杀或一些犯罪行为。对于这种青春期经常出现的严重问题，如果父母和老师没有正确对待，就会导致更多的伤害。当孩子退缩时，很多父母会采取鞭策的方式，但当孩子需要得到信任时，父母却没有鼓励他；而老师们往往只关心学习成绩，却忽略了孩子身上出现的明显问题，也从不同情和理解其背后的痛苦。毋庸置疑，只要是通情达理的成年人，就能为孩子提供这方面的帮助；但我们不能高估环境因素的作用，因为即便父母非常关心和理解孩子，竭尽所能去帮助孩子，也可能无济于事，或者无法找出孩子问题的根源。即便是经验丰富且有洞察力的老师，也可能因为无法弄清问题背后的原因而使工作受挫。

因此，我们当前急需了解明显的生理活动和心理活动以外的部分，那些处于苦恼中的孩子，以及无法理解孩子的父母，对这部分一无所知；换言之，我们要做的就是借助精神分析来挖掘潜意识的根源——在这方面，精神分析已经给予我们诸多指导。

通过治疗成人神经官能症，弗洛伊德发现，婴儿期神经官能症（infantile neurosis）同样需要引起重视。他和他的学生在针对成年人的研究中得出了有力的证据：精神疾病的起源可以追溯至儿童早期，那时，人格就已经被确定下来，并且埋下了疾病的种子，到了后来，当面对巨大压力的时候，原本就不够牢固的精神结构难以招架，疾病便会爆发出来。所以，那些看上去很健康，或者最多稍微有些紧张的儿童，一旦被施加更多的一般压力，便有可能面临非常严重的崩溃。从这些案例来看，在"健康"与"疾病"、"正常"与"不正常"之间，并没有清晰的界限；弗洛伊德认为，这种现象是普遍存在的，这也是他最重要的发现。他还发现，"正常"与"不正常"之间只有数量上的差别，而没有结构上的差别，这是他根据工作经验得出的结论，我们的分析工作也不断地证实了这一结论。受长期文化发展的影响，人类从降生开始就具有了潜抑本能、渴望和想象力，换言之，就是将它们从意识中移到潜意识中，而它们会一直保留在潜意识中，并且不断生长。一旦潜抑失败，它们便会倾向于引发各种疾病。潜抑的力量被施加在最受禁忌的本能刺激方面，尤其是性本能方面。我们一定要从精神分析最广义的角度来理解"性特质"，弗洛伊德的本能理论认为：从生命的开端，性特质就一直活跃，起初是借助"部分本能"的满足来试图达到愉悦，这不同于成年人的生殖目的。

对婴儿来说，性渴望和想象会迅速在距离最近且最有意义的客体上找到落脚点，这个客体就是父母，特别是其中的异性。正常的小男孩都会对母亲表现出浓浓的爱意，并且在3到5岁之间，至少会有一次表示想要与母亲结婚。随后，他的姐妹会迅速取代母亲的位置，成为他所渴望的客体。虽然没有人会把他的话当真，但其中的热切渴望却是真实存在的——尽管它来自潜意识，但对他的整体发展意义重大。这种渴望所反映出的乱伦性质，在社会上引起严肃的斥责，因为如果它们成了现实，就会造成文化的倒退、崩溃与瓦解，因此，它们必定会遭到潜抑，并在潜意识中形成俄狄浦斯情结，在弗洛伊德看来，这就是神经官能症的核心情结。神话学和文学的研究认为，这种将俄狄浦斯引向杀父恋母道路的渴望具有普遍性，而对患者与健康者的精神分析同样表明，它们在成年人的潜意识中是普遍存在的。

在青春期，本能如风暴般袭来，加重了男孩子在情结方面的痛苦，并且有可能将他击败。这时，他的渴望和幻想越发明显和活跃，试图得到关注，它们与自我的潜抑力量抗衡，从而严重消耗他的能量。自我一旦失败，则必将引发种种问题和抑制，其中也包括疾病。好一些的结果就是对立的双方达到某种平衡。而无论结果如何，都会永久地对男孩子性生活的特质起到决定性作用，进而对他将来的发展起到决定性作用。我们必须谨记，针对青春期的一项重要工作，就是对儿童不一致的"部分性本能"进行整合，使之归于生殖功能；同时要让男孩子摆脱与母亲乱伦的内在关系，尽管这种关系会为将来爱的模式奠定基础，但若想使他成为一个健康且有活力的独立男性，就必须在很大程度上割断他对父母的现实固着。

毫无疑问，在青春期，个体必将面临相当复杂的心-性发展所带来的难题，并且多多少少会被持续的抑制所困扰。一些经验丰富的老师对我说，很多原本淘气的孩子，一旦变得安静、勤奋且易于教导，他们的活力、好奇心以及开放程度等就会明显减弱。

面对男孩子的问题，父母和老师能够提供哪些帮助呢？如果能发现导致问题出现的原因，则有助于改善与孩子的沟通方式；因为这能使父母和老师更加理解和包容孩子因逆反心理、爱的缺失与可疑的行为而引发的苦恼和干扰。老师也有可能认识到，男孩子与父亲的俄狄浦斯对立，会移情至他们身上。通过对青春期的男孩子进行分析，我们发现，老师会经常被赋予过度的爱和赞美，以及潜意识的恨和攻击。后者所引发的罪疚感和自责，也会影响男孩子与老师的关系。

情绪上的困扰和混乱会使儿童对学校产生排斥心理，不愿学习，甚至感到非常痛苦和挣扎。对此，老师的善意和理解可能起到缓解作用，老师对孩子的足够信任能坚固他们脆弱的自尊，并且改善其罪疚感。最理想的方式是，父母和老师能允许或创造条件让儿童自由探讨关于性的问题——前提是孩子希望如此。在关于性的问题上，绝不能采取恐吓或威胁式警告的手段，否则会造成不可预测的严重后果。儿童早期是启蒙的最佳时机，一旦错过便无法重来，但只要实施了性启蒙，就能减轻甚至消除很多困扰。

如果这些办法都用了，父母和老师也竭尽了全力，以至资源枯竭，这时就需要更有效的帮助，而精神分析就可以做到这一点。通过精神分析，我们可以发现问题的根源，杜绝不良的后果。尽管精神分析技术经过多年的发展依然需要成长和完善，但这并不妨碍我们借助它来发现问题的诱因，并且向当事人提供这些信息，从而对意识和潜意识的要求进行调整。很多成功的儿童分析案例使我相信，只要分析的过程足够专业、足够正确，那么它给儿童带来的负面影响并不会比成年人更多。人们总是担心精神分析会使儿童的自发性减弱，但这种说法并没有事实依据；很多儿童在困境中丧失了活力，但经过分析后得以完全恢复。即便是针对非常年幼的儿童进行的分析，也不会使其变得缺少教养和孤僻；事实恰恰相反，他们一旦摆脱了抑制，就会充分发挥其情绪和智力资源，努力实现文化和社会目标。

第 三 章

学校在儿童力比多
发展中的作用

在精神分析方向，有一个众所周知的事实：在关于考试的恐惧中（例如与考试有关的梦境），焦虑是从一些具有性特质的事情上被置换至理智的事情上。沙爵（Sadger）在他的著作《论考试焦虑与考试的梦》中提到，对考试的恐惧在梦境中和现实中都等同于对阉割的恐惧。

显然，在学校里遭遇的考试恐惧与抑制有关。据我观察，抑制其实是对学习的厌烦，这种厌烦具有不同的形式和程度，从明显的排斥到看上去的"懒散"，但无论是儿童本人还是其周围的人，都很难辨认出这是一种对学校的厌倦。

对儿童来说，学校是其生活中的一个全新的现实环境，而这个环境往往被认为是相当严格的；他为适应这种环境所采取的方式，往往也代表了他对于其他生活任务的态度。

基于以下事实，学校起到了相当重要的作用：对任何人而言，学校和学习起初都取决于原欲，因为学校担负着升华儿童原欲本能能量的任务。在各种科目的学习中，生殖活动的升华起着决定性作用，因此，相对来说，学习也会受到阉割恐惧的抑制。

学校生活开始后，儿童与构成其固着及"情结形成"（complex-formation）基础的环境相分离，并且面临着全新的客体和活动，他需要检测自己的原欲在这些新事物上的活动性。但为了完成一个往往令他无法克服的新任务，他必须在一定程度上抛弃被动的女性态度，而他此前一直能够接受这种态度。

接下来，我将通过一个案例，详细探讨上学、学校、老师以及学校生活中原欲的重要意义。

总的来说，13岁的菲力司（Felix）对上学不感兴趣。让人不解的是，他很聪明，也很有天赋，但对任何事情都提不起兴趣。在进行分析时，他讲到了自己在11岁左右的时候做的一个梦，当时，他的校长刚刚去世不久。他梦见在上学路上和钢琴老师相遇。学校发生了火灾，路旁的树木被烧，只留下光秃秃的树干。他和钢琴老师穿过着火的校舍，却没有受伤，等等。后来，通过分析发现，学校代表了母亲，老师和校长代表了父亲，这时，才找到对这个梦境的解释。下面列举分析中的一两个例子：菲力司抱怨，这些年来，每当在学校里被点名时，他都无法站起来，这个困难始终没能克服。他联想到女生起立时的样子，还做出男生起立的样子，演示他们的不同之处，后者是用两只手暗示生殖器的位置，就连阴茎勃起的形状也显示出来；他希望自己在老师面前能像个女生，这说明他以女性态度对待父亲。这种恐惧影响着他后来对学校的整体态度。在学校里，他曾出现这样的念头：当老师在学生面前转身背靠桌子时，他会摔倒并跌到桌子后面，弄坏桌子并弄伤他自己。这个念头表明，老师相当于父亲，而桌子相当于母亲。

他讲到有一次做希腊文练习时的情形，当时，校长就在教室里，然而男生们依然交头接耳并且作弊。随后，他幻想自己是怎样在班级中提高了地位。他幻想着自己怎样赶上那些比他强的同学，除掉并且杀死他们，他诧异地发现，他们过去是他的同伴，而现在已经变成了敌人。他清除了他们，成了班里的老大；在教室里，他的地位仅次于校长，可是，只要与校长在一起，他就无法做任何事情。

菲力司在所有的功课上都遇到了最严重的抑制，他的良心经受着煎熬，但他仍然不愿完成家庭作业，直到天亮。他虽然也为自己的拖沓感到痛苦和懊悔，但仍然无法动手做作业，而是不停地看报纸。然后，他开始慌乱地做作业，一会儿做这一科，一会儿做那一科，但无论哪一科都没有完成。接着，他就要去上学了，到了学校，还是重复这个过程，同时，他感到不愉快，心里不安宁。对于做作业的过程，他有着以下感受："一开始觉得很恐惧，接着不知不觉就开始做了，就这样做下去，然后就会感觉不舒服。"他想尽快让这种感觉消失，于是加快做作业的速度，越来越快，随后又逐渐慢下来，最终还是无法完成。这个过程就是"快—更快—慢一些—无法完成"，但他也说到，因为接受了分析，所以他开始想要自慰。从他变得可以自慰开始，他在学习上也有所改善，我们可以不断地通过他在学习以及学校活动方面的表现对其自慰的态度进行确认。菲力司也会经常抄别人的作业，但每当他抄作业成功后，他就会从某种程度上确保了对抗父亲的态度，同时贬低了自己的成就价值，从而缓解了罪疚感。

我还在莉萨身上观察到，她怎么都搞不懂数学等式，除非其中有一个未知的数量。她最清楚的就是一百分钱等于一马克，如此一来，就很容易得出未知数的答案了。

所以，演算和数学证明方面的贯注，同样具有性器象征，我们发现，在各种重要的本能活动中，通过该途径实现升华的肛门、施虐以及食人倾向，均由性器进行协调。但对这种升华来说，阉割焦虑具有特殊的重要性。在男性身上，希望改善阉割焦虑的倾向可能成为引发演算和数学的根源之一。显然，这种焦虑也是抑制的来源，而焦虑的程度则是抑制的决定性因素。

我们一定要将一切对学习以及后续成长产生影响的因素，溯源到婴儿期性特质刚刚出现时，即3岁至4岁之间的早期阶段；婴儿的这种性特质在俄狄浦斯情结发生时，成为阉割恐惧的最大动机。无论是男孩子还是女孩子，其学习方面的抑制恰恰主要基于对活跃的男性成分（musculine components）的抑制。

女性成分（feminine component）对升华的促进作用，可能经常被认为是"容受性"（receptivity）和"了解"，它们是构成一切活动的重要组成部分；但引发执行的部分——实际上一切活动的特色就是由此形成——则源于男性性能力的升华。以女性态度对待父亲，关系到对父亲阴茎及其作用的钦慕和认同，这种女性态度会升华为艺术感受以及其他一般成就的基础。在对男孩子和女孩子的分析中，我一再证实了阉割情结对这种女性态度的潜抑有多么的重要；在所有活动中，女性态度都是一种基本因素，对它的潜抑势必在很大程度上造成所有活动的抑制。通过对两种性别患者的分析，也有可能发现，当部分阉割情结进入意识层面，而女性态度获得更多的自由时，通常就会引发对艺术的强烈兴趣以及其他方面的兴趣。例如，对菲力司的分析表明，当阉割恐惧被部分消除后，他对父亲的女性态度变得非常明显，同时显露出音乐方面的天赋，开始欣赏和认可指挥家和作曲家。随着活动的深入进行，才会显现出更强的批判能力，说明他在同自己做比较，进而努力模仿别人的成功。

通过观察发现，一般情况下，女孩子在学校的表现会优于男孩子；但从长远来看，男性的未来发展往往强于女性，在这里，我想简要说明导致这种情况的几个重要因素。

从未来发展看，更为重要的是，潜抑性活动所导致的部分抑制，对自我的活动和兴趣会产生直接的影响；而另一部分抑制，则与对待老师的态度有关。

因此，对于学校和学习，男孩子的态度会更加沉重，那些与母亲有关的性愿望，经过升华，会引发对老师更多的罪疚感，学业——在学习上的努力——在潜意识中就意味着性交，这使他担心遭到老师的报复，因此，潜意识中想尽力满足老师的愿望，被潜意识中对这种做法的恐惧所抑制，这种恐惧造成了难以改善的冲突，并且成为抑制之基本部分的决定性因素。当老师对男孩子的努力不再进行直接的控制，而且男孩子可以在生活中充分施展自己时，这种冲突就会失去力量，但只有当阉割恐惧不再像对老师的态度那样给活动和兴趣带来影响时，他才能参与到更多的活动中。所以，有些原本表现不太好的学生，后来却取得了突出的成就，但那些兴趣被抑制的学生，其学业上的失败将会不断成为将来成就的原型。

关于老师在儿童发展中的作用，我想做一个简要的总结。老师借助同理心对学生加以理解，可以取得很好的效果，从很大程度上讲，这能缓解与担心遭到老师报复有关的那部分抑制；而且，有智慧且和蔼可亲的老师，可以成为男孩子的同性恋成分以及女孩子的男性成分的客体，从而使他们的性器活动得以通过升华的形式来进行。就像我在前面讲过的那样，在各种学习活动中，我们会辨认出这些升华的形式；但错误的教学方法，甚至老师过于严苛的处理方式所造成的伤害，都可以根据这些迹象推断出来。

就性器活动的潜抑对工作和兴趣的影响而言，老师的态度可能弱化（也可能强化）儿童的内在冲突，但不会对关系到其成就的任何基本部分造成影响。即便是非常好的老师，也很难彻底解决这种冲突，因为儿童的情结形成——特别是与父亲的关系——导致了限制，并且成为他对学校和老师的态度之基础。

但这些毕竟对一个问题做出了解释，即为什么在与更严重的抑制相关的问题上，即使经过多年的教学努力，也很难取得相应的效果。但在分析的过程中，我们往往会发现，这些抑制很快就被学习的兴趣彻底取代。所以，最好对这个过程进行一个反转：首先，通过分析消除儿童早期所具有的抑制，在此基础上再开展学校的工作。当学校无须耗费精力处理儿童情结的攻击时，才能在儿童发展方面取得重要的成果。

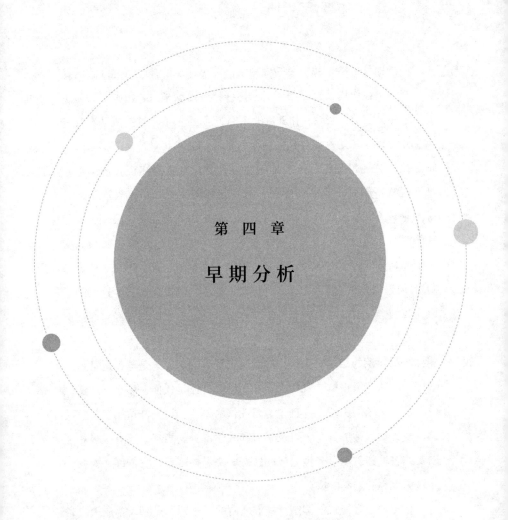

第 四 章

早期分析

在精神分析中，我们总能发现，潜抑对才能的神经官能症式的抑制起着决定性作用，这是因为对于这些特定活动来说，潜抑不仅超越了与之相关的原欲意念（libidinal ideas），而且超越了这些活动本身。我在分析婴儿和儿童的过程中获得的素材，引领我对特定的抑制进行研究，只有经过分析，这些抑制才会被辨识出来。在很多案例中，以下这些特质属于典型的抑制：对游戏和运动的厌烦或表现笨拙；对课业毫无兴趣或兴趣很少；对某一学科缺少兴趣或往往出现不同程度的懈怠；能力或兴趣低于平均水平。在一些案例中，这些特质其实源于抑制，但还没有被辨识出来，再加上人格的一部分也是由此类抑制所构成，因此我们不能称之为神经官能症。当分析解决了这些问题后，我们会发现——就像亚伯拉罕在运动功能受抑制的神经官能症案例中发现的那样——强烈的原初愉悦（primary pleasure）的性特质受到抑制所导致的结果，为这些抑制奠定了基础。无论是球类运动、玩铁环、溜冰、滑雪橇、跳舞、体操、游泳，还是任何一项运动竞赛，原本都有原欲的贯注，并且包含着性器的象征。这同样适用于学校活动、与男女老师的关系，以及学习和教学本身。当然，还有很多相当重要的主动或被动、异性恋或同性恋的决定性因素，它们因人而异，并且源于不同的本能成分。

相比神经官能式的抑制，我们所谓的"正常"是基于本质上具备欢愉能力和性的象征能力，尤其是后者。它经由原欲贯注，并且以尚未确定的程度，使原本的倾向和原初愉悦得以强化，当然，这也造成了对本身的潜抑，因为潜抑作用于与活动有关的性愉悦，因而对这一活动或倾向形成抑制。

在我看来,对于这种抑制,无论能否加以辨识,都要由焦虑入手,特别是由阉割恐惧入手,来实现对该机制的反转。必须先解决这种焦虑,然后才有可能消除抑制。通过这样的观察,我发现了焦虑与抑制之间的关系,我将对此进行深入的探讨。

通过分析小弗里茨,我们在很大程度上了解了这种内在焦虑与抑制之间的关系。在这一分析过程中——第二部分分析得更为深入——我们可以澄清一个事实:焦虑(这种焦虑本来非常多,但当它达到一定程度后,就会逐渐减弱)紧随分析之后而产生,这往往预示着抑制即将被消除。焦虑的每一次改善都意味着分析的进步;而其他案例的分析更加证实了我的想法,即抑制被消除的程度与焦虑表现的明显程度成正比,这种焦虑也是可以得到解决的。我认为,分析如果只是减轻或消除抑制,那还算不上是成功,分析必须能够重新安置好那些活动的原初愉悦,才算得上是成功。针对幼儿的分析必定可以做到这一点,而且年龄越小,就越容易实现,因为针对幼儿抑制机制的反转过程相对简单。从弗里茨的案例来看,在这个从焦虑入手的消除过程中,时而会发生短暂的前驱症状,要想解决它们,也要从焦虑入手。只有从焦虑入手,才能消除这些抑制和症状,这说明它们必定源自焦虑。

我们知道,焦虑是一种原初情感,"我曾说过,转化到焦虑——更准确地说,是用焦虑的形式进行释放——是容易受潜抑的原欲最快的变换(vicissitude)。"如此一来,当自我用焦虑进行反应时,就会再现一切焦虑的最初情感原型,并且把焦虑作为"一切情感冲动用来交换或可以用来交换的通用货币"。在不同的神经官能症中,自我怎样实现自保以应对焦虑的发展,弗洛伊德根据这方面的发现得出以下结论:"从抽象的角度来看,这种观点似乎是成立的,通常情况下，之所以会形成症状，是因为要摆脱不可避免的焦虑。"所以，在儿童身上，焦虑往往比症状更早出现，并且是神经官能症的最初表现，换言之，焦虑是为症状做铺垫；但这不一定能解释早期阶段的焦虑为什么往往并不明显或者总是被忽略。

从整体来看，几乎所有儿童都会遭受夜惊（pavornocturnus）的痛苦，我们有充分的理由认为，每个人都会出现神经官能式的焦虑，只是程度有所区别。"我们清楚这样的事实：潜抑唯一的动机和目的就是规避不愉悦；可见，相比意念的变换，表征的情绪部分的变换更为重要，这一事实决定着我们对潜抑的评估，假如潜抑不能有效规避不愉快或焦虑，那么即便它在关于意念的部分实现了目标，我们依然可以认定它的失败。"潜抑的失败会导致症状的出现，"在神经官能症中，企图借助焦虑发生的过程在发挥作用，这些过程也以各种方式实现了这一目标。"

那么，是什么让消失的情感并没有引发症状（我指的是那些潜抑成功的案例）？关于这些必将受到潜抑的情感，弗洛伊德说："通过大致研究精神分析的一些观察，我们发现，本能表征的数量因素有三种变换的可能：第一种，本能被彻底压抑，没有留下丝毫痕迹；第二种，表现为某种情感，而这种情感必定是在质的方面受到影响；第三种，转化为焦虑。"

但是，在成功的潜抑中，情感是怎样被抑制的呢？以下假设似乎有其合理性，也就是说，一旦出现潜抑（包括潜抑成功的案例），情感就会以焦虑的形式释放出来，它在第一阶段没有明显的表现，或者会被忽略。在焦虑-歇斯底里中，这一过程很常见；而且，我们假设焦虑在歇斯底里真正发展起来之前也是存在的。如此一来，焦虑的确会在潜意识中存在一段时间，"我们发现，就连'潜意识中的罪疚意识（unconscions consciousness of guilt）'或者模棱两可的'潜意识焦虑'等奇怪的联结,同样是不可避免的。"关于"潜意识情感"这个词语的使用方法,弗洛伊德认为:"这些说法虽然存疑,但它们的使用肯定是符合逻辑的。然而,对比潜意识情感与潜意识意念,可以发现一个明显的差异,即后者在潜抑以后依然存在,就像潜意识系统的一个正式组成部分一样。而前者仅仅相当于潜意识系统中的一个潜在倾向,并且不会继续发展。"我们由此认识到,通过成功的潜抑而消失的情感也必将转化为焦虑,但有时候,完全成功的潜抑之后,并不会表现出任何焦虑,或者表现得比较弱,并且在潜意识中维持着潜在的倾向。"结合"和释放这种焦虑(或焦虑倾向)的机制与引发抑制的机制是相同的,而精神分析告诉我们,每一个正常个体的发展中多多少少都存在着抑制,至于他算是健康还是患病,则取决于量的因素。

于是就会出现下面的问题:"为什么健康的人可以借助抑制进行释放,而神经官能症患者却因抑制而造成疾病?"以下是我们所探讨的各种抑制的不同特点:(一)特定的自我倾向(ego-tendencies)获得巨大的原欲贯注;(二)这些倾向中存在着一定数量的焦虑,以致它不再借助焦虑进行伪装,而表现为"痛苦"、精神疾病、笨拙等等;但从分析来看,这些焦虑的表现形式只是略有分化,并没有真正表现出来。因此,抑制表示自我倾向已经吸纳了一定数量的焦虑,而这种自我倾向此前已经具有了原欲贯注。所以,自我本能的原欲贯注为潜抑的成功奠定了基础,通过这种两面的方式,伴随着一种出现在抑制中的结果。

潜抑越是成功,焦虑的原貌就越难辨识——即使以厌恶的形式也是如此。在一些非常健康、明显没有太多抑制的人身上,焦虑最终仅仅体现为弱化或部分弱化的倾向。

假如将以过剩的原欲贯注自我倾向的能力视为升华的能力,那么我们或许可以将人能够保持健康的原因假设为，他在自我发展的最早期具有较强的升华能力。

潜抑会根据这个目的，在自我倾向中发挥作用，从而使它所针对的部分出现抑制；从其他案例来看，神经官能症的机制或多或少会参与到运作中，从而导致症状的发生。

我们知道，俄狄浦斯情结的特殊力量会引发潜抑，或许我们也能假设：早些时候的潜抑，导致这种强大焦虑的力量被早已存在的焦虑（或许只是某种潜在的倾向）强化——如同阉割焦虑源自"原初的阉割"，而后者或许早已开始直接发挥作用。我们或许可以将2岁或3岁时的夜惊，视为对俄狄浦斯情结在第一阶段中释放的焦虑的潜抑，随后就会出现各种形式的结合和释放。

我可以在弗里茨和菲力司的案例中证实，对运动乐趣的抑制，与对学习愉悦以及种种自我倾向和兴趣（在这里不做详述）的抑制密切相关。很明显，在这两个案例中，对性象征特质（在两组自我倾向中均有体现）的贯注，是促使这种抑制或焦虑由一组自我倾向置换（displacement）为另一组的主要因素。

在13岁的菲力司身上（我将在后文中以该案例来阐述我的观点），这种置换表现为抑制游戏与学业之间的变换。在刚上学的几年内，他的学习成绩很优秀，但运动方面却是胆小又笨拙；他父亲退伍回家后，经常因为他胆小而打骂他，想以此改变他。后来，菲力司果然满足了父亲的期望，但随之而来的是对学业和知识的懈怠。这种懈怠甚至发展为明显的厌恶，这也是他前来接受分析的原因。在两组抑制之间所贯注的常见的性象征构成了一种关系，其中一部分是父亲的处理方式使他将运动视为更适合其自我的升华，从而将抑制由运动方面彻底置换至学业方面。

在我看来，对于被潜抑的原欲会指向哪种被原欲贯注的倾向，以

第四章　早期分析

及哪种倾向将受到一定的抑制，"适合自我"都是相当重要的决定性因素。

在我看来，这种由一种抑制到另一种抑制的置换机制，类似于畏惧症的机制，但在畏惧症中，意念的内涵（ideational content）通过置换而为替代物的形成提供了条件，其整体情感并没有消失；但在抑制的情况下，同时可能出现整体情感的释放。"众所周知，焦虑的发展是自我对危险做出的反应，即预示着逃避，由此不难想象，自我在神经官能式的焦虑中也会尝试摆脱原欲的要求，并且将这种来自内在的危险视为来自外在，如此便证实了我们的预期，即存在焦虑的地方也必然存在着令人恐惧的事物，但这个模拟更加深入一些，就像个体在压力之下逃避外在危险，这种压力以稳定和保护自己的方式得以释放，神经官能症的形成也会缓解神经官能式焦虑的发展，因为在症状形成的过程中，焦虑被'束缚住了'。"

我认为，抑制同样可以被视为针对危险且过剩的原欲的一种源自内在的强迫性限制——在人类发展史上，它曾以外在强迫的形式呈现出来。起初，当出现原欲的危险时，自我做出的控制反应就是焦虑，这是一种"逃避的信号"，但"稳定和保护自己的方式"——即症状的形成——取代了逃避的迫切性。还有一种保护自己的方式，即通过对原欲倾向加以限制而达到顺从，换言之，就是抑制。但其前提条件是，个体必须成功地将原欲转至自我维持本能的活动上来，由此便引发了关于自我倾向的问题，即本能能量与潜抑之间的矛盾。所以，潜抑成功所造成的抑制便是关键的前提，也是文明的发展带来的结果。由此看来，原始人的心智生活整体上类似于神经官能症，甚至或许已经具有了神经官能症的机制，因为他们缺乏一定的升华能力，以及成功潜抑机制的能力。

尽管他们达到了被潜抑制约的文明水准，但他们的潜抑主要是借助神经官能症的机制来实现的,这种特殊的婴儿式文明水准是他们无力超越的。

以上论述得出了一个结论:某些能力的不足或存在(或者表现出来的程度)——虽然看似只取决于体质因素,并且属于自我本能发展的范畴——已被证明同样取决于其他的、原欲的因素,并且容易在分析中出现变化。

在这些基本因素中,包括以原欲贯注作为抑制的前提,这一结论符合在精神分析中反复观察到的事实。但我们发现,即便抑制尚未发生,也依然存在着某种自我倾向的原欲贯注,在任何一种才能和兴趣中,它都是固定的一部分(在婴儿分析中尤为显著)。既然如此,那么对于某种自我倾向的发展,需要考虑的不仅是体质的倾向,还包括以下几点:与原欲有着怎样的关系?发生在什么时期?质量如何?即发生的条件是什么?因此,自我倾向的发展也应取决于与之相关的原欲有着怎样的命运,换句话说,就是取决于原欲贯注能否成功。但这弱化了体质因素在才能中的地位,而且就像弗洛伊德在疾病方面所证实的那样,"意外的"因素被提升至相当重要的地位。

我们知道,自我本能与性本能在自恋阶段依然是融为一体的,因为在最早期,性本能在自我本能的领域内得到了一席之地。通过研究移情神经官能症,我们认识到,它们很快就会彼此分离,并且以不同的能量形式发挥作用,并且有不同的发展方式。另一方面,根据弗洛伊德的观点,性本能中的一部分会终生与自我本能紧密相连,并为其提供原欲的成分。我前面所说的属于自我本能的某种倾向或活动的性象征贯注,就相当于这种原欲的成分。我们将这种原欲贯注的过程叫作"升华",并且将其解释为:升华使那些过剩且难以得到满足的原欲成分有机会释放出来,从而弱化或终止了原欲的控制。这一观点也符合弗洛伊德的理论,即性特质的每个单独部分所带来的过于强烈的刺激，经由升华的过程得以释放出来，并且在其他方面发挥作用。因此，一旦个体出现不正常的体质倾向，不仅性倒错或神经官能症能够为其提供出口，升华同样能够为其提供出口。

在对言语的性源进行检视时，司裴柏（Sperber,1915）发现在语言演进过程中，性冲动扮演了重要的角色，声音最初是求偶（或召唤同伴）的信号，这是一种初步的语言形式，是由工作的韵律性衍生出来的，它与性快感紧密相关。琼斯的结论是，升华是个体在发展中再现了司裴柏所说的过程；但与此同时，语言发展的决定性因素在象征的形成中发挥了重要作用。关于认同所基于的象征的前驱阶段，费伦奇假设了以下事实：儿童在发展早期，会将对自己身体器官及其活动的认识沿用至一切客体上，同样，这种沿用也会以自己本身为目标，因此，他可能会将对下半身的认识沿用至上半身上。弗洛伊德认为，在早期认识身体的过程中，儿童会发现新鲜愉悦感的来源，可能正是由于这一点，个体才会将身体的各部分进行比较，从而对其他客体产生认同——按照琼斯的说法，这种认同过程中的享乐原则促使我们将两个颇为迥异的客体进行比较，这种比较基于愉悦的性质或兴趣的相似性。或许我们可以做这样合理的假设：从另一方面看，能够带来愉悦的并不是这些客体和活动本身，而是通过认同置换至它们身上的愉悦。就像司裴柏所说的，它被置换至原始人类的活动中。接着，当潜抑开始发挥作用，并且经由认同开始形成象征时，原欲才有可能被置换至别的客体以及自体保存本能的活动中，此前这些本能并不带有愉悦的性质，这里便涉及升华的机制了。

如此一来，我们会发现，认同不但是象征形成的前提，而且是语言的发展和升华的前提，后者通过在特定的客体、活动和兴趣上，以象征的形式固着原欲幻想而实现，我对这句话做以下说明：很多活动中都包含愉悦的性质，例如比赛、运动等，其中涉及的运动场、道路等都包含性象征意义（象征着母亲），而行走、跑步以及各种运动则象征着进入母亲身体。同时，经由早期认同，在这些活动中所使用的双脚、双手和身体便相当于阴茎，它们为个体提供了与阴茎及其满足情境相关的幻想。其中的关联可能是活动中的愉悦感，抑或器官愉悦本身，这一点能够区分升华和歇斯底里症状，尽管它们两者的途径相同。

为了进一步指出这两者之间的异同，我将以弗洛伊德对达·芬奇的分析作为参考，弗洛伊德的分析依据了达·芬奇的回忆，更确切地说，应该是幻想：他说，当他还在襁褓中时，一只秃鹰朝他飞来，用尾巴将他的嘴打开，并且在他的嘴唇上压了几下。他觉得，正是生命早期的这次经历，决定了他会对秃鹰产生浓厚的兴趣。弗洛伊德则认为，这个幻想给达·芬奇在艺术和自然科学领域的兴趣带来了相当重要的影响。

从弗洛伊德的分析中我们可以获得这样的信息，这个幻想的真实记忆，与母亲喂奶和亲吻的情境有关。我们知道，"原初"场景或幻想上的固着，是引发神经官能症的重要因素，我举一例来说明原初幻想对升华的重要影响。弗里茨在将近7岁时有很多关于"皮皮将军"的幻想，这位将军率领着一群被称为"皮皮弟弟"（Pipi-drops）的士兵在大街上行进，弗里茨对这些街道做出详细的描述，并且用字母的形状与之做对比。将军率领士兵来到一座村庄，在那里安营扎寨。这个幻想的含义是与母亲性交、性交时阴茎的活动以及阴茎进入的通道，同时，这似乎也是自慰幻想。我们还发现，这些幻想与其他元素共同作用于他的升华，对其发展状况，我尚且无法进行深入的研究。在乘坐"滑轮车"时，他非常关注转弯和弧线，就像他在其他幻想中也曾提到他的生殖器皮皮，例如，他曾说他发明了一个东西，可以无须动手，仅仅将其转动一下，就能让他的皮皮跳出裤子开口。

第四章 早期分析

他关于发明出特殊机车和汽车的幻想一再出现，这些幻想的关键就在于以特殊的操控和曲线路径，达到进出自如的目的。他说："也许女人也能操控，但她们做不到迅速转弯。"他还幻想每个孩子从出生就拥有属于自己的机车，这种机车可以再坐上三四个孩子，这些孩子可能在途中被丢下车，好动的孩子在急转弯时会摔下来，而其他孩子则会在终点处下车（生下来）。他对字母S有很多幻想，他说，小写的s是大写的S的孩子，他们身穿长袍的时候可以射击和驾驶机车，他们都有自己的机车，而且驾驶速度远远超过成年人，此外，小孩在跑、跳方面的能力比大人强，身体也比大人灵活。他还有很多幻想与各种汽车有关，他会开着这些车子去上学，还会让妈妈和姐妹也坐在上面。有一次，他因为给机车加油时容易发生爆炸而感到焦虑，后来发现，在给机车加油的幻想中，油相当于"皮皮水"或精液，在他看来，这些东西在性交中非常重要，而在驾车时灵巧地做出连续的曲线或转弯动作，则相当于性交的技术。

他在生命最早期就对道路及其相关的一切兴趣产生了固着的迹象。5岁左右时，他对散步明显缺乏兴趣，并且对时空距离明显缺乏认知。比如，我们一起出去游玩，几个小时过去了，他以为自己依然离家很近。由于不爱出门散步，因此他对周围环境也缺乏探索的兴趣，并且毫无方位感。

他对汽车很感兴趣，能在窗口或门口连续几个小时观察过往的车辆，而且他非常喜爱驾驶。他会兴致勃勃地扮演车夫或司机，用椅子拼成车子的样子，强迫似的沉溺在这种游戏中，而对其他游戏全无兴趣。但即便在这种游戏中，他也只是非常安静地坐在那里罢了。我正是在这段时期开始对他进行分析，几个月后，他发生了很大的变化，而且是整体上的变化。

此后，他不再感到焦虑，但在分析中还会表现出很强的焦虑，这些焦虑可由分析得到解决。在分析进行到最后阶段时,他开始表现出对街上孩子的畏惧症,这源于他经常被他们欺负,所以害怕他们,以至于不敢独自上街,在这一点上存在外界因素,是分析无法解决的,如此一来,分析被迫停止,但我发现,没过多久,这个症状竟完全消失了,取代它的是漫游的愉悦。

随后,他发展出更加灵活的方位感。首先表现在他对车站、火车的车厢门产生了浓厚的兴趣,其次是对一些场所的出入口非常关注;电车轨道和经过的街道也引起他很大的兴致。接受分析后,他对游戏的厌恶感已经消失,我在其中发现了很多决定性因素。他很早就发展出对汽车的兴趣,这种兴趣带有强迫的特征。以前他玩的车夫游戏很单调,而现在,这类游戏中融入了大量幻想。他还对电梯和进入电梯产生了浓厚的兴趣。就在这段时间,他生病了,需要卧床休息,他发明了一个游戏,他钻到床单下面说:"那个洞越来越大,我马上就能出来了。"他缓缓拉起床单另一端,直到开口足以让他钻出来。接着,他在床单下面玩旅行游戏,时而从这边钻出来,时而从那边钻出来,当他到达顶端时,会说自己正在"地面上",他指的是与地铁相反的情况。地铁驶出地下并继续在地上行进的景象曾经严重惊吓到他。他在做这个游戏时,会小心翼翼地移动,以防床单从两侧掀起,只有到达床单的一端时,他才会露出身体,而那一端被他称为"终点站"。还有一次,他用另一种方式玩床单,从不同的方向进进出出,一边玩一边对母亲说:"我要钻进你的肚子里。"在此期间,他出现了以下幻想:他走进人来人往的地下,列车长快速地上下台阶,给乘客发车票,他乘坐地铁来到路线交汇处,那里有一个洞,还有一片草地。还有另一个类似的游戏,他把床单卷成小山的形状,让玩具车在上面移动,他说:"司机总想开到山上去,但那里很不好走。"接着,他让玩具车在床单下面移动,说:"从这里走才对。"还有一个

第四章　早期分析

东西让他很感兴趣，那就是电车轨道的单轨组成的环形会车线，他觉得，这种环形会车线能够防止电车与迎面驶来的另一辆电车相撞。关于这种危险，他是这样跟他母亲描绘的："你看，假如有两个人从相反的方向迎面走来，"他一边说一边向母亲跑过来，"他们就会撞在一起，如果是两匹马这样行走，也会发生这样的危险。"他经常幻想母亲体内的样子：那里有很多装置，尤其是肚子里，一些小孩正在玩秋千或旋转木马，有个人按压某个东西，以便这些小孩挨个从一头爬上去，从另一头爬下来。

他对漫游等活动的兴趣持续了几个月，然后又恢复了对散步的厌恶。直到最近，我再次开始对他进行分析，情况还是这样，此时，他已经将近7岁了。

随着分析的进行，这种厌恶也越发强烈，明显地表现为一种抑制，直到其背后的焦虑浮出水面并得到解决为止，尤其是在上学路上，这种强烈的焦虑就会爆发出来。经过观察，我发现，他之所以反感这条上学路线，原因之一便是这条路上种着一些树木，但他又觉得，这条路的旁边如果是田野就好了，因为那样就可以开辟出步行道，还可以种上花，形成一个花园。他非常厌恶树木，有段时间，这种厌恶感表现为害怕树林。分析发现，其中一个原因是他幻想树木被砍倒时会砸在他身上。在他看来，树木象征着父亲巨大的阴茎，他想砍倒它，但又因此害怕它。通过他的很多幻想，我知道了他在上学路上所恐惧的对象。有一次，他对我说，他在上学路上要经过一座桥（这只是他想象出来的），假如桥上有个洞，他可能会从那里掉下去。还有一次，也是在路上，他看到一根绳子，很粗大，他感到非常焦虑，因为他联想到了蛇。此时，他会尝试着跳着经过一些路段，因为他觉得自己的一条腿被砍断了。他在书中看到的关于巫婆的画面也引发了他的一个幻想，在这个幻想中，他在上学路上遇到了那个巫婆,巫婆往他身上和书包上倒了一大罐墨水——那个罐子象征着母亲的阴道。随后他补充道,他很恐惧这个东西,但又有些喜欢。还有一次,他幻想自己是一只杜鹃,与一位漂亮的巫婆相遇,他一直盯着她看,于是她用魔法拿走了他的书包,并且把他变成了一只鸽子(他觉得这是一种雌性动物)。

在此后的分析中又出现了一个幻想,其中明显地体现出上学之路最初的愉悦意义。弗里茨曾对我说,假如没有那条路,他会很喜欢上学。他幻想从自己房间的窗口架设一个梯子,能够直接通往学校里老师房间的窗口,这样一来,他就可以和母亲一起沿着梯子去学校,而不必再走那条路。他还幻想这两个窗口之间有一条绳索,他和姐妹们能被这条绳索拉到学校去,有个仆人会帮他们抛出绳索,而学校里的同学们也会在另一端帮忙。到学校后,他会把绳索再抛回去,"他能移动绳索"——他这样描述道。

他在分析中变得越发积极。他给我讲了一个"公路抢劫"的故事:有一个绅士,他很有钱,也很快乐,尽管年纪不大,却急着想要结婚。他来到大街上,看到一个美女,急忙上前打听她的名字,美女说:"这与你无关。"他又打听她的住址,美女再次对他说:"这与你无关。"他们对话的声音越来越大,一位警察早已注意到他们,于是走上前来,将这男人带上一辆马车,马车很大——就像他这种风度翩翩的绅士可能会拥有的那种马车,接着,他被带到一座房子里,那房子的窗户装有铁条——其实那就是牢房,他被判了公路抢劫罪。"事情就是这样"。

他最初在道路方面的兴趣,与他想和母亲性交的欲望有关,所以,这种兴趣只能在阉割焦虑消除后才能发挥作用,我们还发现,与此关系密切的是,他对道路的探索欲(这为他的方位感提供了基础)是随着性好奇的释放而发展的,而这种性好奇也是在阉割恐惧的影响

第四章 早期分析

下受到潜抑的。例如，他曾对我说，他尿尿时需要一个刹车装置（他通过按压阴茎来实现这一点），否则整个房屋都可能坍塌。由此类幻想可以看出，他受到了"在母亲体内"——通过对她的认同——以及"自己体内"的心像（mental image）的影响。他将其描述为一座被铁路切割的城镇——起初是国家，后来扩大到整个世界，他幻想这座城镇具有一切先进器械，并且向其中的居民和动物提供各种物品。

城镇里有电报、电话、各类铁路、电梯、旋转木马、广告……铁路的建造方式各不相同。有一条环形铁路，设置了很多车站，其中一些车站像城市铁路一样有两个终点站。铁路上行驶着两种列车，一种是"皮皮弟弟"驾驶的"皮皮列车"（Pipi-train），另一种是"卡奇"驾驶的"卡奇车"（Kaki）。一般来说，普通的客运列车是"卡奇车"，而快车或电车则是"皮皮列车"，两个终点站就是嘴和"皮皮"。值得一提的是，列车要经过一条陡峭的下坡路，并且向两侧滑去，然后发生了交通事故，因为另一辆列车撞上了经过这条路的"卡奇车"。"卡奇"上的孩子们受伤后被安置到信号箱子里，而这个箱子被证实是"卡奇洞"，此后它经常出现在幻想中，作为列车进出站的月台。当列车由另一个方向驶来时，又发生了车祸，这意味着当他们从嘴进入时，就象征着通过进食而受精，这些幻想引发了他对某些食物的厌恶感。在另一个幻想中，两种铁路有一个共用的站台，铁路一开始只有一条，后来才分为两条，分别通往"皮皮"和"卡奇洞"。我们借由一个幻想可以看出，嘴受精的想法给他带来了多大的影响。这个幻想使他强迫自己在尿尿时中断七次，经证实，这个强迫性的想法源于他当时正在服用的药水，每次要服用七滴，他很讨厌这种药水，通过分析发现，他把这药水等同于尿液。

还有一个细节体现了有关城镇、铁路、车站和街道的幻想中所包含的丰富想象。他经常幻想一个车站，并且给它起了很多名字，我姑且称之为A，另外两个车站B和C都与A相连，一般情况下，他会将这两个车站想象为一个单独的大站。A是传送货物的重要车站，有时也会进来一些乘客，比如铁路上的工作人员——他以手指代表他们，A是嘴，食物由此进入，那些铁路上的工作人员是"皮皮"，这个幻想与嘴受精的想法有关。B没有树，但有个花园，其中纵横着很多条步行道——这些入口只是洞，不是门，也就是耳朵和鼻子的开口。C是头骨，它和B连结起来形成整个头，在他看来，头只能和嘴相连。这个想法的产生，部分源自阉割情结。肚子有时也会成为车站，但这样的安排经常会出现变化。在以上这一切中，电梯和旋转木马起到了关键作用，它们被用于运送"卡奇"和小孩。

当所有这些幻想得到诠释以后，他的方位感变得更强了，这清楚地体现在他的游戏和兴趣中。

如此一来，我们发现，他的方位感——此前一直处于被抑制的状态，而现在有了明显的发展——是由他的欲望所决定的，即他想进入母亲的身体，从而探索她的身体内在、进出的通道，以及受孕和出生的过程。

在我看来，这种方位感的原欲决定论非常典型，它决定了个体能否顺利发展（也有可能是潜抑使方位感受到抑制）。当这种能力（即对地理和方位的兴趣）受到部分抑制时，就会导致不同程度的功能损伤，而这正是由我所说的造成普遍抑制的基本因素决定的；我指的是，潜抑在发展的某一阶段作用于固着的程度，而这些固着以升华为目的，或者已经得到了升华，例如，假设对定位的兴趣并未受到潜抑，那么其中的愉悦感和兴趣就会保留下来，而且这方面能力的发展，将与对性知识的探索保持一致。

在这里，我要强调这种抑制的重要性，它会扩展到各种兴趣和学习上——这不仅体现在弗里茨身上。我发现，它不但决定着对地理的

第四章　早期分析

兴趣，还决定着绘画能力的发展、对自然科学的兴趣，以及所有与探索地球相关的事情。

我还发现，弗里茨不仅在空间方面缺乏定位感，而且在时间方面也有这种欠缺，这两者是密切相关的。例如，他对自己在子宫中所处地点的兴趣受到了潜抑，同时，他对所处时间的细节也没什么兴趣，于是，"出生前的我在哪里"和"什么时候我在哪里"之类的问题都受到了潜抑。

通过他的很多言谈和幻想，我们可以清楚地发现，在他的潜意识中，睡眠状态、死亡状态以及子宫内的状态是一致的，与之相关的是，他很好奇这些状态会持续多久，以及后续是什么情况。可见，由子宫内部向子宫外部的转变过程，似乎是一切周期概念的原型，同时为时间概念和时间定位提供了一个基础。

还有一件事也体现了方位感的抑制所具有的重大意义。我发现，弗里茨对启蒙的阻抗与方位感的抑制有着紧密的联系，而后者又源于他从婴儿期保留下来的"肛门孩童"的性理论。但从分析来看，他对该理论的固着是潜抑所造成的，而潜抑则是俄狄浦斯情结所引发的。他并非因为还没有达到性器的组织层次，从而无法认识性器的过程，才会对启蒙产生阻抗；相反，他是由于这种阻抗而无法达到那个层次，同时强化了对肛门层次的固着。

关于这一点，我想再次强调对启蒙的阻抗，儿童精神分析多次印证了这一症状的重要性，它是抑制的一个征兆，而个体的未来发展全部由这些抑制所决定。

我将简要地概述一下我在儿童精神分析中获知的，有关原欲贯注在婴儿语言和特质发展，以及语言的整体发展中的重要性。口腔的固着、食人的固着，以及肛门施虐的固着，在语言中得到了升华，而早期组织层级在性器固着为首位之下被涵括（comprehended）的程度，决定了这一升华的成功程度。在我看来，这种能够释放倒错固着的过程，在一切升华中都会有所体现。在各种情结的作用下，引发了各种强化和置换，它们都具有退行或反应的特征，并且为个体提供了无数种可能性，例如，语言的特殊性和整体发展方面的情况就是如此。

关于能为教育工作者提供的预防措施，弗洛伊德曾在《引论》中进行了探讨，并且得出以下结论：对童年的保护是很难成功的，即便非要保护，也可能面临体质因素所带来的困难，但过于成功的保护同样危险。弗里茨的案例证实了这一观点，他在幼年时期曾得到熟知精神分析理论之人的悉心照料，但他依然发展出了抑制和神经官能性的性格特质，但另一方面，分析显示，这些造成抑制的固着又可能为优秀的能力奠定了基础。

虽然我们不应太过注重分析式的教养方式，但也需要竭尽所能让儿童免受心智上的伤害；同时，本文也探讨了精神分析作为儿童早期教育辅助的必要性。虽然那些引发升华、抑制甚至神经官能症的因素是我们无力改变的，但早期分析可以帮助我们在这些发展的过程中影响其根本的走向。

我尝试说明，神经官能症和升华是基于原欲固着而发生的，它们二者有时遵循相同的路径。至于这条路径的终点是升华还是神经官能症，则取决于潜抑的力量，早期分析就是由此入手，因为它可以用升华来取代大部分潜抑，从而将通往神经官能症的路径扭转为通往才能。

第五章

抽搐的心理起因探讨

下面的个案史有些冗长,我们在这个案例里可以探讨有关抽搐的心理起源因素,尽管抽搐出现在案例素材中的部分非常小,并不是主要的症状。但是,随着这个病患的性发展,其整体人格、神经官能症、个性等都受到了抽搐这一症状的深远影响。因此,若是抽搐可通过对素材的分析而被顺利治愈,我们就可以说治疗差不多接近尾声了。

出现在我这里进行分析治疗时,菲力司十三岁。亚历山大提出的"神经官能症"性格诸种特征与他的行为完全对应,这给我留下了很深的印象。他对智性的兴趣、他的社交关系都被强烈压制住了,即使他本身并没有出现真正的神经官能症状。虽然心智不差,可除了比赛,其他任何事物都让他兴致乏乏。他本人对待父亲母亲、兄弟姐妹以及同学玩伴的态度也冷淡异常。此外,他缺少情感是另一种奇异的情况。据这个病患的母亲偶尔顺便说起,他曾经历了几个月的抽搐,他的母亲认为这只是偶尔才发生的小小毛病,实在算不上什么重要的症状(我也曾这样觉得,在一段时间里)。

这个男孩接受分析治疗的实际时长是三百七十小时,可因为他每周只来三次,还中断过几次,整个治疗过程超过了三年四个月。我们刚见面的时候,他的青春期还在旅途中,在后来这么长的治疗中,我开始明白了——他的青春期如期而至,他要经历的困难随之越来越多。

我们可以梳理一些他的成长过程中的要点。他在三岁时接受了包皮拉伸手术,因为包皮过紧。拉伸和自慰之间的特殊关系让他印象颇深。他的父亲多次警告或威胁他，希望能遏制这位病患的自慰行为。威胁起作用了，菲力司不得已放弃自慰。可他能做到的最多也只是偶尔不自慰，哪怕是在潜伏期。他十一岁那年，必须检验鼻腔，三岁时进行外科手术产生的创伤因此被再次唤醒，对自慰行为的渴望与纠结重新出现。然而，自战场归来的父亲及其带来的新的威胁，让他完全停止了自慰行为。另外，他六岁之前，都是跟着父母睡的，这是个十分重要的要点——他观察到的父母性交的过程，被深深刻在了心里。

婴儿期性生活在三岁时达到高峰，这位病患的阉割情结也被外科手术带来的创伤进一步强化。哪怕俄狄浦斯情景的错置早已存在，但最终还是被这种阉割焦虑破坏了。他的性发展快速退回至对肛门施虐的程度，退到自恋状态的趋势越来越强。以上都是他隔绝于外界的基础，对人际关系的退缩态度也日益明显。

三岁以前，他还是很小很小的时候，很喜欢哼哼唱唱，这种爱好到三岁就停止了，一直到他开始分析治疗才恢复，并重新显现他在这方面的天赋与兴趣。童年时期，他身上开始出现超出正常程度的身体躁动，增强趋势明显。在学校里面，他在座位上不停地动，扮鬼脸，揉眼睛，也没办法控制自己的双腿，让它们安静下来。

菲力司七岁那年，他的弟弟出生了，这让他面临的诸多困境更加恶化。他对父母的态度，对周围环境的态度，都越来越冷淡，而能被温柔对待的渴望也更加强烈了。

上小学一年级的时候，菲力司表现出色。可是，他十分厌恶体育和比赛这些活动，因为它们会导致他异常强烈的焦虑情绪。他的父亲从战场归家，是在菲力司十一岁的时候。看到菲力司的运动表现极差，他的父亲一直威胁他，说要惩罚他，菲力司因此克服了对运动的焦虑情绪，成为一个狂热的足球运动员，还接触运动和游泳。然而，原先懦弱的态度依旧会反复出现。此外，他的父亲一直坚持，要指导菲力司写家庭作业，菲力司对此的回应就是失去对学习的兴趣。厌恶之情与日俱增，去学校慢慢成为折磨。他又一次出现对自慰的挣扎，越来越频繁。治疗第一阶段的关键主题就是分析菲力司对学习的厌恶和对游戏的热衷。分析结果很清晰：对菲力司而言，游戏和其他身体活动代替了自慰。自己正在和一些小女孩玩耍；自己抚摸那些女孩的乳房，和她们一起踢足球；她们身后的一座小屋子不断分散自己在比赛时的注意力，这是菲力司接受分析治疗初始阶段能想起来的有关自慰的唯一幻想片段了。

那个小屋子是一间厕所，也是菲力司对母亲的贬抑，这是分析揭示的解释。足球赛则是他进行性交幻想行动化的象征，这种行动来自父亲的鼓励，甚至是强迫。自慰被取代了，性紧张被一种能被接纳的形式释放掉。与此同时，比赛使得菲力司有消耗过度活动量的机会，与之密切相关的是他对自慰的挣扎。可是这一升华方式收效甚微。

在这个时期，他出现抽搐的频率增加了。分析之前的几个月，他秘密目睹了父亲和母亲的性交过程，开始出现抽搐，这是出现抽搐的促发因素。一些症状伴随着抽搐，随之出现，其中包括头部抽搐、头往后仰。菲力司的抽搐有三个阶段。最初，一种郁闷、不舒服、好像要被撕裂的感觉出现在他的头部后方靠近颈部的地方，他被迫把头往后仰，从右边转到左边。仿佛有大声咔嚓作响的东西的感觉，和第二个动作一起出现。最后是第三个动作，他用尽全力，深深向下压下巴，这会让他产生一种钻进某样东西的感觉。在某段时间里，他会连续三遍做这三个动作。菲力司扮演了三个角色，是"三次"在抽搐当中的意义之一（稍后会有说得更加详细）：被动的母亲角色、被动的自己、主动的父亲角色。第一个动作和第二个动作都是被动角色的象征，咔嚓作响的感觉内含施虐原始，这是主动的父亲角色的象征。这种元素在最后一个动作中表现得更加完整，仿佛要钻进某样东西里面去。

让病人说出与抽搐相关的感觉，以及他对引发抽搐的情境的自由联想，是让抽搐成为分析的核心。抽搐在最开始还仅仅是间隔出现，且没有规律。一段时间后，抽搐的频率越来越高。分析治疗顺利进入菲力司潜抑在深层心智中的性倾向时，抽搐的重要性便显现出来了。

菲力司三岁时，就通过唱歌的方式表露对父亲的认同。和其他比较不利于他的发展症状一样，这个兴趣也在创伤出现之后被压抑了。在分析治疗的过程中，这个兴趣重新露面，在儿童早期的屏幕记忆之后。菲力司想起来，小时候晨起，看到钢琴的平台镜面映出自己的脸，会感到害怕，那是一个扭曲的镜像。

最初接受分析治疗时，菲力司会刻意不去看离他最近的东西。这是一个非常明显的倾向。他厌恶电影院，勉强认为电影院的价值仅体现在科学性上。与之相关的是原初场景引起的窥淫癖的退化。

随着对抽搐的分析日益深入，我们多次被带回到它在菲力司童年早期的源头。有一次，菲力司正和一个朋友写作业，他决定要先解出一个数学问题，结果被朋友抢先了，之后他开始抽搐。自由联想显现的结论是，与同辈竞争的失败让菲力司的阉割情结和父亲的优越感再次出现，他又被迫回到那种状态——在与父亲的关系中扮演女性角色。还有一个让他抽搐的场合：他不得不告诉自己的男英文老师，表明自己无法跟上进度，为弥补不足，希望能获得一些私人课程。在菲力司看来，这也是与父亲竞争落败的象征。

下面提到的小插曲颇有意趣。菲力司尝试过得到一张音乐会门票，而这场音乐会的门票早就卖完了。音乐厅入口处站着很多人，菲力司也在其中，人们推推挤挤，一扇玻璃被一个男人弄碎了，此时需要警察介入处理。就在这时，菲力司又开始抽搐了。分析治疗揭示了如此特殊的情境与抽搐的缘起密切相关，是儿童早期偷听场景的复制。菲力司认为弄碎窗子的男人就是自己,两人的行径很相似,他曾在早期情境中企图强行闯进父亲与母亲之间的性交——那场"音乐会",而会侦查、监视菲力司这一企图的父亲则象征着警察。

抽搐的症状逐步减少,这种情况可以被分为两个部分进行说明:一是,抽搐的频率降低;二是,抽搐的动作减少了一个,只剩两个,后来只剩下一个。刚开始,菲力司认为自己脖颈后面似乎有什么东西被撕裂开,可这种感觉已经消失了;接着,巨大的咔啦声也没有了,这种声音常常伴随着第二个动作出现;仅剩的是想钻进某个东西的感觉,里面也包括他的肛门感知到的压力和被他的阴茎刺穿的压力。他在这些感觉和幻想中将阴茎刺入父母身体内部,而摧毁父亲的阴茎是和摧毁母亲相关联的。抽搐的症状在这一阶段缩减为单一动作,不过我们仍然可以在里面找到前两个动作的蛛丝马迹。

分析治疗进入后期,菲力司的抽搐行为被揉眼睛和眨眼睛替代了。菲力司看着学校黑板上的一段中世纪碑文,几乎没有任何理由,就认为自己不能正确解读那段文字。于是,他开始用大力气揉眼睛、眨眼睛。黑板以及黑板上的文字,象征着在性交情境中,菲力司的母亲的性器官是他不可知、也无法理解的元素。如同分析治疗中许多其他时刻,这也是自由联想所揭露的结果。菲力司曾坐在剧院里,尝试解读指挥家乐谱上的黑线,而乐谱和黑板上的碑文是有模拟关系的。通过分析这两个例子,我们认为有这样的可能:为了压制窥淫的欲望,菲力司开始眨眼睛,揉眼睛则是渴望自慰的置换表达。我们在分析过程中,完全明白他在学校常常表现出来的退缩行为与这些情景息息相关。菲力司会盯着空白的地方看,接下来所举的例子中的幻想便与此有关:他在观看、倾听一场雷雨;这场雨让他想起幼年时期的一场大雷雨;狂风暴雨过去后,菲力司探出窗外,尝试确认刚才在花园里面的房东和房东太太有没有受伤。但是,这段回忆表明,这又是一个与原初情境相关的屏幕记忆。

六岁之前，菲力司一直与父亲和母亲睡在一起。他在幼年时期曾幻想，有棵大树在自己床前，大树的树干朝着与父母的床铺相反的方向。一个小小的男人——一半是小孩，一半是老人——糅合了父亲和自己的模样，朝着菲力司的方向，从那棵树上滑下来。后来他看见很多男人的头颅飞向自己，里面有很多是希腊英雄的头颅，像炮弹和重物一样。从这些素材可以看出，菲力司长大后对足球的幻想、用踢足球的技巧过度弥补父亲带来的阉割恐惧早在幼年时期就有了伏笔。

菲力司进入青春期后，开始了新的尝试，这种尝试让他的幻想中出现了一种异性恋客体选择。他幻想自己和几个女孩子踢足球。如同他曾将幻想中利用英雄们的头颅一样，他这次在幻想中将这些女孩子的头颅也换掉了，如此这般，就是为了不能辨认真实喜欢的客体。菲力司在分析治疗的过程中又开始自慰，频率还不断增高，所以肌肉抽搐的症状越来越少。菲力司的自慰幻想分为以下几步：开始他想象自己身上躺着一个女人，接着一个女人有时躺在他身上，偶尔也在他身下，最后，一个女人只躺在他身下。而在幻想中，性交细节都是与这些位置彼此对应的。

就菲力司个人而言，治疗抽搐的决定性因素是分析自慰幻想。他放弃过自己，以至于他采取其他身体活动，作为释放焦虑的途径。我们现在知道，这些身体动作包含做鬼脸、眨眼睛和揉眼睛、尝试不同方式过度躁动、各种体育比赛，最终慢慢演变成抽搐。

菲力司的个案显示，病患的整体人格、性发展、神经官能症、面临的各种因素的升华作用、性格发展、病患本身的社会态度等与抽搐症状息息相关。这一点，我们了解得越来越清楚。菲力司的自慰幻想是这种关联的源头。在菲力司的个案中，这种幻想对菲力司的升华作用、神经官能症与人格的显著影响是非常清楚的。

我们在分析过程中，愈加明显地感知到这些动作带给菲力司的压抑感，这种压力感唤醒的是紧绷的感觉，而不是焦虑，人在这种感觉里只想着乱动，就和菲力司的情况一样。菲力司尝试控制肌肉不抽搐的时候，所释放出来的不是紧绷感，而是焦虑感。这两者之间更深层次的相似点是幻想。在分析治疗过程中，我终于理解了威那所说的"乱动的想法"。威那曾经告诉我，他之所以乱动，其实是在学《泰山》中的动物。非常明显的一点是，他在乱动时，得在右手手指间飞速转笔或尺子，而且他在人前无法"好好乱动"。

另一个随着乱动出现的幻想如下。病患看见了一艘船，这艘船是由特别坚硬的木头打造的，配备的梯子十分坚固，人可以安全地上上下下。粮仓和一个装满气体的大气球在船舱下方。病患称呼这艘船为"救援船"，若是遭遇船难，水上飞机可以从这上面飞下去。这个幻想传达的是这位病患采用女性姿态面对父亲时所引发的阉割焦虑感，以及他对这种姿态的保卫。水上飞机是这位病患的自我象征，而船身则象征着她的母亲，气球、粮仓象征着父亲的阴茎。这位病患的阉割焦虑同样引发了自恋式的客体转变，把自己看成爱的客体，菲力司也是如此。某个"小家伙"出现了，"小家伙"和"大家伙"相互竞争，"小家伙"证明自己更有能力，这些都是这位病患幻想中的绝大部分内容。"小家伙"，举个例子，可以使一具小引擎，或经常出现的小丑角等。这些"小家伙"不仅仅是阴茎的代表，还是与父亲比较、竞争的自己。这位病患以此表达对自己的赞美与敬佩。这都标明，他处理自己的原欲的方式是自恋。

在威那的幻想中，声音同样占据重要地位，这是两个案例更相似的一点。威那对声音的兴趣很强烈，尽管他对音乐的感受力还没发展到很明显的程度。分析结果显示，威那观察他的父亲母亲性交过程时产生的幻想与此联系密切。他在五个月大时，有时会和父母同睡一间房。我们在分析这一阶段是，没有办法证明这种幼年时期观察的真实性。但是，另一方面，分析治疗也证明了下面这些事情的重要性。他在十八个月大时，无意间听见一些声音从通往父母房间那扇开着的门的后面传来，这种情况出现了很多次。这段时间，过度躁动的症状开始出现。在威那的自慰幻想中，听觉的重要性可在下面这个例子中体现出来：他说自己不停乱动，模仿一台留声机，那是他一直渴望拥有的东西。这种乱动是对物体的某些动作的模仿，在上述例子中，他模仿的动作是旋紧唱片，唱针因此在唱片上移动。他接着的幻想是，自己有一台机车。他还是用"乱动"描述机车的运转。他将幻想画下来：机车巨大的引擎被画得像一根阴茎，和"救援船"上的气球一般，引擎里注满了油。有个女人坐在上面，发动机车。一条条尖锐射线则是引擎启动发出的声音，指向一个"可怜的小男人"，他被吓坏了。由此，威那还产生了一个相关联的关于爵士乐队的幻想，他模仿乐队的声音，说自己的"乱动"是对音乐的模仿。他在我面前示范小号手演奏乐器的方式、队长指挥乐队的方式、一个男人大力打鼓的动作。我询问他，这些"乱动"与哪些事物相关？威那的答案是，他参与了所有的活动。后来，他在纸上画了一个有巨大双眼的大巨人，巨人的头上还有无线设备和天线。一个迷你侏儒爬上埃菲尔铁塔，想看这个大巨人。画中的埃菲尔铁塔和一幢摩天大楼连在一起。在这个画面里，威那透过对母亲的崇拜来表达自己对父亲的崇拜，而我们可以在被动的同性恋倾向深处发现还存在着异性恋倾向。

和菲力司的个例相似，威那必须通过节奏来缓解因压抑窥淫癖而导致的对听觉的强烈兴趣。我之前描述过，大巨人是威那关于爵士乐团的幻想的象征，他之后又将看电影的经验告诉我。威那的确没那么讨厌电影院，这和菲力司不同。不过有天，我有机会观察威那在一出剧场演出的样子，并将之与其他孩子做了比较，发现了一些潜抑窥淫癖的征兆。他在很长时间内没有看向舞台，之后表示那场演出从开始到结束，非常无聊，完全不真实。然而，在某些时刻，他仿佛入了迷，坐着，紧盯着舞台上的场景，尽管之后又回到前面的状态。

阉割情结在威那的案例中，也表现得异常强烈。威那在与自慰挣扎的对抗中失败了，采用了其他运动型的释放行为，以此替代自慰。分析治疗让然没有办法解释清楚影响威那的创伤究竟是什么，以至于让他产生了如此强烈的自慰恐惧和阉割情结。毫无疑问，五岁时听到那扇开着的门后的性交声音，六七岁时与父亲母亲同房睡觉，可能看见了性交的过程，威那所有的困扰因为这些经验恶化得更加严重了，这种包括当时已经展现出来的"乱动"症状。我们丝毫不怀疑"乱动"与抽搐的相似性。我们认为，个人身上出现运动性的症状的阶段，有可能是抽搐的初步阶段，有可能在未来发展成真正的抽搐。菲力司的个案就是如此。儿童幼年时期表现得很明显的过度躁动症状逐渐蔓延，接触到一些特别经历形成的促发因素后，会在青春期阶段完全被抽搐所取代。也许抽搐症状一般都只在青春期表现出来，这是因为所有困难都得面临在青春期出现的重大挑战。

现在，我要对比分析以上资料得出的结论和我之前发表的关于抽搐的精神分析文章。我希望可以参照费伦齐和亚伯拉罕在1921年撰述的《关于抽搐的精神分析观点》（*Psycho-analytical Observations on Tic*），这篇论文在柏林精神分析学会上被口头发表过，涵盖面向完整。抽搐等同于自慰是费伦齐的结论之一，这一结论在菲力司和威那的案例中都被印证了。费伦齐强调，病患有在独处时发泄抽搐的倾向，我们可以在威那身上看到这一点，也能观察到这种情况会持续发展，独自一人则变成了"乱动"的必要条件。"在分析治疗的过程中，抽搐和其他症状扮演的角色各有不同，这在一定程度上为分析治疗增加了难度。"这是费伦齐在结论中提到的，我可以证实这一结论,只是数据有限。我在很长一段时间内,从菲力司的分析治疗中同样感觉到了,他的抽搐和其他症状之间存在不同的点。相比抽搐,那些症状早就更加清晰地被揭露出来了。另外,对自己的抽搐,菲力司并不介怀,这再次符合费伦齐得出的结论。我同意费伦齐的观点,而要向弄清楚产生那些不同点的原因,就必须探讨藏于抽搐之中的自恋本质。

但是,依然有些基本歧异存在与我和费伦齐的一些论点中。在他看来,抽搐是一种初级自恋症状(primary narcissistic symptom),它的病因和自恋式精神病(narcissistic psychoses)的病因相同。依据我的经验,让我确信的是,如果没能成功揭露藏在抽搐症状里面的客体关系,分析治疗的结果将非常有限。我新发现,性器期、肛门期、口腔期对客体的施虐冲动都隐藏在抽搐症状的深处。分析治疗确实必须深入探索儿童最早起的发展阶段,抽搐的完全消除则必须得等到完全探索婴儿期的致病式固着(predisposing fixations)后。而费伦齐则认为,患者抽搐症状之后,并没什么客体关系藏身其中,可我的案例无法证明这种主张。前面描述的例子中,原始的客体关系非常清楚地显示在分析过程中,只是那些客体关系退化到自恋阶段中去了——迫于阉割情结的压力。

在我的两个个案身上,也可以明显发现亚伯拉罕所讨论的肛门施虐式客体关系。菲力司以抽搐之后的耸肩动作替代肛门括约肌的收缩,基于此,他在后来的抽搐中形成了转头动作。他也曾有过想朝校长大骂的冲动,这与前一点也相关。抽搐第三阶段的"钻入"动作,不仅仅意味着"钻进去",也是"钻出来"的象征——也就是说,排便。

当持续蔓延的过度躁动取代抽搐时,菲力司养成了每当男老师经过身边就会抖脚的习惯,仿佛在反复踢那个男老师一样。虽然菲力司因为这个动作碰到了很多麻烦,但他依旧没法克服。无法控制身体保持静止的情况,后来再次被显示在抽搐中含有的攻击成分与威那的个案产生了非常重要的关联,这让我们更加清楚地理解了抽搐行为的基本含义——施虐冲动藏在抽搐式的释放行为(ticlike discharges)当中。在分析治疗过程中,一系列热切、强迫式的问题被证明是关于表达对原初场景的好奇心。对当时还是一岁半的孩子无法说明其间细节,这些都让他后来一而再再而三地爆发愤怒的情绪。每当这种时刻,威那用彩色铅笔涂脏桌子和窗台;也尝试弄脏我;用他的拳头,有时是剪刀威胁我;尝试踢我,用力鼓动两边的脸颊,发出类似放屁的声音;采用各种方式虐待我,做鬼脸,吹口哨;有些时刻,威那反复用手指塞住自己的耳朵,他会突然宣布自己能够听到一种像是从远方传来的特殊声音,然而他不清楚那到底是什么声音。

分析证明这些肛门施虐的元素是构成整个抽搐的重要部分,而不仅仅只是发挥部分作用而已。在我看来,这印证了亚伯拉罕的观点——抽搐是一种肛门施虐层次的转化症症状(conversion symptoms)。费伦齐呼应亚伯拉罕时,也赞同这个观点,他在论文中特别强调肛门施虐元素在抽搐中的重要性,以及这些元素与秽语症(coprolalia)之间的联系。

性器期的客体关系可以从上面的数据中清楚地被发现。我们最初可以在自慰式活动中看到与抽搐相关的性交幻想的端倪。与自慰相关且长期被焦虑影响而被忽略的同性恋客体选择在分析过程中再度浮现。最后被揭露的则是异性恋客体选择,它的出现伴随着自慰幻想的进一步改变。也正是因为自慰幻想发生了改变,分析治疗可以清楚地追溯儿童早期的自慰活动。

费伦齐写道:"就'先天自恋者'身上的抽搐大致来说,已经体现出性敏感带的重要地位。然而,因为这种地位还未被稳固确立,一般的刺激或很难避免的小扰乱都可能导致这样的转移作用。自慰慢慢成为一种半自恋的性活动，也有机会回到早期自体性欲状态（auto-erotism）中去。"

我获得的数据表明，它从客体关系中退缩时，一种次级自恋（secondary naricissism）业已形成，并以自慰的形式表现出来。具体说来，基于一些原因，自慰又一次成为一种自体性欲活动。在我看来，这些好像能够说清楚费伦齐和我的观点之间的差异。我发现，抽搐是一种次级自恋症状，而不是初级自恋症状。我在前面曾说过，在我经手的个案身上，抽搐消失后，一种紧绷感取代了它，而不是焦虑——亚伯拉罕的论述与这一点是一致的。

在一定程度上，我得出的结论可以被看作费伦齐和亚伯拉罕的论点的补充。揭露隐藏在抽搐症状深处的原初肛门施虐与性器期客体关系让我得到了这个结论——抽搐是一种次级自恋症状。另外，抽搐还与自慰幻想密切相关，似乎不仅仅只与自慰行为等同。只有对自慰幻想进行大量的分析和探索后，才有可能探讨和治疗抽搐。所以，回到自慰幻想最初发生的情景是必须的，这可以揭露儿童期性发展的整体情况。由此可见，理解抽搐的唯一方法的确是分析自慰幻想。

我同时也发现，尽管最初好像是一种偶发且非主要的症状，但实际上，抽搐与非常严重的压制和以自我为中心的性格发展之间的关联性非常密切。我多次提到，升华作用一旦成功，每一种天分和兴趣里，都有一些部分来自自慰幻想。从菲力司的例子看，他的自慰幻想和抽搐密不可分。当他的自慰幻想升华成各种兴趣时，抽搐也随着被瓦解了，消失了。分析治疗的最终结果给病患带去了深远影响，已知和很多人格缺失的情况都大大减少。威那的例子也同样如此，分析治疗揭示出他"乱动"的核心意义，以及它与严重抑制和自我中心行为的关系。我们可以暂且先不谈对威那的分析没那么深入、目前还没发现针对症状的治疗效果等实施，目前清楚了解到的是，威那丰富的幻想生活对那些症状的出现产生的影响如何深远，以致他对其他事物再也没有兴趣了。对威那的分析也表明，他的性格抑制很早就日益加深了。

在我看来，以上事实突显出采用下面的角度审视抽搐的意义的必要性：除了要了解抑制的征兆和自我中心式的发展，我们更应该探索抽搐在上述困扰症状的发展过程中，到底起着多么基础而关键的作用。

按照我对这些个案的分析思维，我想再次说明隐藏在抽搐心理起因中的特殊因素。我们明白，对几乎所有神经官能症状而言，藏在抽搐之中的各种幻想都同样重要，我也多次试图说明，它们对幻想生活和升华作用也同样重要，但藏在抽搐之中的各种自慰幻想肯定不是（仅针对抽搐的）特殊幻想。即便某种自慰幻想的特定内容同样出现在我的两个个案身上——病患参与其中，同时认同父亲和母亲——但从本质上来说，这不是一种特定幻想。我们肯定能在其他没有抽搐症状的病患身上发现这类型的幻想。

我觉得，一个更特殊的因素在菲力司和威那的发展中形成了上述认同作用。最初，对母亲的认同（被动式同性恋态度）掩盖了对父亲的认同；这种态度因为某种非常强烈的严格焦虑而让步，一种主动的态度再次出现，病患再度发生认同父亲的情况。然而，因父亲的特质早就和病患自己的自我融合，这不再是一种成功的认同，病患身上那个为父亲所爱的自我成为新的爱的客体。

但是，存在一个明确的特殊因素，这个因素不仅会促成因严格焦虑而产生的自恋式退化，也会导致以这种退化为基础的抽搐。在菲力司身上，他通过对聆听性交发出的声音产生强烈兴趣来观察性交过程，这和威那是相似的。对菲力司来说，因为窥淫癖被强烈压抑，他对声音的兴趣也就增强了。在威那身上，各种事实清晰地标明，他主要借助听觉获取讯息，进而从毗邻的房间进行观察，这些让他发展出对声音的兴趣。活动量增加可能存在先天原因（就像前面引用费伦齐的论点一样），但很明显与这种兴趣也有关系。威那模仿他听见的事物，这种行为在初始阶段以有节奏的自慰行为为象征的。威那因阉割焦虑而中止自慰时，他就必须通过其他身体动作去复制那些声音。我们可以假设，这种对声音的兴趣是从同一种组成因子（constitutional factor）中衍生出来的，而不仅仅只是源自情境的影响。菲力司和威那的案例素材都表明，抽搐与强烈的肛门施虐成分相关，也表明它隐藏在对放屁声的兴趣和剧烈增加的运动量背后的攻击之中。

我在这些个案身上观察到的特定因素能否在其他抽搐病患的心理病因中有重要地位，需要积累更多经验，方能回答。

第 六 章

早期分析的心理学原则

第六章　早期分析的心理学原则

在下文中，我将对幼童和成人心智生活的一些差异进行深入探讨，这些差异让我们必须采用适合幼童心智的研究方法。我将在这部分尝试说明，的确存在某种符合这类需求的分析式游戏治疗技术，这种技术则是即将在本章节内详细论述的一些论点规划构成的。

就像我们知道的那样，儿童通过接触可从中获取原欲快感的客体，而建立起与外部世界的连结。这种原欲最初都只附于儿童自身的自我上。普遍来说，小孩子与这些客体的关系原本都是纯然自恋的，不论它们有没有生命。儿童采用这种方式，构建和组织了它们与现实世界之间的各种关系。针对这一点，我想利用一个案例，来说明幼童和现实世界之间的关系。

楚德（Trude）是一个三岁又三个月大的女孩。她曾在同母亲出去旅行前，在我这里进行了一个小时的分析治疗。六个月后，她又接受治疗，但却在很长一段时间后才提了一点点发生在假期里面的事情。她以一个梦境作为开场，向我描述。她梦到自己和母亲又去意大利旅行了，她们在一家经常光顾的餐厅里面。覆盆子糖浆已经售罄，所以餐厅女服务员没法端过来给她喝。我们可以通过诠释这个梦境和其他时间，发现这个小女孩依旧沉浸在母乳喂养被剥离的痛苦状态里，甚至，我们还可以说这是她对妹妹的嫉妒（envy）在搞鬼。通常情况下，楚德会跟我说很多看上去没有关联的事情，同时也不停地说起六个月前的一小时治疗。但是，只有在涉及她的被剥夺经历的情境中，她才会想起旅行中的各种事情，否则，这些事情在她看来完全不值一提。

孩童在幼时就已经经历了各种剥夺，他们慢慢熟悉现实，为了对抗现实，捍卫自己的权益，采用否定（repudiating）方式。但是，他们可以忍受多少源自俄狄浦斯情结的剥夺经历，却是决定其日后适应现实的能力的基础条件。所以，幼小的孩童经常以表面上的"配合"

和"顺从"掩饰夸张的否定现实的态度，这同样是神经官能症的症状。显现形式不同是这些症状与成年人逃避现实的症状之间仅有的差异。因此，孩童可以成功适应现实世界，是针对幼童的分析最终希望能收获的成果，这种成果之一就是改善教养问题。这也就意味着，处在这种境地的孩童已经可以忍受真正意义上的剥夺经历了。

我们可以经常看到，从出生后第二年开始，孩童对异性父母的偏好和其他初期的俄狄浦斯倾向就明显流露出来了。我们不容易确定儿童在哪些情况下真正被俄狄浦斯情结掌控，也即后续冲突会在什么时候产生，这些只能根据发生在儿童身上的一些变化进行判断。

我研究了一些孩子，这些孩子年龄各异，两岁九个月大，三岁三个月大，还有一些四岁大，后来发现在他们在出生后的第二年就受到了俄狄浦斯情结的巨大影响。我将用一名年幼病患的病情为案例，对此进行说明。莉塔（Rita）自出生后一直爱黏着自己的母亲，第二年开始不久之后，她突然偏爱自己的父亲。她十五个月大的时候，不断要求和父亲单独相处，要坐在他的腿上，和他一起看书。可是等到她十八个月大的时候，她又偏好和母亲相处，态度发生了转变。她开始在这个时期被夜惊、畏惧动物困扰。另外，对母亲的过度固执也慢慢浮现，对父亲的认同（father identification）也非常明显地被表现出来了。她在两岁初表现出严重的矛盾倾向，这种倾向与日俱增，两岁九个月时开始接受我的分析治疗，原因是照顾她的难度确实太大了。当时，莉塔身上严重的游戏抑制持续出现了好几个月，她没办法忍受剥夺，经常闷闷不乐，对痛苦也极其敏感，这些情况发展到后面也越来越糟糕。在她的分析治疗中，原初场景的效应经常出现，因为两岁以前，她都是和父亲母亲一起睡觉的。但是，弟弟出生让她的神经官能症状爆发了。从此，她需要面临的苦难日益增加，出现得越来越快。毫无疑问，她在如此年纪就与俄狄浦斯情结相遇，随之产生的深切效应和神经官能症状之间肯定有着十分密切的联系。然而，有一点，我还没法判定：俄狄浦斯情结之所以在莉塔身上的早期表现这么强烈，是因为她本身就患有神经官能症，还是因为她过早产生了俄狄浦斯情结，以致自己患上了神经官能症。不过，我可以肯定的是，前述的相似经验可以使冲突更加严重，从而导致神经官能症爆发或症状加剧。

我将借助莉塔这一案例，列举几个典型特征，这些特征在幼小孩童的分析案例中表现得最直接，但也出现在了其他年龄段的儿童分析治疗案例中。在对某些幼童进行分析治疗，了解到他们的焦虑已经发作了。我发现，这种恐慌实际上是一岁半到两岁初的孩子多次表现的夜惊经历。

以上描述的内容显然与俄狄浦斯情结相关，表现的迹象各有不同：儿童时常摔倒，弄伤自己，敏感度极度夸张，没法忍受剥夺，在游戏状态中压制自己，在欢快场合里或接受礼物时很忸怩，以及其他常常过早产生的各种养育问题等。然而，我发现，一种非常强烈的罪疚感是这些普遍现象产生的原因。

首先，我会通过一个案例解释罪疚感对夜惊造成强大作用的方式。四岁零三个月大的时候，楚德会在晚间接受分析治疗的时间段玩耍。每逢睡觉时间，她就会从一个被她称为房间的角落里走出来，悄悄地靠近我，采用千奇百怪的方式恐吓我：假装要割破我的喉咙、把我赶出院子、放火烧或把我交给警察。有时，她也尝试绑住我的手脚，并且掀开沙发布罩，说自己正在进行"波-卡奇-库其"。

原来她是在母亲的"波波"里面寻找"卡奇"，在莉塔看来，卡奇就是小孩子。她也曾试图攻击我的胃部，说"阿阿屎"正要被她拿出来（粪便），这样就能使我没有力气。接着，她拉下抱枕，不停对他们喊"小孩"，之后用它们把紧紧蜷缩的自己藏在沙发的角落。楚德的表情显示出，她很害怕，吮吸着自己的大拇指，还尿湿了裤子。

每当她攻击我之后，类似这样的情境通常会发生。然而，她对此的态度和未满两岁时受到夜惊折磨的状况是非常相似的。与此同时，楚德也常常在夜晚去父亲和母亲的房间里，但是她讲不出这样做的目的。楚德两岁时，她的妹妹出生了。当时，她接受的分析治疗，不仅成功揭示了她的心智状况，还弄清楚了她产生焦虑、尿床、弄脏床等行为的原因，进而进一步适当地为她消除了这些症状。早在那个时候，楚德就有了下面的想法：抢走还在妈妈肚子里面的孩子，杀掉她，以便和爸爸交媾。她之所以执着于占有母亲，是因为各种憎恨与暴力倾向，这种执着在孩子两岁时表现得最强烈。这些憎恨与暴力倾向也是焦虑和罪疚感的源泉。在对楚德进行分析治疗的过程中，这些现象表现得更加明显的时刻，她几乎会都在接受分析治疗前自残。我发现，她会用桌子、碗橱、火炉等物品来自残，在她看来，这些物品都代表着母亲，这正符合原始的婴儿认同观念，这些物品在偶然情况下也可是对她施行惩罚的父亲形象。按照我对此进行的研究，一般来说，阉割情结和罪疚感在很大程度上是幼龄儿童摔落、自残，一直处于"战争"状态的原因。

我们可以从儿童的游戏里面，为出现得非常早的罪疚感构建一些专门的结论。莉塔一岁多的时候，对自己的各种捣蛋行为非常自责，对任何责骂也异常敏感，接触过她的人都对此感到十分惊讶。比如，她父亲只是开玩笑地恐吓图画书中的小熊，莉塔却马上就哇哇大哭。在这种情境中，莉塔对自己会受到真实存在的父亲责骂的恐惧，是让她对小熊生出认同情结的原因。她的罪疚感又一次衍生出了对游戏的抑制感。两岁三个月大的时候，莉塔多次反复申明，她玩洋娃娃的时候，并不是洋娃娃的妈妈，这并不是她喜欢的游戏。仅从分析治疗的结果来看，在她眼中，相比其他东西，洋娃娃更像是还没有出生的弟弟，莉塔恨不得把他从妈妈身上抢走，这就是她不敢扮演洋娃娃的妈妈的原因。然而，在此情境中，莉塔抑制这一幼稚愿望的来源，是内射（introjected）的母亲，而不再是真实存在的母亲。她曾经通过很多方式向我展示过这一内射的母亲形象，这一形象对莉塔的影响比她真实的母亲带来的影响更严厉和残忍。两岁时，莉塔身上曾出现过一个强迫症状。那是一个睡前仪式，浪费了很多时间，关键在于莉塔因为害怕"从窗户可能跑进来一只老鼠或一头其他东西，它会咬掉自己的那个东西（性器官）"，坚持将自己紧紧包裹进床单里。此外，我们还可以在她的游戏里看到其他决定因素：莉塔总是按照包裹自己的方式包着洋娃娃，有一次，她还将一头大象玩具放在洋娃娃床边，以免洋娃娃逃跑。大象明显象征着父亲，是一个阻碍者。在她一岁多到两岁之间，她想夺走妈妈肚子里的婴儿，取代自己的母亲，伤害并阉割自己的父亲和母亲，那个内射的父亲形象就已经在莉塔身上产生了作用。随着惩罚"孩子"的游戏情节到来，莉塔在游戏中展现的愤怒和焦虑，也显示出她正在扮演两个角色：一个是掌控审判权的权威者，一个是接受惩罚的孩子。

有一种基础且普遍的机制运行在角色扮演的游戏中，这种机制会抑制儿童将相异的认同结合在一起。孩子借助角色的分割（division），最终才能顺利消灭不停严苛折磨着自己内心的父亲母亲形象，这些形象都是在俄狄浦斯情结形成的过程中吸附而成的。这些困扰一旦被驱除，孩子便会产生解放感，进而促进了他们在游戏中获得的快感萌发。哪怕这样的角色扮演呈现的方式通常非常简单，似乎只是原初认同（primary identification），但这也仅仅只是表面看上去的那样。深入分析表象背后，才是对儿童进行分析治疗最重要的事情。不过，只有揭露所有隐藏在这些表象背后的认同角色和决定因素，甚至研究操纵这些的罪疚感，我们才有可能收到最好的治疗效果。

综合我进行分析的个例来看，孩子在很小的时候，罪疚感的抑制效应就表现得相当明显了。在这种情况下，我们面对的状况，与众人所知的成年人超我运作机制相同。如果我们假设，出生后三年，俄狄浦斯情结达到巅峰，这种巅峰状态的最终成果便是超我的发展，那么对我来说，这两个推论与前文中我们描述的观察现象都是不相违背的。那些明显且典型的表现，在俄狄浦斯情结发展到巅峰状态逐渐表现出迹象的成熟形态，都只不过是长年累月的发展成果而已。从对这些孩子的分析中，我们可以看出，一旦俄狄浦斯情结出现，孩子便立即开始修复，由此促使超我开始发展。

与成人相比，这种婴孩超我（infantile super-ego）的作用对儿童产生的影响类似，不过却更加强烈地压制了处于弱势的婴孩自我（infantile ego）。就像儿童分析展现出来的那样，只要在分析治疗的过程中抑制超我的过度需求，自我便能得到巩固。毫无疑问，幼童的自我和较大的孩子或成年人都是不一样的，但如果幼童的自我被我们从神经官能症中解放出来，这些幼童的自我对现实的需求与较大的孩子或成年人的自我需求是一样的，哪怕这些需求不如成年人那么认真。

由于比较年幼的儿童和稍微大一些的儿童存在心智成熟程度的不同，他们对精神分析治疗的反应也存在一些差别。经常存在一些让我们感到惊喜的情况：在某些情境下，我们提供的解释居然很轻易地就被接受了，甚至有些孩子还乐在其中。这个过程与成人分析治疗存在差异的原因是，相比成人，儿童心智的深层意识潜意识之间的交流更加容易，所以我们可以很简单地一步步往回追溯，这样就能证明我们所做出的的解释多么快速有效。当然，这些分析必须通过合适的素材，否则很难达到这样的效果。在创造素材这方面，儿童的速度和多样性十分惊人，哪怕他们对我们的解释接受程度并没有那么高，但

第六章　早期分析的心理学原则

最终得到的效果却时常让我们觉得惊讶。在分析治疗进行过程中，游戏原本因为各种阻抗而中断，但很快又能重新开始，且不停变化和扩展，呈现出儿童心智更深层的东西。儿童与分析师之间的接触关系也被重新建立起来。每完成一段解释，因为无须进行解压，孩子在游戏中收获的快感便很明显地表现出来。不久之后，新的阻抗出现，事情不像之前那样容易。实际上，真正的拉锯战从这一刻开始上演，如果与罪疚感相遇，那真是让人头疼不已。

儿童在玩耍的过程中，只会象征性地表现出幻想、愿望和经验。类似成人，出现在梦中的语言、发生自种系（phylogenetically）的远古表达方式也被孩子运用，只有通过弗洛伊德总结出来的释梦分析，我们才能完全明白这些。象征只是其中一部分。要是想通过分析治疗正确解释儿童的游戏和他们的全部行为之间的关系，我们必须思考所有表征方式的含义和那些在梦境中运行的机制，而不仅仅只是关注经常表现在游戏里面的象征。更需要牢记在心的一点是，检查各种现象的整体连锁关系是非常有必要的。

要是采用上述的技术，我们就能立刻明白，对游戏中不同元素之间的联想，孩子的处理方式丝毫不输给成人处理梦境中各种关键要素的方式。细心的观察者可以通过游戏的琐碎细节的指引找到方向，恰好孩子一点一滴、全部说出的事情，对于联想而言，又是十分重要的元素。

通常来说，我们在对孩子进行分析治疗的时候，不要低估幻想的重要性，也不能看轻强迫性重复转化的行动。年幼的孩子总是通过行动，拓展效果，哪怕是稍微大一些的孩子，也还是会一直依赖这种原始机制，尤其是在分析治疗为他们驱除了部分潜抑以后。分析治疗的持续性是不能缺少的，只有这样，孩子才能从中得到和这种机制紧紧结合的快感，然而这种快感必须且只能是一种用来达到目的的手段。

因为我们对待小病患不能像对待稍大一些的孩子那样,告诉他们现实感(sense of reality),在这个案例中,我们发现了,享乐原则是凌驾在现实原则之上的。

儿童的表达媒介和成人的表达媒介是不一样的,所以在对儿童进行分析治疗的分析情境(analytic situation)也全然不同。但是,从本质上看,这两种情况实际上并没有什么不同。对儿童和成人来说,连贯一致的解释、循序渐进地解决阻抗问题、持续追溯移情之前的情况,都是正确的分析情境。

我曾说过,对儿童的分析治疗研究,让我多次见识了解释作用的速成效果。虽然很多异常明显的现象,诸如游戏发展、巩固移情、减轻焦虑等都出现了,但孩子却要在相当长一段时间内都不能有意识地明白解释,我也证明过这一进程是之后才能完成的。这令我十分震惊。比如,孩子们开始辨别出"虚假"和真实的母亲、木制娃娃和真正的婴儿之间的差别后,十分肯定地认为自己想伤害的远不止玩具婴儿而已——当提到真正的婴儿,孩子就会说自己肯定是爱着他们的。但是只有孩子们经历了异常强烈持久的阻抗后,才能明白,自己的行为实际上会直接伤害真实的客体。认识到这一点,一般哪怕是很小很小的孩子,也能在适应现实世界这一方进步明显。一般情况下,解释作用在最初只是被孩子无意识地吸收消化掉了,之后孩子后来逐渐明白这些与现实的关系,它才被孩子们理解,启蒙过程与之类似,这就是我的观点。很长一段时间以来,分析工作只能给性理论(sexual theories)和生育幻想(birth-phantasies)提供一些角度新颖的素材,但从未"解释"过这些素材的含义。所以,启蒙经验也只能在潜意识中的阻抗因子被移除的条件下,一点一点滋生。

总而言之,儿童和父母的情绪关系得到改善,这是进行精神分析治疗的第一波结果,随之而来的就是孩子有意识的领悟。这种领悟完全受超我控制，只有在治疗分析使得超我的要求发生调整后，已经较为坚强的自我才能容忍它。所以，孩子并不是在突发情况下面对必须重新思考亲子关系的处境，或者被强迫接受让自己难受的知识。按照我以往的经验来看，这种循序渐进的知识效应，实际上能帮助孩子减轻痛苦，从根本上与父亲母亲构建更加和谐的关系，并且还能促进孩子适应社会的能力。

这个阶段过后，孩子也具备了一种能力：用某种合理的拒绝取代潜抑。从孩子们在分析治疗的后期阶段来看，从开始渴望肛门施虐或食人渴望（这些在前面那些阶段表现得依旧十分强烈）到偶尔幽默地批判这些，孩子们的进步可谓神速。甚至，我听说过，有些非常年幼的孩子开这样的玩笑，说不久前，他们真的有吃掉妈咪或者将她剁成好几块的想法。在这种情境下，孩子必然能减轻自己的罪疚感，还能升华在过去完全被潜抑的愿望。这些结果的实际表现是，孩子的游戏抑制不见踪影，开始探索各种兴趣和活动，等等。

简而言之，我们必须采用适当的技术，包括分析孩子的游戏，因为孩子心智生活具有独特的原始气质。通过这些技术，我们才能触及孩子们藏在最深处的潜抑经验和固着行为，从而在根源上对他们的发展产生影响。

所以，治疗技术的差异才是真正的问题所在，而不是使用原则的不同。弗洛伊德提出的精神分析判断标准，包括以移情和阻抗作为起始点，参考和斟酌婴儿的冲动、潜抑及其效果，健忘症，强迫重复因素等，或者就像他在《孩童期神经官能症案例的病史》提到的发掘儿童的原初场景，这些都被完整呈现在游戏治疗分析的过程中。所有精神分析的原则都被保留在游戏治疗的方法里，由此产生的结果与古典技术殊途同归。然而，唯一符合儿童心智的技术工具，也只有它而已。

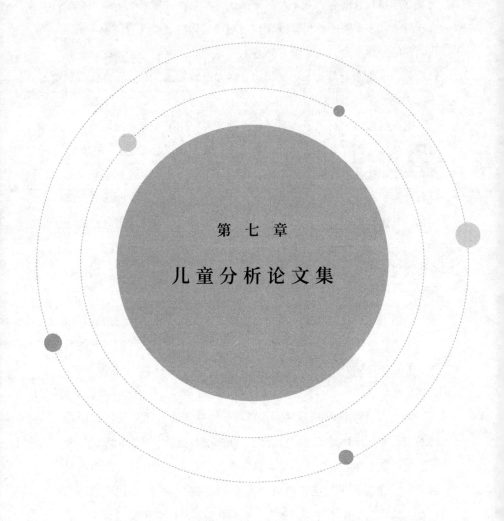

第七章

儿童分析论文集

我得先稍微回顾一下儿童分析的发展历史，才能提出我的观点。1909年，弗洛伊德发表《畏惧症案例的分析》，儿童分析以此为开端。弗洛伊德借助以儿童为主题的案例，证明他在成人分析中所发现的事实同样存在在儿童身上，使得这本著作具备十分重要的理论价值。此外，这本书还有另一个重大贡献——它为儿童分析的后续发展奠定了基础——当时的人们并没有意识到这一点。弗洛伊德的分析显示出，儿童身上存在俄狄浦斯情结，并会不断变化，同时也显示了这种演变运作的方式，以及潜意识倾向安全转化到意识中的方式。弗洛伊德如此描述他的发现："然而，我现在不得不质疑的是，存在一些情结，不只是孩子自己潜抑，孩子的父亲母亲也会因此恐慌，就汉斯的案例来说，若是逐渐揭露这些情结，到底会对他产生什么样的伤害。小孩子真的因为自己对母亲的渴望而铤而走险吗？又或者，对父亲产生的邪恶意图最终可能转化为罪恶的行动吗？如果医师对精神分析的本质进行了错误的解读，并且相信，一旦邪恶的本能浮现到意识层面，随即就会被强化，那么，这类不安和疑虑将难以避免地成为他们的担忧。"

下一段紧跟其后："相对来说，汉斯康复了，这是分析治疗的唯一成果。他不再害怕马儿，和父亲的也更加亲密了，从汉斯父亲的报告中可以看出一些兴味。不管父亲可能输掉了什么东西，从小男孩的层面来看，父亲赢回了儿子的信任。'我认为，'汉斯说道，'你知道一切，因为你知道那些和马相关的事情。'精神分析抵消不了潜抑作用的效应。被压抑的本能始终被压抑着，只是殊途同归而已。自动化且过度运作的潜抑机制被分析治疗代替，心智的最高代理者被它以一种温和而坚定的方式掌控着。归根结底，分析以非难的方式代替潜抑，这好像正是我们一直渴望的证据——意识本身具备生物功能，一旦浮现，就会确立自己的重要优势。"

胡格-赫尔姆斯是第一位系统性分析儿童的分析师，因此备受尊崇。她将一些先入为主的观念带进她的分析过程中，且一以贯之。执业四年后，她发表了文章《儿童分析的技术》（On the Technique of Child-Analysis，1921），借以清楚展示了她采取的原则和技术。她不赞成对年纪过小的孩子进行分析，认为"部分的成功"就已经够了，因为继续分析可能会过度干扰孩子潜抑的倾向和冲动，或者对他们的同化能力（powers of assimilation）提出过高要求，这些都是她在文中提到的。

胡格-赫尔姆斯对俄狄浦斯情结的退却态度不难从这篇文章和其他文章的综合论述中看出来。在儿童分析的案例中，分析师肩负的不仅仅只有分析治疗，还有教育者的影响力，这就是她的另一个假定。

1921年，我就在自己第一篇著作《儿童的发展》中提出了完全不同的结论。通过对一个五岁三个月大的男孩的分析，我的发现是，深入分析俄狄浦斯情结不仅是绝对可行的，也是值得鼓励的，至少由此得到的收获与成人分析相差无几，这在我日后的分析治疗中也得到了印证。不过，我也观察到，如果采用这种方法进行分析治疗，其实分析师大可不必扮演教育者的角色，不然就会和分析治疗法产生抵触。这些发现被列入我的工作指导原则当中，我在自己所有著作中也大力倡导。它们帮助我收获了不少重要的治疗结果，也促使我后来将关注重点转向三至六岁的幼龄儿童，这里面无穷无尽的发展潜力也被我进一步挖掘出来。

此刻，我们得一起看看安娜·弗洛伊德在自己书中表明的四大重点。第一，我们看到的观点和前面的胡格—赫尔姆斯的观点一样，同样认为对儿童的分析治疗不应该太深入。安娜因此直接推出，不应对孩子和父母的关系进行太多处理，意思就是，抽丝剥茧般解读俄狄浦斯情结不是必须的。事实是，安娜·弗洛伊德列举的病例都没有涉及对俄狄浦斯情结的分析。

第二，安娜认为，教育性的影响应该被融入儿童分析。

虽然约在十八年前，儿童分析就开始被使用了，但不得不承认的是，我们依旧没有弄清楚许多基本原则，这是值得注意且应该深思的问题。相比之下，成人精神分析被提出的时间相同，其赖以进行的基本原则却都被实证验证和肯定了，哪怕执行细节会因为相关技术的精进而略微变化，但它的理论确实不可动摇的。

两相对比，儿童分析这样不被待见的原因是什么呢？儿童不是合适的分析客体，这是分析界的一般说法，这种言论好像有待商榷。就胡格—赫尔姆斯来说，她的确对儿童分析的效果产生了很多质疑，还宣称过"必须满足部分成就，并且考虑病症复发的可能性"。不仅如此，她甚至限定了分析治疗案例的某些范围。安娜·弗洛伊德同样对儿童分析的可行性进行了限制，但相比胡格—赫尔姆斯，安娜对儿童分析的发展更乐观。她的书结尾写道："虽然我详细描述了儿童分析的各种困难，但我们仍然取得了不少变化、改善和疗愈成果，这些都是在成人分析中不敢奢望的。"

此刻，我要做出几点陈述，以呼应我提出的问题，这些将在将来一个个被论证。在我看来，与成人分析相比，儿童分析在以往受冷落的原因是，一些先入为主的观念一开始就阻碍了我们，我们没有用一种全然自由又开放的精神去探究儿童分析，就像我们进行成人分析那样。我们将发现，在小汉斯的例子中，儿童分析没有遭到我们在前面提到的那些限制，如果我们追溯回去的话。当然，这个例子采用的技术很普通，并不特别：在弗洛伊德的指导下，汉斯的父亲对汉斯进行局部分析，他对分析的实际操作其实是很陌生的。即便如此，他还是鼓起勇气，连续进行了一段时间的分析，还取得了很好的成绩。我在前面的一段小结中提过，弗洛伊德表示自己也想将分析更加深入下去。因此，我们不难看出，弗洛伊德认为完整研究俄狄浦斯情结是可以的，很显然他并不觉得应该在儿童分析中避开这个基本问题。可对胡格-赫尔姆斯来说，她在这个领域经年累月耕耘，取得了非凡的成就，却依旧倾向在最初阶段采取限制的原则。所以她的成果不算丰硕，无论是从实际成果、分析个案量来说，还是从理论上取得的建树来说。因此，儿童分析领域最近几年乏善可陈，可按道理说，儿童分析本该对精神分析理论产生直接贡献的。胡格-赫尔姆斯和安娜·弗洛伊德相继认为，对儿童进行分析不会有多少收获，由此对生命早期阶段的了解，甚至会比从成人分析中获得的东西更少。

接着，我要说一说另一个托词，这个托词经常被用来说明儿童分析领域发展缓慢的原因。这种说法是儿童在分析治疗过程中展现的行为和成人由此产生的行为大相径庭，所以得采取另一套技术。我不认为这个论点是正确的。如果说"身体因精神而生"，那么，我必须说明的是，只有透过我们的态度和内在的信念，才能找到最合适的技术。必须再次强调的是，要是我们对儿童分析采取开放态度，探究其深处的方法和媒介自然就会被发现，儿童的真实本质也能根据这一结果被发掘出来，除此之外，我们根本无须进行任何限制，不管是深入程度，或是使用方法。

我在上面的论述中，已经对自己批判安娜·弗洛伊德著作的核心观点进稍微进行了解释和说明。

我认为，解释很多安娜·弗洛伊德所引用的技术性方法有两种角度：一是，她假设自己和儿童没有办法构建分析情境；二是，就儿童来说，如果只是纯粹分析，而不带一丝教育性元素，这是不恰当的，或者说是应该再反复探讨的。

  第一个假设是从第二个假设那里直接承继过来的。我们总是无条件地假设，想要构建真正的分析情境，只能依靠分析方法来完成。但是，我们必须认识到，不管是为了营造正向移情而遵循安娜·弗洛伊德在书中第一章写的那些施行准则，还是利用病患的焦虑来驯服他们，或者利用权威来吓唬、驾驭病患，等等，这些方式都大错特错。如果要深入心智最深处，完整地进行分析，从而依靠这些方式构建真实的分析情境的话，这无异于异想天开，哪怕这些方式可以确保它们能带领我们粗略地触及病患的部分潜意识。病患总会把我们当成权威的原因，是我们必须坚持弄清楚的——无论是厌恶的，还是可爱的。只有对这种态度进行分析，我们才能探讨那些更深层的意识。

  安娜·弗洛伊德对所有那些在成人分析中被看作是不恰当的方法都做了特殊强调，她认为这些方法在儿童分析中自有其价值，因为她觉得在儿童进行分析时，很有必要引入这些方法，还将这一引入称为分析"劈入"（breaking-in）。在这些"劈入"之后，她几乎不可能成功构建起真正的分析情境。可安娜·弗洛伊德在构建分析情境时，从来没有使用一些必要策略，采取的很多都是与这些策略相反的元素进行替代，虽然她一直在提她的假设，这点让我觉得十分惊讶，并且感到不合乎逻辑。然而她还想着用理论证实自己的论点，希望和儿童构建起分析情境，或者直接套用类似成人分析中的纯粹分析法，显然，这些完全是不可能的。

  安娜·弗洛伊德认为一些特别设计以及存在问题的儿童分析方法可以帮助构建儿童分析情境，并让分析工作成为可能，为此，她列举了很多理由。在我看来，这些理由都很牵强。安娜·弗洛伊德仅仅因为自己认为儿童和成人是完全不同的生命体，就在很多角度都放弃了此前已经被验证过的分析规则。她花了很多心思设计那些方法，然而让儿童在分析过程中展现出和成人相似的分析态度，从而帮助分析师进行分析，却是她的唯一目的，这就自相矛盾了。儿童和成人在意识和自我之间的比较，是在安娜·弗洛伊德进行分析时被首先考虑的，这可能是她如此行事的原因。然而实际上，潜意识的问题才是我们应该最先处理的（虽然我们同样看重自我）。说到潜意识，儿童和成人在此方面其实并没有什么差异，除了儿童的自我发展还未成熟，所以和成人相比，受潜意识的支配会更加强烈。我在这方面的观点，都是基于此前对儿童以及成人的深度分析工作经验。如果我们真的想了解儿童、分析儿童，我们花精力进行探讨和研究的重心应该是上面这一点。

我自己并不是很推崇安娜·弗洛伊德花尽心思想达到的目标——引导儿童产生类似成人的分析态度。同时，我也认为，要是安娜·弗洛伊德按照她写的方法真的达到了这个目标（最多应该就是在少量案例中），那么，得到的结果肯定也会和她预期的有差别。她为了自己的目的，刺激儿童产生焦虑，包括阉割焦虑和罪疚感，进而引导孩子"承认自身的病态和不守规矩"。在这里，我们先不讨论成人意识到自己想要好转的合理欲望掩饰焦虑的方式，其实这也同样适用成人分析。就算是在成人分析中推演出的既有原则，可未必能在儿童分析中一劳永逸，因此在对待儿童这方面，我们没有办法去刻意追求，期望在分析工作中发现任何一种能持久适用的基本方法。

前面提到的目的是准备工作的必要环节，这是安娜·弗洛伊德真心认定的。她还深信，心存这一目的的自己可以一路前行。我则认为，这种观点并不正确，并且，只要安娜·弗洛伊德有这样的想法，她所依靠的就是儿童的焦虑和罪疚感。从分析工作的发展可能性层面看，最重要的因素是焦虑和罪疚感，这是毋庸置疑的，因此安娜的想法本身没有太多让人置喙的地方。只是，必须事先弄明白的点是，我们依靠什么，以及我们运用它们的方式。分析治疗本身并不温和，它不能帮助病人排解一丁点苦楚，哪怕是运用在儿童身上，也同样如此。实际上，要是病人在后来的日子里需要排解更多长期且致命的苦楚，分析治疗必然会强迫病患将这些苦楚带进意识之中，进而发泄情感。所以，我批判的是安娜·弗洛伊德没能彻底解决焦虑和罪疚感的问题，而不是她激化它们。照她所说，为了让孩子不变疯，她才将孩子的焦虑带进他们的意识中。但是在我看来，要是她没有马上从根本上处理孩子潜意识中的焦虑，竭尽全力缓和这些焦虑，那么，对孩子来说，这种治疗方式不亚于一场酷刑，而这酷刑本没有施行的必要。

大家可以想一想，如果分析工作的必要诉求包括焦虑和罪疚感，为什么我们一开始就将它们视为考虑因素，并且进行习惯性的运用呢？

我个人从始至终都是这样做的。同时，我还发现，如果儿童身上表现得十分强烈，而且比成人身上的表现得更鲜明、更容易被掌握的大量焦虑和罪疚感被一种分析技术考虑进去，并以这种分析技术进行分析工作，我对此肯定相当放心。

安娜·弗洛伊德认为，在对儿童进行分析治疗时，哪怕小孩子对分析师表现出敌意或者焦躁的迹象，分析师也不应该立刻得出这是负面移情现象的结论，因为"孩子和母亲的关系越平淡，他们对陌生人表现的友善冲动就越少"。我并不认为以婴儿对所有陌生事物的阻抗态度为比较基准是不合适的。我们对小婴儿的了解非常少，但从一个孩子接受的早期分析治疗中，我们可以认识很多关于心智发展的问题。比如，我们曾在一个三岁孩子身上看到了患有严重爱恨交织的神经官能症的孩子才能对陌生人展现的那种害怕或憎恨。我的各种经验都能充分证明我的信念是正确的。假如这些方案行为被我解释成焦虑与负面的移情感情,并且和孩子在同时期发展出来的其他素材联结起来,进而被追溯到原始客体(母亲),那么,我们便会观察到孩子的焦虑有所减缓。在更为正向的移情中,这种状况发生得更早,通常和活力十足的游戏一起出现。在稍微大一些的孩子身上,也有相似的情形,细节上有些许差别罢了。一开始就兼顾正向和负向的移情,并且朝俄狄浦斯情结追溯源头,这是我实行我的方式的前提。这两个方法完全符合分析原则,但安娜·弗洛伊德对它们不理不睬,不知道是出于什么样的原因。

后来,我相信自己和安娜·弗洛伊德对儿童的焦虑和罪疚感的态度有着极端差异:我一开始将它们看成分析治疗的辅助条件,而安娜则利用这些让孩子对自己产生眷恋。要是我们不能证明焦虑对分析过程造成很大困扰和阻碍,那么,操作这项因素可能没法在很多孩子身上收到效果,除非我们可以立刻进行分析,解决焦虑的问题。

以我从书中得到的理解,安娜·弗洛伊德对待特殊病例时,才会运用这种方法。对其他个案,为了引导正向移情,她尝试了各种方法,希望孩子眷恋她自己的人格。对她来说,这是绝对有必要的。

我认为这套方法始终欠缺有力的理论依据,因为我们肯定可以运用纯分析方式,使得分析工作尽可能完美。并不是所有的孩子都会在初始阶段,就表选出害怕或者反感等现象。要是孩子以开心嬉闹来对应分析治疗,我们是可以假设存在正向移情的,并且还能将此妥善运用于分析工作中。我的经验让我对此深信不疑。另外,我们还有一个很好的利器,这个利器与我们在成人分析中使用的类似。不管是儿童分析,还是成人分析,我们都尽可能追溯到原始客体,也就是说诠释正向移情。通常情况下,我们既要关注正向移情,也要关注负向移情。类似成人分析,如果在一开始就从分析层面对这两种移情加以掌握,进行分析的可能性就会更大,解决一部分负向移情的问题之后,我们将会得到的结果是正向移情增进；之后，负面移情再次出现，就和童年的矛盾一样。这才是真正的分析工作，由此便构建了分析情境。我们甚至借助这些发现应该孩子身上构建的基石在哪里，且以客观视角了解这些基石的周围状况。总之，到这一步，我们已经达到了分析工作需要的情境中，不仅可以跳过安娜·弗洛伊德描写的那些毫无用处的方法，还可以收到良好的工作成果和媲美成人分析的成就，这一点明显更为重要。

安娜·弗洛伊德在《儿童分析中实行之方法》（The Means Employed in Child-Analysis）第二章就这一点，对我的观点表达了异议。依照我的方法，必须从孩子的联想活动中获取分析素材。任何对儿童进行分析的人，包括安娜·弗洛伊德和我，差不多都赞同，孩子不能也不可能像稍微大一些的人那样提供联想元素，因此仅仅依靠言语（speech）搜集素材是绝对不够的。安娜·弗洛伊德建议用来弥补口语联想（verbal associations）不足的方法中，我在个人经验中发现有一些也是十分有用的。如果我们更仔细地检查这些方法，比如画画、说明白日梦等，我们会发现，它们就是在以联想之外的方式来搜集素材，这是它们的目的所在。对诱导和解放孩子的幻想来说，这是最重要的。安娜·弗洛伊德曾在自己的论述中说过实际操作的问题，这的确是值得关注的一点。在她看来，"让孩子了解梦境诠释这件事，比其他任何事情都简单得多"。除此之外，"哪怕是智力不高、分析反应十分迟钝的孩子，诠释梦境的时候，也不会有什么问题"。我认为，要是安娜·弗洛伊德运用梦境诠释或其他方法时，看重并运用小孩表现得非常明显的象征理解能力，那么，这些小孩子也不至于没法配合她的分析。因为按照我的经验来看，只要开始采用这种方法，哪怕孩子再怎么不聪明，也同样适合分析治疗。

这就是我们在对儿童进行分析时应该善用的手段。要是我们坚定地相信孩子描述的事情都具备象征性，一直跟随下去，那么，我们将会收获丰富多彩的幻想信息。安娜·弗洛伊德在第三章中借用很多理论性论述对我大力倡导的游戏治疗技术提出了反驳，而当游戏治疗技术不仅仅只是作为具有观察用途的分析方式时，她尤为反对。她不仅质疑诠释儿童游戏中演剧内容的象征性，还是认为那些是由现时的观察或日常生活经验轻易引发出来的。我必须对此进行说明，通过安娜·弗洛伊德的阐释方式，大家就可以看出她错误解读了我的技术。"如果孩子推倒一根灯杆，或是一个玩具，他会认为这是某种对抗父亲的暴力冲动；故意让两部汽车相撞，就是看到父亲母亲鱼水之欢的象征。"可事实是，我从来没有想过这样"粗暴"地诠释儿童游戏的象征意义。与之相反，我只在最近一份报告《早期分析》中对此进行了特别强调。只有孩子在现实生活中通过各种媒介，如玩具、水，或者借助裁切、画画等这些不同的重复行为中表选出相同的心理素材，而我注意到了这些特殊的形式表征，这些表征又通常伴随着罪疚感、焦虑或过度补偿等这类反向作用，以及让我感受到自己已经达到了看穿了某种联结的境界时，我才会将它们和潜意识以及分析情境串联起来，诠释这些现象。进行诠释的实务条件和理论条件，都和在成人分析中运用的没有差别。

我提供的媒介包括纸张、铅笔、剪刀、细绳、球、积木，还有最主要的，水，小玩具只是其中之一。小孩可以随意取用这些器材，为孩子提供释放幻想的途径，是我们提供这些器材的目的。有些孩子可以很长时间不接触任何玩具，或者好几周内都只是裁裁剪剪。对于那些在游戏中完全抑制的孩子，玩具则是一种贴近他们以便让我们了解抑制原因的工具。有些小孩子，特别是非常小的孩子，如果玩具让他们把控制他们的幻想或经历戏剧化，这些孩童通常会把四处分散的玩具全部收起来，紧接着玩自己可以想到的任何戏剧。在房间内所有人和物都必须参加演出，我也不能例外。

因为希望说清楚我在以往经验中践行的原则，说明这些原始的儿童联想活动被发挥到极致的方式，并使深入潜意识底层成为可能，所以我在前面花了这么多篇幅详细说明我的技术。

我们能够与儿童的潜意识构建更为快速和确定的联系。和成人相比，儿童受到潜意识的影响更深、本能冲动更强烈，要是我们相信这一点，那么我们就可以缩短与自我沟通的路程，直接与儿童的潜意识进行联结。非常明显的是，要是我们都确认潜意识的优势地位，那么就更应该确定，在儿童身上，盛行于潜意识中的象征表达法远比在成人身上自然得多，实际上，儿童是被它支配的。既如此，我们可以沿着这一路径前行，也就是说，与儿童的潜意识进行联结，通过我们的诠释，使用潜意识的语言。这样，我们对儿童的了解就更深入了。当然，想要达到这一点，并没有表面看上去那么容易，不然的话，对儿童的分析大约只需要极短的时间而已，可事实不是这样的。我们需要在儿童分析中不停观测那些不逊于成人的阻抗行为，这些行为最常见的依旧是最自然的——焦虑。

对我来说，观测阻抗行为是深入孩子潜意识不可或缺的第二个条件。如果我们发现孩子表达现状的方式发生了变换（不管是变换或终止了游戏，还是直接表现为焦虑），并且尝试弄清楚引发这种变换的素材之间有什么连锁关系，我们将会明白，自己总是要和罪疚感正面相遇，因此不得不在接下去的分析中诠释它。

我以上的这些技术说明，以及我对儿童行动中象征性成分的重视，可能会让人误以为我在暗示儿童分析并不需要真正的自由联想之协助。

我觉得，在儿童分析技术中，这是两个最值得信赖的助力，它们彼此依存，相互补充。只有通过诠释，根据实时情况缓和儿童的焦虑，我们才可以深入孩子的潜意识，引导他们接触自己的幻想。之后，假如我们跟随那些幻想中的象征意义前进，很快就能发现，焦虑又出现了，我们的分析工作也因此有了持续前进的可能。

我在论文的前一段中说过，安娜·弗洛伊德和我，还有其他所有从事儿童分析的人都觉得儿童的联想模式不能也不可能与成人的联想模式完全相同。我在这里想补充一下，也许是因为焦虑让口语之间的联结被阻隔了，所以儿童不能像成人那样，而不是因为儿童用字词和言语表达想法的能力不够，除了很小很小的儿童以外。这个有趣的问题不是这篇文章能够详细探讨的，所以我只是简单地说一些经验之谈。

和口头自由表达相比，以玩具为媒介的表现中，焦虑的投注没那么明显，而这些表现通常也是象征性的表现，在某种程度上看，已经从主体自身抽离出来了。然而，如果我们可以成功缓和焦虑，在一开始就获取更多间接象征，就应该可以诱导孩子尽最大可能，进行完整的口语表达。之后，我们会持续发现，焦虑情形表现得越明显，间接表征出现的频率就越高。有个简短的例子：一个五岁男孩在我这里接受了相当程度的分析后，做了一个梦，关于这个梦的诠释不仅有着深远意义，还得到了丰硕的成果。对此进行诠释贯穿整个分析时段，所有联想都是口语。接下来两天，他做了第二个梦，可是对这个梦的联想引导异常艰难。他克服了一些阻抗后，又一次用口语表达。第三天，在前两天已经揭露的素材基础上，他的焦虑越发明显了，联想差不多都是在玩具和水的游戏中才被呈现出来的。

要是大家对我强调的那两个原则进行逻辑性运用，也就是我们跟随儿童表达的象征性手法，将儿童身上轻易就显现的焦虑考虑进去的话，儿童的联想能力也必须被看作分析工作中特别重要的手法之一。然而，就像我在前文说的那样，它只能被当成一种选择，偶尔使用一次的选择。

所以，安娜·弗洛伊德说："无论何处，相比那些特意引导出来的联想，那些无意识地或者不请自来的联想更加普遍，它们全都大有用处。"我觉得这样的说法并不完全是对的。联想是依据分析工作中一些明确的态度而被确定的，它的出现绝对不是偶然。这个方法的用处，比表面上看起来的要大得多。它可以持续不停地填充现实缺口，这也是它和焦虑之间的关联比间接表达要密切的原因。以此为基础，直到最终成功让孩子将联想用言语方式表达出来，使得我的分析工作得以串联现实，否则我是不会随意对任何儿童分析下结论的，哪怕是对很小很小的孩子也是这样。

综合看来，儿童分析和成人分析的技术其实是异曲同工的。唯一的差别是，相比成人，潜意识对儿童的影响更加明显且强烈，表达形式也更具压迫感。所以儿童更容易表现出焦虑的倾向，我们必须考虑这一点。

我认为，安娜·弗洛伊德反驳我的游戏治疗的那两点将因为我刚才说的内容失去说服力。我们怎样认定儿童游戏中的象征内涵是首要母题，我们怎样并列看待儿童的游戏和成人的口语联想，这正是她质疑的两点。在她眼中，儿童游戏缺乏成人分析中的目的性，而这则能"让孩子进行联想时，从一长串想法里驱除所有有意识的引导和影响"。

我对后者进一步的回应是，对孩子来说，在成人病患身上使用的概念特别多余，在我的经验中，这些概念并没有安娜·弗洛伊德说的那样灵验。我在这里说的孩子，并不包括很小很小的孩子。

我已经非常清楚地表达了我的意思。完全让儿童剔除意识性念头真的完全没必要，因为儿童受潜意识的影响非常大。安娜·弗洛伊德自己也深刻思考过这一点。

对我来说，这是儿童分析问题的基本条件，所以需要花费时间和精力解释那些合适儿童的技术问题。我所了解到的是，安娜·弗洛伊德反对游戏治疗技术时，她辩论的内容不仅包括对儿童的分析，还有我在较大儿童的分析中提出的基础原则。游戏治疗提供了大量素材，使得我们有触及儿童心智最深层的机会。如果我们善于利用这一点，就可以顺利分析俄狄浦斯情结，而这种分析一旦展开，接下来的分析工作就不会再受限制。如果我们真的希望绕开对俄狄浦斯情结的分析，那么就不会采用游戏治疗技术，哪怕是对较大的儿童进行分析改良，也要避开。

所以，接下来的问题，是儿童分析应不应该进行得如此深入，而不是儿童分析能不能像成人分析那样深入。为了解决这个问题，我们得先看看安娜·弗洛伊德在书中第四章里说明自己为什么深入进行分析。

但是，在说明这个问题之前，我想先和大家讨论一下安娜·弗洛伊德在书中第三章关于儿童分析中移情所扮演的角色的结论。

关于成人和儿童移情情况之间的一些主要差别，安娜·弗洛伊德对此展开了一些论述。让人满意的移情现象可能会出现在儿童身上，但移情神经官能症（transference-neurosis）并不会由此产生，这是安娜·弗洛伊德的结论。她引用了下述理论对这个论点进行论述——不像成人，儿童没有能力随时准备进入一段新的爱恋关系，因为他们的原始爱恋客体——父亲母亲，依然以客体的姿态存在于现实生活中。

我不得不对儿童的超我架构展开详细的谈论，以此来反驳这个在我看来是错误的观点。我先在这里简要讨论几点因为后续篇章里还会涉及，所以相关佐证就留到后续报告中进行说明吧。

哪怕是三岁孩子身上，遗忘俄狄浦斯情结发展最重要的部分也是有可能的，这是对很小很小的孩子进行分析的经验告诉我的。由此，孩子可以通过潜抑和罪疚感的作用，离原先渴求的客体远远的，他与它们之间关系也被扭曲转化，所以现在的爱恋客体，实际上就是原始客体的意象。

所以，儿童面对分析师时，是可以在所有基本的决定性时刻，进入一段新的爱恋关系，并对此进行塑造的。在这一点上，又有人对我们进行了理论性反驳。分析师对儿童进行分析时，并没有像分析成人那样，"空白，无我，像一张白纸，由着病人书写幻想"，所以应该尽量不要发布禁令和允准满足，安娜·弗洛伊德是这样认为的。然而，依据我的个人经验，这些正是儿童分析师构建分析情境后，可能有也应该有的态度。这些动作只是表象，哪怕分析师全神贯注投入儿童的游戏幻想中，跟随儿童特殊的表达形态，他们做的事情和期待病患幻想的成人分析师并没有什么差别。不过，除却这一点，我不认同给儿童病患赠送礼物、抚慰、疗程之外的私人会面等任何私人的报偿。总之，大体上，我还在遵循着大多人认可的成人分析规则。分析治疗上的帮助和解脱，让孩子们在哪怕一点也不知晓自己的病情的境况下，多多少少还是能很快感受到一些治疗回馈，这就是我能为儿童病患做的事情。另外，儿童病患可以对我信任，绝对相信和依靠我的真心与诚意。

不管怎么样，质疑安娜·弗洛伊德的结论是必须的。我的经验让我发现，完全的移情神经官能症确实在儿童身上发生过，状况和成人病患差不多。当儿童接受我的分析治疗时，我发现，他们的症状总是在发生变化，还随着分析情境加重或减轻。我们对他们进行分析的过程和他们的情绪宣泄息息相关，也和我有着千丝万缕的联系。孩子在分析情境中加重焦虑，萌生阻抗反应，这种反应又逐渐被消耗殆尽。有些父母很细心地观察孩子，常常会给我讲孩子身上又出现了一些消失很久的习惯，他们觉得很惊讶。截至目前，和我在一起的儿童，像在家那样，慢慢驱除他们的阻抗症状，我目前都还没发现过这样的例子，大部分情况下，这些迹象都只会在分析治疗的时候才被宣泄出来。当然，有些时候会出现这种情况，特别是强烈情感倏然爆发时，在那些和孩子有关的人来说，一些骚动是非常明显的，然而这并不是常见的情况，即使是在对成人进行分析的过程中，这种情况也难以避免。

所以，我的经验和安娜·弗洛伊德的观察心得在这一点上是完全不同的。我们为什么产生歧义，并不难明白，毕竟我们处理移情的方式就存在很大差别。请允许我对前文所述进行小结。安娜·弗洛伊德认为，在所有对儿童进行分析的工作中，必要条件是正向移情，负向移情则不受她的欢迎。她写道："对儿童来说，虽然他们对分析师流露出的负向冲动从很多层面上看具有启发性，但它们在本质上是让人棘手的问题，最好立刻处理。正向依恋才能真正帮助我们收获丰硕的分析成果。"

就我们所知道的情况，掌握移情是进行分析治疗的重要因素之一。我们不仅需要按照自己掌握的分析知识采用正确方式，还必须严谨客观地将各种素材和现实事件一一对应。完整解决移情问题，更是判定分析治疗圆满结束的指标之一。由此，精神分析已经产生了很多重要法则，这些法则的功效在各个案例中几乎都被证实了，可是安娜·弗洛伊德在对儿童进行分析时，却没有采用这些法则。虽然我们非常明白移情在分析工作中的重要性，但安娜依旧认为那只不过是让人怀疑的不确定观点。她说，分析师"也许得和父亲母亲共享孩子的爱恋和憎恨"，但她自己没办法明白当分析师"毁坏或调正"孩子那些别扭的负面倾向后，分析师还希望能得到什么样的结果。

前提和结论在这一点上，相互循环辩证。如果分析手法不能塑造分析情境，而分析师也没有合理掌控正向和负向移情，那么，移情神经官能症的结果是不可能被得到的,分析师们也不能祈求儿童可以在分析治疗过程中,凭一己之力从中解脱。我稍后会对这一点进行更加详尽地探讨,在这里只做小结,说明我认为安娜·弗洛伊德采用技术——竭尽全力诱导孩子的正向移情,对负向移情减少反制——不当的原因。相比我采用的方法,这种技术不仅存在谬误,还有对儿童的父亲母亲产生更加不利的影响,毕竟负向移情自然而然地就会导向儿童在现实生活中的联想客体。

在第四篇演讲报告中,安娜·弗洛伊德提出的很多结论都非常明确地显示出了这种恶性循环。我解释过"恶性循环",它的意思是通过某些前提推出来的结论又被当作印证的论证法。安娜·弗洛伊德认为,在儿童分析中,是不可能克服孩子言语表达能力不足这一阻碍的。她是这样解释的:我们在对成人进行分析时,对那些早期童年的发现,"揭露的方法恰好是一些自由联想和诠释移情反应(transference-reactions),这些方式在对儿童进行分析时并不管用"。安娜·弗洛伊德在书中好几个地方强调,应改变分析儿童的方法,使之符合儿童的心智。但是,在没有经过实际操作的测试之下,她就质疑我通过研究提出的一些具备理论基础的技术。可是,这些技术早就在实际应用中证实了它们可以帮助分析师从孩子身上获取多于成人身上的联想元素,从而帮分析师进行更深层次的观察。

安娜·弗洛伊德提出,自由联想和诠释移情反应这两项技术用在成人分析中,以便探查病人早期童年,这两种做法并不适合儿童分析领域。依据我自身经验所推出的结果,我不得不强烈反驳这种说法。甚至,我深信,只有对儿童分析更加深入,成人分析中许多含混不清的细节才能一一浮现在我们眼前,儿童分析是如此特殊的领域,对儿童的研究为精神分析理论做出了很多有价值的贡献。

在安娜·弗洛伊德看来,儿童分析师和民族学家的处境相似:

"如果只研究原始人类,抛开有教化的种族,想来肯定是找不到通向史前历史的快捷通道的。"(第39页)她这种论调和实际经验南辕北辙,我觉得非常惊讶。事实是,不管是成人,还是儿童,只要分析工作足够深入,都可以帮助分析师找到他们复杂的成长轮廓,与此同时,也可以展现出已经足够文明的三岁稚子经历且正在经历的一些严重冲突的经验。我必须说出来的是,要是套用安娜·弗洛伊德的比喻,一位儿童分析师一开始就站定这样的研究立场,那么,他将得到民族学家从来没获得过的绝世良机,找到原始人和文明的人种之间那种紧密的联系,并且借助这一种罕见的联结关系,搜集前后时代的相关宝贵信息。

接下来,对安娜·弗洛伊德的儿童超我观点,我将解释得更加详尽。不管是安娜·弗洛伊德提及的理论问题,还是她从这些理论中得到的泛泛之论,她书中第四章的一些论点都特别"有意思"。

在对儿童,尤其是很小很小的孩子进行深入剖析后,我对早期童年超我的描述和安娜·弗洛伊德依照理论推断而来的结果大相径庭。没错,我们没法将儿童的自我和成人的自我进行比较,但儿童的超我反而和成人的超我相差无几,而且不像自我那样容易被后续成长经历强烈影响。儿童依赖外在客体的程度自然而然地高于成人,我们不能小看由此产生的结果,不过我觉得安娜·弗洛伊德过度高估了这些因素,所以她对此做出的诠释也不完全正确。因为,哪怕外在客体对超我的发展做出了一些贡献,它们也绝不可能和儿童发展完成的超我一样。这样一来,我们最终会明白三岁、四岁或五岁孩子身上的超我总是以无比严苛的方式阻抗真实世界中的爱恋客体(他们的父母)的原因。一个四岁男孩的个案可以证明。他的父亲和母亲从不惩罚或者恐吓他,但他的温顺可爱却很不正常。在这个案例身上,我们可以看到超我和自我之间的冲突,实际上,超我具有一种幻想式的严酷性。因为那著名的公式在潜意识中捣鬼，在食人、施虐冲动基础上，孩子不仅期待，也时不时就陷入担心受到惩罚的恐惧之中。他温柔慈爱的母亲和自己的超我恐吓对比如此强烈，恰好督促我们必须找到为什么真实客体会被儿童内化。

众所周知，超我萌生的基础是各种有差异的认同。我的经验告诉我，孩子还很小的时候，身上就开始展开了以俄狄浦斯情结结束为终点、以潜伏期为起点的过程。我在上一篇论文中说过，根据分析很小很小的孩子的经验和观察，孩子经历断奶的剥夺后，也就是出生后一年左右，俄狄浦斯情结随之而来。在这一时间段，我们同时也能发现超我形成的迹象。我们对稍微大一些和很小的儿童进行分析时，能清楚地发现促进超我发展的各种要素，以及整个发展过程的不同阶段，因此也就弄清楚了孩子在进入最终潜伏期之前，超我演变有多少个阶段。因为依照我的儿童分析经验，我相信儿童的超我在本质上和成人的超我没有区别，异常顽劣，几乎很难驯化，实际上，那真的是一个终结的历程。儿童超我和成人超我唯一的区别是，通常从表面上看上去，成人的成熟自我更容易向他们的超我妥协。另外，成人比较擅长和那些象征着外在世界超我的权威进行对抗；而儿童在这方面，则难以避免地较为依赖那些权威。可是，这并不表示就像安娜·弗洛伊德提出的结论那样，儿童的超我依旧"很不成熟，过度依赖客体，当分析治疗驱除神经官能症状后，超我就会自发控制本能需求。"哪怕是对儿童来说，类似父亲母亲这些客体并不能等同于超我。只有当儿童处在特殊的依赖情境中时，他们才会对儿童超我产生影响，完全类似成人分析的情况，比如考试时让人敬畏的权威、服兵役时的长官对他们产生的影响，和安娜·弗洛伊德发现的"儿童的超我和爱恋客体之间的相互联结，就像两艘用传输管联结在一起的船舶一样"的效果没什么差别。成人和儿童面临我提及的上面那些生活情境或其他类似情形的压力时,出现的适应困难增加的反应其实是一样的。这是因为此前就存在的冲突经历现实的严酷考验时,会再次萌发,或者被强化,而超我的密集运作需要为此承担绝大部分责任。安娜·弗洛伊德曾提出的儿童超我借助现存客体产生影响力的运作过程和这一点不谋而合。确实,对性格形成产生的好坏影响,以及童年时期的其他依赖关系,对儿童施加的压力相比成人要强大得多。不过,即使是在成年人的案例里,这些压力的重要性也不能被否认。

我认为,超我发展的情况通常可以在成人身上出现。很多人差不多一生都是靠着对警察、法律、丧失社会地位等这些"父亲"的象征形象,来克制他们的自我中心本能。儿童身上也会发生同样的情况,这被安娜·弗洛伊德成为"双重道德标准"(double morality)。儿童用一套道德规则面对成人世界,用另一套道德规则面对自己和好朋友,成年人也是如此,在独处或者和同辈相处时用一套规则,面对长辈或者陌生人就用另一套了。

我认为,俄狄浦斯情结借助超我内化客体后发展出来的机能(我在这一点上完全赞同弗洛伊德的论述)和它在俄狄浦斯情结结束后表现出来的持续不变的形态,是安娜·弗洛伊德和我在上述这一点上看法不一致的原因。就像我之前解释过的那样,从萌生到成形,这项机能和初始诱发它的那些客体是完全不同的。当然,儿童会创造各种自我理想(成人也是这样),建构千奇百怪的"超我",不过这些都只在较浅的层面产生。实际上,根深蒂固、岿然不变的超我依然在更深的底层决定着一切。即使安娜·弗洛伊德想象的那个超我还是以父亲、母亲的姿态发挥其作用,却和真切的内在超我完全不同,哪怕它的影响力没有受到质疑。如果我们想触及真正的超我,尝试对它加以影响,使它的运作能力降低,采用分析师唯一的方式进行分析。我在这里指的是,对俄狄浦斯情结的整体发展和超我架构进行深入调查的分析法。

我们再来回看安娜·弗洛伊德举的例子，我们在那个男孩身上看到了一个很不成熟的超我，他将对父亲的畏惧感当作抵抗本能的利器，不过我并不会按照标准形容它"幼稚"。还有另一个案例：我之前提过一个四岁男孩，虽然他的父亲和母亲都和蔼可亲，但小男孩却被阉割和食人倾向深深地折磨着。很明显，他的超我不止一个。在他身上，我找到了各种认同，哪怕都和他真正的父亲相近，但依旧不是完全一样的。他称那些看上去友善仁慈的形象为"好爸爸和好妈妈"。他对待我的态度是正向反应的时候，我被他允准在分析治疗中扮演"好妈妈"的角色，对我知无不言。其他时候，特别是负向移情再次出现的时候，我在治疗过程中扮演的角色就变成了坏妈妈，可以做出任何只要能想得出的坏事。我是"好妈妈"的时候，他可以许下任何奇特的要求和愿望，哪怕这些要求和愿望在现实世界中不可能实现。因为他对"好妈妈"许下的愿望中，有一个是和妈妈一起杀掉爸爸，所以在他的幻想中，我会在深夜给他带去一件礼物——这件礼物象征着他父亲的阴茎——之后，切开它，吃掉。我是"好爸爸"的时候，我们也会对他母亲做同样的事情。小男孩自己扮演父亲、我变成儿子的时候，我不仅被允许和他的母亲性交，他还不停为我提供各种讯息，鼓励我，为我示范父亲和儿子同时和母亲进行幻想中的性交的方式。这一系列的认同差异极大，甚至水火不容。源于各种不同层次和阶段，和真实事物也迥然不同，可是在孩子身上却形成了完整的超我，看上去正常，发展得很好。这名男孩看上去完全正常，出于防范的考虑才接受了分析治疗，可是在治疗进行了一段时间后，随着对俄狄浦斯情结的调查越来越深入，我才辨认出这个男孩的超我的完整架构和各种个别元素，这是我从几个相似案例中挑出这个案例进行说明的原因。这个男孩表现出的罪疚感反应的基础是相当高的道德水平。

他会谴责所有他觉得错误或丑陋的事情。这种方式符合儿童自我的表现，和成人高伦理标准的超我运作机制相比，却是不相上下的。

存在很多影响儿童超我发展的因素，这些因素和成人的情境中相似，我就不在这里多费笔墨了。假设儿童超我因为一些原因，没有发展完全，也没能成功构建认同，那么，形成超我的源泉——焦虑，就会开始活跃起来。

在我看来，安娜·弗洛伊德给出的案例并没有多少价值，不过那种超我发展状况的确存在。我们在超我没有发展完全的成人身上发现相同的迹象，所以我不认为它可以证明儿童发展的独特性，安娜借由这个案例得出的结论在我看来是错误的。

人们可以在安娜·弗洛伊德提出的论述中，了解她相信超我发展、反向作用和屏幕记忆的结论多发生在潜伏期。但是，我那些幼儿分析经验促使我得出了与之全然不同的结论。在我的观察中，这些机制伴随着俄狄浦斯情结升高才被启动的。实际上，它们在此之前已经完成了基础工作；后续的发展和反应都只是这一定型根基上面的上层架构而已。反向作用的过程在一些时机下会显得越加明显，而如果下一次遭遇的压力越大，超我运作便会更加强烈有力。

但是，以上种种状况并不是只发生在幼年时代的特殊现象。

安娜·弗洛伊德把出现在潜伏期中和青春期前的现象看作超我和反向作用的延展。事实上，这些和真正的超我毫无瓜葛，只不过是孩子面对外在世界的要求和压力时表现出的表象应付行为。当孩子长大一些，他们便会和成人一样，不再向之前那样什么都不懂，天真无邪，而会学习更加熟练使用"双重道德符码"的方式。

我们再来看看安娜·弗洛伊德是如何看待儿童超我的依赖性质、双重道德符码和羞耻及嫌恶感之间的关系的。

儿童的本能倾向被带入意识后，超我再也不应该为它们的发展走向负全责，这是安娜·弗洛伊德竭力说明的成人与儿童的不同之处。因为她相信，儿童在此时此刻被放任，只会寻找"直接的满足——一种短暂又方便的途径"。安娜·弗洛伊德非常坚定地反对由负责训练儿童的人决定从潜抑中解放孩子本能力量的方式。所以，在她看来，分析师唯一该做的事情就是在"这样一个重要的节点上引导儿童"，她还特意举例来说明分析师对孩子进行教育指导的必要性。以下是她的论点。关于安娜·弗洛伊德的论点，要是我提出的反对都是成立的，那么它们肯定也能通过实例被证实。

我们接下来讨论安娜在她的书中多次列举的一个案例。一名六岁的女孩患有神经官能症，接受治疗前，有抑制和强迫的症状，后来转变为调皮，缺乏自制力。安娜·弗洛伊德由此判断，自己此刻以一个教育者的身份介入其中是有必要的。她本以为，从潜抑中解放以后，那孩子的肛门冲动可以通过分析治疗之外的途径得到满足，结果显示她的方法不正确，不应该对幼童自我理想的力量产生过多依赖。所以，她认为分析师应该短时间指导一下孩子还未完整发展的超我，不然的话，将来不能控制孩子独立的冲动。

我的看法和安娜·弗洛伊德的恰好相左，也许我的说明也最好是借助个实例。这个案例的状况十分严重，在开始进行分析治疗时，这个六岁小女孩同样患有强迫式神经官能症。

厄娜相当难管教，在哪里都表现出不合群的倾向。失眠、强迫性自慰、学习压抑、高度忧郁、过度烦躁的症状都十分严重，还有很多种来不及记录的状况。她接受了两年的分析治疗，明显可以看出效果很好，现在她已经在学校念书一年多了，适应生活的考验。那所学院在原则上只招收"正常儿童"。作为一个严重的强迫式神经官能症患者，过度抑制和深切自责一直深深地折磨着厄娜。她有典型的人格分裂现象，不是"好公主和坏公主"，就是"恶魔和天使"的区分。

分析治疗自然而然地帮她释放了很多情绪和肛门施虐冲动等。不胜枚举的宣泄行为曾在她的治疗过程中层出不穷，比如对房间里的抱枕之类的东西发很大的脾气，将玩具弄脏或损坏，用水、黏土、铅笔弄脏纸，等等。纵观整个过程，小女孩看起来好像没有被抑制牵制，甚至还乐在其中。然而我发现，这绝非简单的肛门固着中被抑制的满足，肯定有其他具备影响力的因素在里面运作着。正如安娜·弗洛伊德对她列举的案例做出的推断一样，小女孩绝对没有最初看上去那么"开心"。厄娜"缺乏自制力"背后，极有可能是焦虑和对惩罚的需求，这些不断强迫她重复上面那些行为。很明显，她在经历如厕训练的时候就产生了愤恨和违抗心理，由此产生了上述心理和行为。将对早期固着行为的分析结果和俄狄浦斯情结发展及罪疚感联系在一起后，事情就发生了很大转变。

厄娜在肛门施虐被强力解放的阶段，表现出宣泄倾向，和这些外界分析相印证。我和安娜·弗洛伊德的结论相同：分析师肯定犯错了。然而，在我看来，分析治疗是我失败之所在，而非教育指导方面，也许这就是我和安娜·弗洛伊德彼此的观点最基本且明显的差异所在。我是说，我清楚地知道自己没有在分析治疗的过程中成功解决阻抗问题，并且全面驱除负向移情。不管是这个病例，还是其他病例，我从中都发现，要是我们想不经过与儿童的冲动进行长期较量的阶段，儿童就能一点也不烦躁地更好控制那些冲动，那么我们就必须竭尽全力揪出俄狄浦斯情结，更应该从源头追溯由此衍生的恨意和罪恶感。

要是再认真回想为什么安娜·弗洛伊德认定应用教育方法来代替分析方法是必须的，我们就能发现，小病患自身早就提供了很多精确的信息。安娜·弗洛伊德清楚告诉儿童（第25页），人们只会对自己讨厌的人那么恶劣，小女孩却回问"为什么自己如此恨亲爱的妈妈"。她问得恰到好处，也表明了，一些强迫症类型的小病人充分了解分析治疗的本质。这个问题指出了分析治疗本该前进的方向，即更深入地探索。但是，安娜·弗洛伊德放弃了这条道路，还说："这个问题，已经超过了我的知识范围，我不能提供更多信息。"后来，居然是小病人自己，试着找到了指导分析师更进一步分析的方法。她一直不停地重复此前描述过的梦境，其实是想责怪母亲总是在自己最需要她的时候不在场。好几天后，她做的另一个梦，从中可以非常明显地看出，她嫉妒自己的弟弟妹妹。

在本应分析小女孩对母亲的恨意的这个节点上，也是整个俄狄浦斯情结需要被清除的阶段，安娜·弗洛伊德的分析工作戛然而止。我们发现，安娜的确帮助孩子解放了部分肛门施虐冲动，并让它们宣泄出来，却没有遵循顺序，把这些冲动和俄狄浦斯情结的发展联系在一起，反而将调查的框架限定在肤浅的意识或前意识的层面。正如我们能从她的书中发现的那样，安娜好像也不想更进一步探测小女孩从嫉妒弟妹到对他们施加潜意识诅咒的转变。处理小女孩诅咒母亲的态度时，安娜·弗洛伊德应该也采用了同样的做法。甚至在此之前，她肯定也没有对小女孩对于母亲的敌对态度进行分析，不然的话，分析师早就多少有些了解孩子怨恨母亲的原因了。

分析师应该适时以教育者身份介入治疗的必要性，是安娜·弗洛伊德在书中第四章借用这个案例来说明的一点，很明显，她已经发现了刚才我讨论的分析治疗中的转折点。我对此的看法如下：小女孩已经稍微感知到了自己的肛门施虐冲动，但却没有机会借由更深层次的俄狄浦斯情景分析来获取更加广泛且深切的解脱。于我，指导那个小女孩强忍痛苦从潜抑中释放冲动不是问题的关键，我们更需要关注的，实际上是更全面深入地分析那些冲动背后的动力。

安娜·弗洛伊德所举的其他病例操作过程同样可接受上面的批

评。她提过好几次病患对手淫的自我剖析,其中,在我看来,一个九岁小女孩的两个梦不仅意义深远,还十分重要。我认为,她曾看过父亲母亲性交的经历非常清楚地反映在她畏惧火,以及梦到自己因为失误让喷水器爆裂而受罚的梦。第二个梦里,相同的象征也表现得非常明显,比如"两块颜色不同的砖头"和一幢"快要着火"的房子。以我的儿童分析经验来看,这些几乎都可以被看作原初场景的反映。以这个小女孩出现火的梦来说,也的确是这样的情况;而她画的两幅图——怪物"啮咬鬼"(安娜·弗洛伊德在第23页提过)和巫婆扯掉巨人的头发——也表达了类似的含义。安娜·弗洛伊德对那两幅画的诠释是孩子的阉割焦虑和自慰征象,这样解读完全正确。我非常肯定,那个阉割巨人的巫婆,那头怪物,都是父亲母亲性交行为的象征,在孩子看来,这些是一种阉割的施虐动作,甚至在孩子对此产生印象之后,对抗父母的施虐欲望也就开始萌生了,就像梦到了因为自己而爆裂的喷水器。另外,上述这些现象和她的自慰也密切相关,它们与俄狄浦斯情结联系在一起后,罪疚感随之而来,同时将重复的冲动和部分固着卷进来。

究竟什么东西被安娜·弗洛伊德进行诠释时忽略了呢?所有可以引导分析师更深一层进入俄狄浦斯情景的线索。这就意味着,她刻意不讨论引发罪疚感和固着现象的深层原因,因此不能减轻固着的痛苦。所以,与前面那个强迫式神经官能症小女孩案例相似的结论就不得不被提出来了:要是安娜·弗洛伊德愿意比较彻底分析那些本能冲动,教导孩子进行自我控制就是没有必要的事情了,分析治疗的过程也会更加完整。我们现在知道神经官能症的核心问题是俄狄浦斯情结,所以要是分析治疗不触碰这个情结,我们是没办法解决神经官能症的问题的。

孩子和父母以及俄狄浦斯情结的关系本该是分析治疗义无反顾进

行调查的问题,为什么安娜·弗洛伊德不愿意进行彻底分析呢?我们已经对她书中几个段落提出了不少批判,现在可以稍做总结,并思考其中的意义。

在安娜·弗洛伊德看来,分析师不应该介入父母和儿童之间,如果这样做,会对家庭训练造成一些困难。要是孩子在意识中已经形成了对父母的反抗,小孩身上的冲突就会更加严重。

我认为这一点已经简单明了地指出了我和安娜·弗洛伊德彼此观念和方法的差异。她自述到,要是自己和身为雇主的孩子的父母站在对立面,会很不自在。在一个案例中,病患的保姆用敌对的态度对待安娜·弗洛伊德,安娜竭尽全力让孩子厌恶保姆,将孩子对保姆所有正面情感都移情到自己身上。可是,当敌对态度的主角是孩子父母时,安娜有所迟疑,我完全认同这一点。不过,我从来不会采用任何方式鼓动厌恶所有和他们有关系的客体,这就是我们产生认知差异的地方。如果父母愿意让我给孩子进行分析治疗,不管是出于治疗神经官能症还是其他原因,我都会依照原则毫无保留地对孩子和其他相关者的关系进行分析,尤其是与父母及兄弟姐妹的关系,这就是我的立场。在我看来,只有这样的做法才最有益于儿童。

安娜·弗洛伊德明白,对亲子关系进行分析有一定危险性,在她看来,危险的原因肯定源于儿童脆弱的自我。我将列出几点稍做说明。分析师成功解决移情问题后,孩子就再也没有办法回归其之前固有的爱恋客体上了,可能还得被迫"重新换上神经官能症,又或者在分析治疗的协助下,走上公然反抗的叛逆道路"。又或者,如果孩子的父亲和母亲用自己对孩子的影响力和分析师相抗衡,那么,"因为孩子对双方都有情感上的依附",最终结果就"像一场不快乐的婚姻,小孩子成为双方争斗的物品"。再者说,"要是将对儿童进行分析治疗当成外来体,强行植入他们的生命中,而不是恰当地融进去,扰乱孩子的其他关系,这样做会为孩子带去更多连治疗都无法解决的冲突"。到此,安娜·弗洛伊德仍然坚信,儿童的自我是不够坚强的,以至于她担心孩子从神经官能症的困扰中解脱后,没办法配合教育或其他人的要求。下面是我对此看法的回应。

根据我的个人经验,在对儿童进行分析治疗时,要是我们可以撇开任何偏见,将会从孩子身上获得全然不同的图像,因为我们可以进一步深度了解孩子两岁之前的关键时期。即使就像安娜·弗洛伊德无意间发现的那样,小孩子超我的严厉性会因此表现得更为明显,但我们会明白,我们需要让它更柔和,而不是增长它,这才是我们在当下需要完成的。需要记住的是,脑癌分析师秉持中立的第三者姿态,在分析期间留给孩子的教育影响和文化要求依旧没有没抹去。即便我们在分析治疗中一点点削弱超我的力量,可如果超我的力量足够强大,能够引发冲突和神经官能症,那么它还是可以维持一定的影响力。

我从来没有在我的个案分析结束时看到超我影响力被大幅减弱的痕迹。我倒希望超我那夸张的影响力能在个案分析结束时降得更低一些。

安娜·弗洛伊德只强调了,如果我们要保证正向移情,孩子肯定会在更加努力配合彼此之间的合作方式和其他牺牲方式。不过,我反而认为,这的确证明了超我的严厉性,也证明了只要分析治疗解放了孩子爱人的能力,对爱的渴求能够为他们带来足够的安全感,这种渴求和安全感就会让孩子愿意配合合理的社会要求。

不能忘记的是,现实对脆弱的儿童自我要求低微,而对成人自我的要求则沉重得多。

要是孩子必须和缺乏领悟力、有神经官能症特质或有害于自己的人产生关系,带来的结果可能是,我们不能完全解决孩子的神经官能症状,或者这些症状又被孩子周围的人重新唤醒了。这些都是有可能出现的。以我的经验来看,即使出现了这些状况,我们还是可以帮助孩子有效缓解一些症状,引导他们更好地发展。甚至,重新被唤醒的神经官能症状比较轻微,分析师在之后可以较为轻易地消除它们。在安娜·弗洛伊德看来,儿童经过分析治疗后,和爱恋客体分离,若是还在与分析对立的环境中,将会萌发更强大的阻抗力,也就更容易遭受冲突的折磨。我认为,这种看法只存在于理论中,现实生活中是不可能出现的。原因是,在我遇到过类似的情况中,孩子都因为治疗分析的鼓励,更好地调适自我,从而承受不快境地的能力更强大了,受的伤害也比接受分析前少了很多。

孩子的神经官能症状减轻后,他们不再会那么厌恶周围其他神经官能症患者或缺乏领悟力的人,照此情形,分析治疗对他们的关系产生的影响只会是有利的。这是我坚持证明的观点。

我在过去八年间,帮助很多儿童做了分析治疗。我在儿童分析领域的一些颇具争议的发现也在不断被证实。简单来说,安娜·弗洛伊德担心分析儿童对父母的负面情感存在破坏他们关系的危险,可是这种危险从来就没有发生过,有时甚至产生了完全相反的效果。实际上,这些状况同样也会发生在成人身上。分析俄狄浦斯情结,不仅能帮孩子释放对父亲、母亲以及兄弟姐妹的负面情感,还能解除其中一部分问题,从而大大增强正面冲动。早期的分析治疗会让憎恶倾向、早期口腔剥夺产生的罪疚感、如厕训练、其他与俄狄浦斯情结相关的剥夺现象表现得更加明显,孩童因此从中得到很大幅度的解脱。最后的结果当然是孩子和身边的人的关系更加深刻而美好,摆脱疏离感的能力更是不在话下。对于孩子在青春期遇到的问题,也可以采用这种方式解决,只不过强有力的分析治疗强化了这一特殊阶段所需要的脱离能力(capacity of detachment)。截止到目前,我还没收到任何一个家庭的抱怨,说孩子和旁人的关系变得更不好了,不管是治疗结束后，还是正在治疗期间。回想一下那些矛盾最初展现的模样，眼前的状况很明显要好太多。另外，我时不时就能接到肯定讯息，说孩子更加合群了，更容易管教了之类的，因此从最后的结果看，在处理改善亲子关系这个艰巨任务时，我实际上对那些父母和孩子的帮助非常大。

很肯定的一点是，我们非常欢迎孩子的父母在分析治疗期间和结束后都持支持态度，这样会提供很多帮助。但是，我也必须要承认，这样美好的情况实在是寥寥无几：那是一种非常理想的状况，不能被当成操作的基础。安娜·弗洛伊德曾说过："分析治疗不仅仅适用于孩子出现病症的时候，对儿童进行分析治疗时，主要需进行分析的情境，仍然应该限定于分析师的子女，或者其他接受过分析治疗并在一定程度上信任和尊重分析治疗的人的孩子。"

我对这一看法的回应是，我们得分清楚父母本身的意识和潜意识态度。与此同时，我也多次发现，潜意识态度和安娜·弗洛伊德希望得到的情境肯定存在差异。从理论上来说，孩子的父母可能认可分析治疗的必要性并且竭尽全力帮助我们，但可能由于某些潜在因素的存在，父母的作为反倒会阻碍分析工作的进程。另外，我也时不时会发现，那些对分析治疗一无所知的人，比如一个信任我的家庭保姆，他们在潜意识中对我和分析治疗秉持友善态度，反倒为我的分析工作提供了极大的帮助。虽然如此，依照我的经验来看，每个进行儿童分析的人都需要考虑保姆、女家庭教师、母亲等人可能有的敌意和嫉妒，并尝试克服这些情绪，竭尽全力完成分析。刚开始，好像完全不可能，困难在后面的分析过程中越来越多。当然，我们没必要"和孩子的父母分享孩子的爱与恨"是我的假定条件，然而，我们还是可以用这种方法来掌握孩子的正向和负向移情，大部分原因是要建构分析情境，并且对此加以利用。哪怕是很小很小的孩子，在之后的过程中都会很聪明地将协助需求当作对我们的需求，使得我们可以处理与病患有关系的人引起的阻抗现象，这一点非常令人欣慰。

所以，我逐渐依靠积累的经验，尽全力从那些人物的牵绊中摆脱出来。他们告诉我们一些孩子身上的重大变化，希望帮助我们探明真实情况的时候，传达的信息也许有时候很有价值，但是我们依旧需要尽力不依赖这些讯息。我不是在暗指，认为与孩子有关系的人的一些缺失会让分析工作存在失败的可能，但是必须说明的一点时，父母已经将孩子送来接受分析治疗了，就因为他们对分析工作不够了解，或者存在其他不利态度，就能导致分析工作无法贯彻到底，我实在看不出这种因果联系的可能性。

综上所述，我和安娜·弗洛伊德对各种不同案例中分析治疗的适当性的看法存在很多差异。在我看来，分析治疗有益于明显的心智错落和不良发展，也是一剂帮助正常儿童减轻适应困难的良方。

第八章

正常儿童的犯罪倾向

第八章　正常儿童的犯罪倾向

弗洛伊德发现，成人身上一直承载着早期童年成长的全部阶段，这始终是精神分析的基础之一。那些阶段存在于蕴含潜抑的幻想和倾向的潜意识中。我们所知道的是，超我——负责审议、批判的机能——主导着潜抑的机制，其中最深入的要属那些被援引来抵制反社会倾向的潜抑。

一个人的生理和心灵都是在逐步发展的。我们从中可以发现，一些潜抑和潜意识的阶段和我们在原始民族身上看到的各种食人野蛮行为和伤害倾向莫名一致。这种人格的原始部分和受教化的部分彼此冲突，受教化的部分更是衍生出潜抑作用。

儿童分析，尤其是早期分析，也就是对三至六岁儿童进行的分析，足够说明这种原始人格和教化人格的战争在很早之前就开始了。我对很小孩子的分析结果可以证实，超我早在儿童两岁的时候就已经在运作了。

在那个年纪，孩子经历了精神发展最重要的阶段，也度过了口腔固着时期。口腔固着时期必须区别两个阶段：口腔吸吮（oral-sucking）固着与口腔咬嚼（oral-biting）固着，而口腔咬嚼固着和食人倾向息息相关。这项固着行为的证据之一就是婴儿咬住母亲乳房的动作，我们常常可以见到。

不到一岁时，孩子身上已经开始出现大部分肛门施虐固着现象。肛门施虐式的性欲亢进，一般用来形容源自肛门性感带和排泄功能的快感，常常和残虐、自慰、占有的快感被一起提到，它们之间的关系也十分紧密。不管是口腔施虐冲动，还是肛门施虐冲动，都会对这些倾向产生重要的影响。我将在这篇论文中论证这一点。

我之前说过，儿童在出生第二年，超我早就一边发展，一边运作了。俄狄浦斯情结出现后，超我也就被唤醒了。我们通过精神分析，证实了俄狄浦斯情结对人格整体发展的影响力是最大的，这一点不管是在未来是正常的人身上，还是有神经官能症倾向的人身上都是成立的。另外，精神分析工作也不断证实，性格的形成基本归因于俄狄浦斯情结的发展，从轻微的神经官能症到犯罪的各种性格缺陷，都依据受俄狄浦斯情结发展的影响来定。犯罪研究显示，依照这个方向发展下去，虽然初始完成的只有几步，但正是这几步，定下了未来深远发展的基调。

不管犯罪倾向是否显现在孩子的人格中，告诉大家，我们是怎样发现这些倾向对每个孩子产生的作用，并就这些倾向的根源提出一些意见，就是撰写本文的目的。

现在我得回到原来的起点。按照我对儿童进行分析的结果来看，幼儿的俄狄浦斯情结大约在出生后第一年末或第二年初就萌发了，口腔施虐和肛门施虐等在这些早期阶段强劲运行着。它们和俄狄浦斯情结倾向互相联结，最终指向和俄狄浦斯情结发展相关的客体：儿童的父母。喜爱母亲、仇视父亲的男孩会充满恨意，爆发出源自口腔施虐和肛门施虐固着的暴力和幻想。我进行分析的男孩中，偷偷进入卧室杀害父亲之类的幻想，差不多被每个小男孩描述过，正常小孩也不外如是。我在这里举一个特殊的例子，杰拉尔德（Gerald），四岁，从表面上看各方面都发展得很好。从很多方面来说，他都算得上是具有特殊意义的案例。他活力十足，看上去十分快乐，从来没有出现过任何焦虑现象。父母未雨绸缪，送他来接受分析治疗。

最后，我在分析过程中发现这个男孩曾经很焦虑，他一直都承受着焦虑的压力。之后，我将解释男孩如此完美地隐藏自己的恐惧和困难的方式。对杰拉尔德进行分析治疗时，我们将一只野兽确定为焦虑客体之一。这只野兽只具备动物的特性，实际上却是男人的象征。这只野兽——正是他的父亲——在隔壁房间弄出很大的噪声，也许他的父亲只是弄出一些声响而已。杰拉尔德想潜入隔壁房间弄瞎父亲，或者阉割和杀掉他，这些欲念让他害怕那只野兽也会这样对待自己。经过我们证实，他的某些过去的习惯，比如挥动手臂，其实是他在驱赶野兽。这个动作正是源自上面的焦虑。他有只小老虎布偶，喜欢它的部分原因是想它保护自己不受野兽的伤害。不过，这只小老虎有时也是侵害者，而不仅仅是保护者。杰拉尔德建议过将小老虎送到隔壁房间去，代替自己完成伤害父亲的欲望。爸爸的阴茎也会被咬断、烹煮、吃掉，这些欲念都是小男孩的迎战方式，很明显有一部分源自他的口腔固着。对一个小孩子而言，手无寸铁，他只能以牙齿为武器，采用原始的方式迎战。在这个案例中，老虎就是这种人格的原始成分。后来我推测，实际上，这只老虎就是杰拉尔德，然而他自己宁愿不认识这部分的自己。另外，他也有过剁碎爸爸妈妈的幻想，这些幻想曾与肛门动作结合在一起，他想用自己的粪便弄脏爸爸妈妈。此后，他在幻想中安排了一场晚餐派对，并在用餐期间和妈妈一起吃掉了爸爸。因为曾被严厉谴责过，像拉杰尔德这样善良的小孩子也遭受上面类似幻想的折磨，想解释这些事并不容易。他没有办法对父亲表现出足够的爱恋和善意。我们也发现，因为母亲也是他幻想的原因之一，杰拉尔德压抑着自己对母亲的爱恋，愈发缠着父亲，这些可能会是他之后长久爱恋同性的基础。

我再简要说一下一个类似的案例，这个案例的主人公是个小女孩。为了争夺自己的父亲，希望代替母亲，这也会引致非常不一样的施虐幻想。小女孩想要毁掉母亲的美貌，让她的面貌和身材变丑，占据母亲的身体，或者是非常原始的啃咬、切剁的幻想等，这些和强烈的罪疚感结合在一起，进一步强化女孩对母亲的固着。我们通常可以看到，两岁到五岁之间的小女孩非常黏妈妈，这种亲密事实上有一部分是以焦虑和罪疚感为基础的，伴随而来的就是疏离爸爸。孩子努力抵抗超我谴责时，会倾向爱恋同性，并不断强化这种倾向，所谓"倒错性"俄狄浦斯情结出现了，所以这种复杂的精神状态便更加扑朔迷离。小女孩在这个过程中更加依恋妈妈，小男孩则更加依赖爸爸。再进一步，我们就能到达另一个阶段，原来的关系不再继续，孩子从两者中同时抽离出来，很明显这就是日后不善交际的原因，因为生命中所有后续关系的形成都决定于与父母的关系。另外，兄弟姐妹关系也十分重要。依照我们的分析经验，所有小孩都会嫉妒年幼或年长的兄弟姐妹，哪怕是非常小的孩子，表面上看起来丝毫不知道有关生育的事情，也仍然会对生长在母亲子宫里的婴儿有非常明确的潜意识认知。强烈的恨意因为嫉妒而产生，所以当妈妈期待宝宝出生时，就像所有孩子都产生过的典型幻想，他们的心里也满是毁坏母亲子宫、伤害和啃咬里面的小宝宝的欲望。

　　因为和新出生的婴儿，甚至是较大的哥哥姐姐相比，孩子觉得自己被忽视了，这样施虐的欲念也会导向他们，但事实并不是这样的。这些憎恨和嫉妒的感受让孩子产生了强烈的罪疚感，从而影响到后来与兄弟姐妹的相处。杰尔拉德有个小洋娃娃，尽管他很小心地呵护，洋娃娃却总是扎着绷带。他尚未出生的小弟弟是这个洋娃娃的象征，被他残害和阉割。这就是小男孩受到严厉超我的控制的结果。

　　在上面那些情境中，一旦孩子产生负面情绪，就会拼尽全力表达自己的怨恨，这恰好是早期施虐阶段发展的典型特征。但是，因为小孩子憎恨的客体恰好是自己喜欢的，脆弱的自我招架不住由此引发的冲突，他们只能借助潜抑来摆脱。所以在没有被完全清除的情况下，整个冲突情境转到潜意识心智中，持续发挥作用。虽然心理学和教育学常常认为儿童内心没有冲突,快乐地活着,成人的痛苦则是因为现实世界的烦恼和困顿,但我们必须明白,事实恰好相反。我们从对儿童和成人进行分析的经验中明白,生命中那些后来遭遇的痛苦,很多都是过往经历的重现,每个孩子早在出生后第一年开始,就已经产生了难以置信的痛苦经历。

但是,不可否认的一点是,通常外表呈现出来的情况和上面的论点总是大相径庭。我们仔细观察后可以发现一些问题,但孩子们似乎都能或多或少克服一些。我们稍后会谈论儿童克服困难的各种方式,我将会对表面和实际精神状况之间的差别做一些答复。

我们再来探讨之前讨论的孩童的负面情感。同性的父母和兄弟姐妹基本上是这些负面情感对抗的客体。然而,正如我之前说过的,这些负面情感导向异性父母时,情况就更加复杂了:一是,他们是挫折感的来源;二是,为了摆脱冲突,孩子会从爱恋客体中抽离,由爱恋转变为憎恨。要是孩子的爱恋倾向掺杂了性理论和幻想,表现出典型的前性器阶段经验,就像原来的负面情感,那么,情况又变得复杂极了。截至目前,分析师从成人分析中获取了不少婴儿性理论。专门从事儿童分析的分析师发现的相关性理论更是惊人。我将稍微说一说从孩子身上获取这些素材的方式。我们会从精神分析的角度来观察儿童的游戏,采用特殊方式减轻孩子的抑制行为,进而得到一些儿童的幻想和理论。发现孩子曾经的经验,获取他们所有的冲动和正在运作的反应性批判机能。执行这项技术并非易事,分析师必须十分善于分辨孩子的幻想,采用特有态度对待孩子,最终才能硕果累累。这些成果带领我们深度解读孩子的潜意识,成人分析师都会感叹那些潜意识的惊人程度。分析师对孩子解释游戏、绘画和所有行为的含义,慢慢揭示游戏背后抗拒幻想的潜抑思想,让孩子的幻想得到解放。小孩子会根据小娃娃、男人、女人、动物、汽车、火车等构思不同的人物形象，比如妈妈、爸爸、哥哥、弟弟、姐姐、妹妹，并且借助这些玩具扮演自己最受潜抑的潜意识欲念。限于篇幅，我不能在这里详细说明我的技术。我能说的是，经手过众多情况各异的病例后总结出来的这一观点，差不多是万无一失的，很多诠释治疗获得的解放成效也充分证明了这一点。此后，所有原始的和反应性的审判倾向都明确起来。比如，如果孩子在游戏中表现出一个人正和比他高大的人战斗，我们通常看到的结果就是，那个巨大的人死后被放进一辆马车，被送到屠夫那里，切断剁碎，再被煮熟。

小小的人儿吃得大快朵颐，甚至还会邀请一个淑女参加自己的宴席。这个淑女偶尔是母亲的象征。淑女接受的不是被杀的父亲，而是小小的杀人犯。当然，也可能存在截然不同的情况。同性恋固着可能占上风，这是我们就能看到母亲被砍杀、烹煮，两个兄弟一起分享大餐。正如我在前面提到的那样，幻想的种类多到来不及记载，有时候同一个孩子会在不同分析阶段产生不断变化的幻想。但是，这类原始倾向通常伴随着焦虑萌生，凸显之后，小孩子也会努力表露乖巧善良，弥补之前的过错。有时候他们尝试修补被自己弄坏的人偶或火车等，另外，画画、建造东西等行为都是此类反应倾向的代表。

我要在这里说清楚一点。上面这些给我们提供素材的游戏，和我们通常看到的儿童游戏是有差别的。原因在于分析师通常用非常特别的方式获得那些素材。分析师在孩子的联想和游戏行为面前，完全不考虑道德伦理。实际上，这即是促使移情建构、分析治疗持续进行的方法之一。因此，孩子们在分析师面前展现的样子，从没在保姆或母亲面前展现过。一旦保姆或母亲发现孩子身上那些教育最反对的暴力和反社会倾向时，会感到十分震惊。只能分析治疗才能驱除那些潜抑，让孩子抒发自己的潜意识。整个过程异常缓慢，只能一步一步进行，我提到的一部分游戏并非一开始就有，而是在治疗开始后发生

第八章 正常儿童的犯罪倾向

的。必须再补充的是，孩子们的游戏在治疗之外也有很强的启发性，是我们讨论的很多冲动的实证，但是必须要有经过特殊训练的分析人员在场进行观察，采用象征性知识和精神分析方法确认，这是前提。

绝大多数施虐和原始固着的基础是性理论。自弗洛伊德开始，我们就知道了，孩子很明显按照某种系统运行的方式获取某些潜意识的知识，其中包括父母的性交行为、生育婴儿等。实际上，孩子对这些事情的认识模糊杂乱。孩子自行经历的口腔和肛门施虐经历，让他们认为性交是一场吃、煮和粪便交换的演出，重头戏便是各种施虐动作（殴打、切剁等）。我在这里想着重强调，这些幻想和性欲之间的联结对往后生命的影响非常巨大。这些幻想将来可能会慢慢消失，但其潜在的效应却十分深远，会通过冷漠、无力和其他性欲方面的困扰表现出来。这一状况可能会出现在接受分析治疗的孩子身上。若是小男孩强烈期待母亲，会表现出更具虐待性的幻想，为了逃避这种幻想，他会舍弃象征母亲的爱恋物，从而选择代表父亲的象征。倘若不久之后，他的口腔施虐幻想和爱恋客体结合在一起，他又会舍弃这种选择。我们通过这些素材便能发现弗洛伊德在儿童早期成长中发现的所有性倒错基础。对父亲或自己存在的幻想，比如撕扯、殴打、抓伤、剁碎母亲等，都是一些孩子对性交的想法。顺带提一下，这类幻想实际上真的会转化为现实的犯罪行为，开膛手杰克就是最好的例子。在同性恋关系中，这些幻想会变成阉割父亲、切掉或咬碎父亲的阴茎，和其他种种暴力行为。通常和生育联系在一起的幻想，则是切开身体，从不同部分取出婴儿。以上所说的种种性欲幻想，只是在每个正常小孩身上都可能发现的一小部分证据，这是我希望强调的一点。之所以能如此确定，是因为基于我个人接触过的一些正常儿童案例，对他们进行分析都只是出于防范目的而进行的。我们更加熟悉孩子的心智深度后，孩子的幻想生活中让人反感的层面就发生了天翻地覆的变化。小孩子被自己的冲动完全控制，这些冲动恰好是所有迷人创造性倾向的根基。我不得不承认，哪怕是很小的孩子，也在努力抵抗自己反社会倾向的情形，是非常让人动容的，令我印象深刻。最具虐待性的冲动出现之后，孩子往往展现出最深的爱意，和不惜一切获取关爱的情景。我们不能用任何道德标准来评判这些冲动，必须认为这是理所应当的，不进行任何批判，并且努力帮助孩子去面对它们。此后，我们帮助孩子减轻痛苦，加强孩子的能力和心理平衡，完成一件有重大社会意义的工作。我们在分析过程中发现的那些极具破坏性的倾向，居然能在我们解决固着问题的过程中发挥升华作用——也就是说将幻想转化成创造性和建设性的作为，这的确十分感人。但是这些纯粹是通过分析师的技术来进行的，而不是通过劝说或鼓励孩子来达成目的。这些方式在分析工作中被同时采用。因此，分析治疗能帮后续的教育性工作获取丰富成果做好准备。

几年前，我与柏林精神分析学会进行过一次交流，曾指出近期的骇人罪行与我对一些幼儿进行分析时发现的幻想存在彼此呼应的地方。这些罪案之一，正是性倒错和犯罪的结合体。那名嫌犯作案手法细腻，一直没被发现，导致很多人被害。那个男人叫哈曼，有同性恋偏好，常和年轻男性亲近，待与那些人熟悉后，哈曼就将他们的头一一割下，再用各种方式烧毁或处理他们的身体。甚至，事后还会卖掉这些人的衣服。还有一件十分吓人的案例，凶手连续杀害好几个人，用他们的肉做香肠。这些凶案和我之前提过的那些男孩的幻想在细节上简直一模一样。孩子也会对让自己产生强烈性欲固着的人施加同样的手法，比如，一个四到五岁的男孩可能会幻想加害他的父亲或兄弟，表达完自己所求的爱抚或其他行动后，他会砍下小娃娃的头，将身体部位卖给一个屠夫，以便他再以此当食物卖给别人。小男孩自己留着头部，他觉得这个部位最有趣，想留下来自己食用。他也会占有受害者的东西。

我将对接下来的案例做详细完整的说明,因为我认为对某一案例的细节进行详细说明比逐一说明其他例子更有价值。这个小男孩叫彼得(Peter),他来接受分析治疗的时候,非常抑制,有很多忧虑,难以教养。他会弄坏玩具,完全没办法玩游戏。他的游戏抑制和焦虑都和口腔施虐和肛门施虐固着息息相关。游戏动力的实际来源是幻想,但他的残忍幻想必须保持在潜抑状态,所以彼得没办法玩游戏。他甚至害怕自己潜意识里面的欲念,担心在身上会发生同样的事情。他心里有对母亲施虐的欲望,导致他总是远离母亲,甚至出现了相处不好的问题。他的原始欲望将他引向父亲,但也因为他很害怕自己的父亲,只有他的弟弟能和他维持真正的关系。但这一点也表现得模模糊糊。下面这些事情可以看出小男孩总是预想自己被惩罚的心态:有一次他玩游戏的时候,用两个很小的娃娃表示他和弟弟,两人一起恶作剧,所以等着妈妈来处罚。后来妈妈过来,觉得两人脏兮兮的,就惩罚了他们,然后离开了。两个小孩继续玩脏脏鬼的游戏,之后再一次被惩罚。事情就这样不断重复着。最后,两个孩子太害怕被处罚,决定杀掉妈妈。彼得处决了一个小娃娃,和弟弟一起切掉娃娃的身体,吃掉。然而,爸爸出现了,想帮妈妈,两人又用很残忍的方式杀掉爸爸,剁碎,吃掉。事情到了这个地步,两个小孩子看来起来十分开心,可以做自己想做的事情了。没一会儿,两人开始焦虑起来,父母亲复活了。小男孩把两个娃娃藏在沙发底下,希望父母找不到。然而没过多久,小男孩幻想中的"教训"发生了,爸爸妈妈找到了那两个娃娃,爸爸砍下自己的头,妈妈砍下弟弟的头,将他俩一起煮熟,吃掉。

虽然出现的形式可能不同,但一段时间后,不良举动再次重复,侵犯父母亲的举动也重新出现,小孩子一次一次地被处罚。这是我想强调的特殊之处。我们稍后讨论的重心就是这种循环模式展现的机制。

我先简单介绍一下这位病例的最终治疗效果。他的父母后来离婚了,在十分困难的情形下又各自成了家,所以在治疗期间,小男孩必须处理一些异常艰难的处境,但他的神经官能症被治愈了,焦虑和游戏抑制也消失了。他在学校表现得很好,很好地适应了社交场合,过得很开心。

大家也许有个疑问。我在本篇开始说过要谈论正常小孩的问题,可为什么会在这里如此深入地详解一个患有强迫式神经官能症的病患案例呢?实际上,就像我多次提过的,正常孩子身上也可以看到同样的素材,神经官能症患者表现的症状只是比正常小孩展现得更加明显。这是解释为什么同样的心理基础会导致差别很大的结果的非常重要的点。以彼得为例,口腔施虐与肛门施虐固着的强度如此之大,以至于完全控制了他的行动。关于他的强迫式神经官能症状的爆发,某些经历也扮演着具有决定性的角色。约两岁时,彼得身上的转变十分明显,他的父母提及此事时,并不上心。那时他弄脏自己的习惯再次出现,并且停止了所有游戏,开始毁坏玩具,十分难管教。

分析结果显示,彼得在发生转变的那个夏天,和父母睡在同一间房,看见了父母的性交行为。这样的场景本来就充满了口腔和施虐性质,让他的固着态度更加严重了。那时,他多少正在性器发展期,这件事让他的发展退化到前性器发展期。所以,这些阶段实际上主宰了他的整个性欲发展。不过,在这个案例中,可能还有另一个独特因素对强迫式神经官能症产生了重大影响,那就是超我衍生的罪恶感。以彼得为例,他很小的时候,比自我倾向更具虐待性的超我就操控着脆弱的自我难以招架这样激烈的战斗,于是他身上出现了强大的潜抑。另外,还有一点不应被忽视:有些孩子扛不住一丁点焦虑和罪疚感的考验，彼得就是如此。他的施虐冲动和超我之间的斗争，就像惩罚样不停威胁他，给他造成了十分恐怖的障碍。圣经里"以眼还眼"的格言警示在潜意识中发挥作用，这就能解释小孩子为什么总是会认为父母可能会杀掉、煮熟或者阉割他们等这一类奇幻的想法。

正如我们所知的那样，超我源自父母，他们的命令、禁令等都通过超我传递给小孩。但，超我有一部分是建构在孩子的虐待幻想上的，这和父母有点不太一样。这样强烈的潜抑会让冲突进行得更加稳定，永不停歇。甚至，潜抑借助遏制幻想的由头，让小孩子没法利用游戏宣泄幻想，使得幻想以另一种方式得到升华，以至于这些固着现象在循环中永无止境。我之前说过，潜抑让这个过程一直持续，所以循环一直存在，受到潜抑的罪疚感也产生了不少阻碍。所以小孩子不停重复一系列各式各样的动作，表达自己对受惩罚的渴求和向往。孩子时不时调皮捣蛋的主要原因就是渴望受惩罚，这和罪犯联系犯案的行径也有相似之处，我们在后面详细说明这些问题。我需要把彼得在小娃娃扮演游戏中做的事情告诉各位：他们调皮捣蛋，被惩罚，杀掉父母亲，然后他们被父母杀掉，整个事情不断轮回。我们可以在这个案例中发现一种源自不同因素，但又受到罪疚感严重影响的强迫重复（repetition-compulsion）。

不管是不是正常的小孩子，他们都会采用潜抑解决冲突。只要情况不太严重，整体循环现象就不至于太强烈。除了潜抑，他们还可以使用其他机制。但是，施行强度才能决定其效果，比如，逃离现实就是其中之一。孩子不满现实的愤恨实际上比表面上看上去的强烈得多，但他们会尝试将这些导入自己的幻想中，而不是让自己的幻想配合现实。我们可由这一点得到一个答案：就像我曾经讨论的那样，孩子可以像这样隐藏自己的内在痛苦，不让它们显露在外。我们都知道，小孩子通常大哭后，很快就能恢复；有时候可以看到一个小孩子陶醉于一些无聊小事中，我们就说他很快乐。实际上，孩子可以这样子，都是因为他们有一个帮助自己拒绝长大的避风港——逃离现实。对儿童游戏生活很熟悉的人都知道，游戏生活和儿童的冲动生活和欲念完全联系在一起，孩子通过自己的幻想表达和成全它们。孩子从看上去适应得还不错的现实中获取其中最重要的部分。所以我们可以发现，在孩子生命的一些时刻，每当现实的要求十分紧迫时，比如开始上学，很多困难就开始萌生了。

我提过，我们可以在各种发展形态中看到"逃离现实"这个机制的运作，主要差别就是程度不同而已。某些决定强迫式神经官能症发展的因素正发挥作用时，我们可以发现，逃离现实也在慢慢膨胀，有主导的趋势，从而形成爆发精神病的基础。有时候我们也能在一些孩子身上发现这些因素的痕迹。表面上看，他们很正常，一般不会表现出十分强烈的幻想生活和游戏能力，而是用另一种普遍反应模式表现这种逃离现实和求助于幻想的机制。那就是不停安抚自己在欲求上受的挫折，借助游戏和一些奇幻想象来证明自己一切都好，将来也是如此。成人面对孩子们的这样态度，很容易产生错觉，以为他们比实际上要开心得多。

再用杰拉尔德为例子，实际上，他的快乐与活力，有一部分是被设计出来，隐藏那些自己或他人引发的焦虑和不快的。分析治疗很快改变了这种情况，帮助他从焦虑中摆脱出来，用一种更加坚稳的满意感代替人格中不自然的部分。从这个角度来说，对正常小孩进行分析治疗是完全有益处的。每个孩子都要遭受困难、恐惧和罪疚感的煎熬。不管这些因素看着多么微渺，它们也会引起意料之外的苦痛，并对往后生活中更大的焦虑和烦忧提出初始警示。

在彼得的个例中，我曾说过，罪疚感在反复进入禁制行为的强迫状态中具有非常重要的作用，哪怕这些行为偶尔各有异趣。有些人也许会想，被惩罚的欲念应该也会在那些"淘气"小孩身上起作用。我打算引用尼采所谓的"苍白的罪人"（pale criminal）回应这个想法，尼采十分了解被罪疚感驱使的罪犯。这里——探讨固着现象必须经过哪些发展阶段才会引到犯罪——是这篇论文最困难的部分。这并不是一个可以轻易回答的问题，因为精神分析目前还没有过多探讨这个问题。而我，也很不幸，还没有积累足够的经验，否则就能在这一有趣且重要的工作领域贡献一些证据。但是，一些类似犯罪类型的案例，使我对那些发展的进行方式产生了一些粗略的认知。我会引用一个在我个人看来十分有意义的病例，病患是一个十二岁的男孩。他被送进了少年感化院。除了撬坏学校的橱柜，动不动就偷东西，他的不良纪录主要在于经常搞破坏，在性方面攻击小女孩。除了一起做坏事的混混之辈，他几乎没有朋友，也没什么特别兴趣，一点也不在意惩罚和奖赏。他的智商远低于正常水平，不过这一点并不怎么影响分析工作。大体来说，分析治疗十分顺利，我们也取得了不错的成果。几个星期后，我听说有些良好的转变发生在他身上了，可惜的是，分析治疗进行了两个月后，因个人原因，我不得不停诊很久。那个孩子本该在那两个月里，一周进行三次治疗，可他的养母大力阻拦，所以我和那个男孩见了十四次面。他在那段十分动荡的治疗期间没有犯下任何罪行，治疗中断后，又开始了各种淘气行为。后来，他又被送进了感化院。我再度接诊后，虽然大力争取，却再也没能找到他回来进行分析治疗。根据整体形势判断，我估计他最终一定再度开始了自己的犯罪生涯。

此刻，我会根据自己从分析治疗期间获取的心得，简要探讨一些他的发展原因。这个孩子的生长环境十分孤立，这让他很不安。在他很小的时候，他的姐姐强迫他和弟弟与自己发生性关系。他的父亲在战争中离世，母亲的健康状况堪忧，姐姐掌控整个家庭，所有事情都相当令人痛苦。母亲去世后，不同的养母相继养育他，可情形越来越糟。他对姐姐的恐惧和怨恨好像成了问题的关键。他恨姐姐，在他眼中，姐姐堪比恶魔。产生这种想法，不只是因为姐姐和弟弟们的性关系，还因为姐姐曾凌虐他的行为、在母亲临终前的恶劣态度等。另一面，某种构建了憎恨和焦虑上的支配固着牢牢控制着他，让他离不开姐姐。此外，对他的不良行为产生影响的还有更多深沉的原因。他小时候一直和父母睡在同一张床上，所以从性交行为中产生了施虐印象。就像我在前面提到的，这种经验会让他的施虐倾向强化，他本身的施虐固着主宰着与父母性交的欲念，和强大的焦虑联结在一起。在这种情境中，姐姐的暴力形象在他的潜意识中交替代替了暴戾的父母二人。不管在任何情况下，他必须期盼即将来临的阉割和惩罚，惩罚又和他内心暴虐异常的原始超我互相呼应。所以，他很自然地按照自己过去承受的侵害去侵害小女孩，由受害者变成了施暴者。类似撬开橱柜拿东西等破坏倾向和性骚扰行为有一样的潜意识因素和象征意义。他认为自己被压抑，被阉割，所以必须借助自己也可以成为施暴者这一事实来改变事情的形势。除了宣泄对姐姐的怨恨，这些破坏倾向的主要动力就是反复证明他自己还是一个男人。

但是，罪疚感在他不停重复那些招来惩罚的行为中，扮演着重要的角色。他看上去毫不在意惩罚，一点也不害怕，这会完全误导人们。其实他心里满是恐惧和罪疚感。这个男孩的成长过程和我们在前面提到的神经官能症儿童到底有什么区别，这就是我们需要在这里讨论的问题。我只能发表一些个人观点：一方面，他原始残暴的超我经历姐姐带来的痛苦经验后，仍然坚定地留在了他后来的成长阶段中；另一方面，这些经验束缚着他，他必须不停与之正面相抗。所以，这个孩子遭受焦虑压制的程度，比彼得的大得多，这是难以避免的。强大的潜抑和焦虑联结在一起，切断了所有通向幻想和升华机制的出口，所以他只能在同样的行为中不停交替重复欲念和恐惧，除此之外，没有任何别的办法。前面的神经官能症儿童病患的超我刚刚萌生，他却要承受无比超我的力量，两相比较，他的真实经验衍生出来的恨意肯定得通过各种破坏行为才能被表达出来。

我也说过，在这一个案或其他性质相同的案例中，很早就已萌发且很强烈的潜抑会阻止幻想萌生，这样就使得病患不能采取其他方式和途径解决自己的固着问题，从而升华它们。升华过程包罗万象，我们在其中可以发现攻击和施虐固着的参与痕迹。关于这一点，我认为运动是一种可以通过身体来克服暴力与施虐行为的方式，这种方式让恨意衍生的攻击性借助一种社会允许的形式得到宣泄，又可以平衡过度焦虑。说到底，单个人通过这种方式证明了自己也拥有不必再屈服于施暴者的能力。

潜抑在分析过程中被削弱，此时升华应运而生的方式非常有趣，这在那个小犯人的案例中可以看到。这个男孩原来只喜欢搞破坏，毁坏东西，突然之间，对建造电梯和与锁匠相关的工作特别感兴趣。我们可以凭此判断，这证明了存在一种良好的转化暴力倾向的方式，分析治疗可以帮助他从目前的罪犯之路引向成为一名优秀的锁匠的大道。

在我看来，他姐姐给她带来的创伤经验引发了较为强大的焦虑，对很多方面都产生了影响。较为强烈的潜抑是由较大的恐惧感引发的，在此阶段，升华功能还没有被开发出来，所以对此没有任何办法。甚至，巨大的恐惧感使超我越发残酷，并且通过这一经验永远固着在这一节点上。

除了上面提到的，我还要再说这种焦虑带来的另一种效应。我在解释之前不得不短暂离题。之前提到同一出发点上人格发展的不同可能性时，我以正常人、强迫式神经官能症患者和精神病患者为例进行探讨，尽力提及犯罪的问题。性倒错者（the pervert）始终没被提到。

众所周知，弗洛伊德将性倒错称为神经官能症的负面对应。萨克斯就此为变态心理学提供了另一个重要注记——那些神经官能症患者因为抑制而没法做出的反应，性倒错者允许自己做，这并不是纯粹因为缺乏意识。萨克斯发现，性倒错者的意识约束力实际上并不比神经官能症患者的差，只是以别的形式运行着。它只保留了禁止倾向中的一部分，以便逃离其他看上去被超我更加排斥的部分。属于俄狄浦斯情结的欲念是他排斥的部分，表现出来的缺乏自制也只是同样严厉的超我影响的结果，但运作的方式不同而已。

几年前，我曾就罪犯的讨论得到了类似的结论，将它们发表在本论文开始的报告中。就犯罪行为和儿童幻想之间的相似性，我在那份报告里举了不少详细的证据。

无论是之前提过的孩子的案例，还是其他没有着重强调但有很多启示的案例，我都从中发现，犯罪倾向源自在各个层面起作用的超我，而不是超我的宽容引致的。孩子因为焦虑和罪疚感犯下罪案，与此同时，还试着逃离俄狄浦斯情结。以那个小犯人为例，他逃离侵害母亲欲念的方式就是撬开橱柜和攻击女童。

这些观点肯定需要接受更多检验和研究。就我个人而言，所有的经验好像都指向一个结论——一切的主因都是超我不同的运作方式，而不是它的不在场——超我的固着可能很早就发生了。

如果这些推断是正确的，那么，它们就为分析实务的发展提供了重大契机。要是犯罪行为的发展源于超我和意识运作形态的不同，而不是它们的不足，这样分析治疗应该可以像解决神经官能症那样改善犯罪问题。在性倒错和精神病这一类问题上，我们可能没有办法发现处理成人犯罪的方式，但是儿童分析领域的情况就大不相同了。儿童的问题只在于构建移情情境的技术和持续进行分析的方式，他们对分析治疗不一定需要具备特殊动机。我相信在哪个孩子身上都能获取类似的移情，或者引发他们爱的能力。就我的小犯人而言，表面上看，他好像丝毫没有爱的能力，但分析治疗证实真相并不是这样。他对分析治疗不抱任何动机，也没有特别讨厌被送进感化院，但他在我面前表现出了很好的移情，至少足够让分析治疗顺利进行下去。另外，分析治疗也证实了，这个迟钝的男孩真诚地深爱着自己的母亲。因为癌症的折磨，他的妈妈没有善终，临终几近衰竭，他的姐姐压根不想靠近妈妈，是小男孩陪在床边照顾母亲，直到她离开。母亲离开后，他的家人都要离开了，却很久都找不到他，原来他将自己和死去的母亲一起锁在房间里，不愿意出来。

可能有些人会反驳，认为童年时期的倾向都还没有显露明显，通常来说，我们可能没法辨别孩子成为罪犯的时间。事实也的确如此，不过我对这个说法有如下结论：不管是正常人、神经官能症患者、精神病患者、性倒错者，还是犯罪者，想要知道儿童的那些倾向可能会导致的结果都不是容易的事情；正因为我们不知道，所以更得想办法知道。精神分析为我们提供了一些方法，它甚至能确立儿童的未来发展，也能改变发展方向，引导孩子走向更好的路。

第 九 章

俄狄浦斯情结的早期阶段

第九章 俄狄浦斯情结的早期阶段

我的分析经验主要集中于三至六岁的儿童案例，现在已经总结了很多结论。我在这里简要介绍一下。

我多次说过，俄狄浦斯情结萌发的时间比大家想得要早一些。我在《早期分析的心理学原则》中对这个主题探讨得很详细，当时得出的结论是儿童断奶的挫折经验带来了俄狄浦斯情结倾向，所以孩子出生的第二年出头大约是其萌发的时间，之后如厕训练造成的肛门挫折让这一倾向进一步强化。从心理发展层面来说，后续决定性影响都源自性别构造的差异。

当男孩发现自己被迫离开口腔和肛门阶段，进入性器期时，他的目标就转向了和占有阴茎连接在一起的插入（penetration）。所以，男孩改变自己的原欲位置，还会调整自己的目标，保留原始爱恋客体。反之，女孩接纳的目标由口腔阶段一直维持到性器期位置（genital position），改变原欲位置的同时也保留自己的目标，哪怕后者包含母亲让自己失望的情况。依照这种方式，女孩在心中接纳阴茎，转向父亲，并将父亲当成爱恋客体。

实际上，俄狄浦斯情结真正的开端，和孩子早期对阉割和罪疚感的恐惧早就相互联结在一起了。

我们通过对成人和儿童进行分析，熟悉了一个事实——前性器期的本能冲动带有某种罪疚感，我们最初都认为这些罪疚感不是一开始就和俄狄浦斯情结倾向同时发生的，而是后来滋生的，再返回与这些倾向结合在一起。据费伦齐判断，"超我的一种生理前兆"与尿道和肛门冲动联结在一起，被他称之为"括约肌伦理"（sphinctermorality）。在亚伯拉罕看来，罪疚感出现在后续的早期肛门施虐阶段时，焦虑就被孩子用食人的姿态表现出来了。

我的发现要更深入一些。在我看来，俄狄浦斯冲突产生了与前性器期固着结合在一起的罪疚感。这似乎是关于罪疚感如何发生的完美回答，因为我们都知道这是一种内射俄狄浦斯爱恋客体的结果，就像我补充说明的那样，这一过程要么已经完成，或者处于完成状态中。换句话说，超我塑成过程的产品就是罪疚感。

对孩子进行分析治疗的过程揭露出，心智发展不同时期和层次的各种认同综合在一起，塑造了超我的架构。从本质上看，那些认同互相对立，过度良善和过度严厉同时存在。我们借此对超我的严厉性产生了某种认知，在那些幼儿分析中，它的出现通常很普遍。为什么一个四岁的小孩子会在脑海中产生一个虚假但又奇幻的父母意象，吞噬、剁切、咬人，我们似乎很难厘清它们出现的原因。然而，一个大约一岁的孩子因俄狄浦斯冲突初发期引起的焦虑，表现出害怕被吞食、伤害的恐惧，则是显而易见的。孩子希望借助吞、咬、切这类动作损害自己的原欲客体，从而引发焦虑，因为唤醒俄狄浦斯情结倾向的同时，客体内射也出现了，两者结合在一起，变成潜在的惩罚来源。所以孩子一般担心一种类似攻击的惩罚：在这种情境里，超我变成了一个又切又咬又吞食的怪物。

超我的塑造过程和生长期的前性器期的关系之所以重要，有两个原因：一是，罪疚感对口腔和肛门施虐阶段很是依赖，后面的阶段现在还很有优势；二是，超我出现后，这些阶段依旧兴盛，超我施虐的严厉性因而被深化。

毫无疑问，新视野被上面各种论点开启了。依旧无比软弱的自我只有依靠强大的潜抑，才能与充满威胁的超我相抗衡。俄狄浦斯情结倾向最早表现为口腔和肛门冲动，所以，潜抑在这一早期阶段发挥作

第九章　俄狄浦斯情结的早期阶段

用的程度决定了哪一种固着在俄狄浦斯情结发展中更占优势。

口腔和肛门挫折是孩子之后生命中所有挫折的原型，实际上，它们都带着惩罚意味，也就加快了焦虑的萌生，这是前性器期和罪疚感之间的直接关联非常重要的另一个原因。挫折在这种情况下愈发明显，所受的痛楚也使得后续其他挫折更加艰难。

我们发现，自我因俄狄浦斯倾向的浮现和性好奇的萌发被困扰时，还处在低度开发的阶段，所以智力尚未发展的婴儿在这一阶段面临了一系列问题的冲击。那些问题若隐若现，或者很难被孩子准确地表达清楚，反正不能得到答案。孩子不能理解字词和言说的含义，这是另一个让人头疼的地方。所以，在孩子明白言说之前，就已经产生了最初的问题。

分析过程中的各种困扰确实产生了不少遗憾。单一运作也好，结合在一起起作用也罢，它们要对无数被引发的抑制求知冲动（epistemophilic impulse）负主要责任：没办法学习外语，甚至对说不同语言的人产生敌意等。孩子出生后的第四年至第五年间，大多数好奇心都很强烈，代表着该阶段发展到巅峰与结尾的时刻，而不是象征着开始，这一点与我观察到的俄狄浦斯冲突互相印证。

很早便察觉的自己的不知（not knowing）会导致各种各样的反应。源自俄狄浦斯情结的无能、虚弱感和它联合在一起。自己对性一无所知（knows nothing），孩子会因此感受挫折，这些无知感也加重了阉割情结（castration complex），男孩和女孩都一样。

从整体心理发展层面来说，施虐欲望和求知冲动在早期联结十分重要。这项本能因俄狄浦斯情结倾向的刺激而启动，母亲的身体是所有性欲运作和发展的舞台，也是最早的施加客体。在这一阶段，肛门施虐的原始状态依旧控制着儿童，儿童因此被强迫着侵占母亲身体的一切，开始好奇这里面有什么、那里是什么样子等这些问题。求知本能和占有欲凭借这一方式很快结合在一起，难解难分。与此同时，初生的俄狄浦斯冲突再度点燃罪疚感。这一结合过程具有非凡意义，导入了一个空前重要的成长阶段，然而截至目前，我们对此了解不多，只知道孩子很早就对母亲产生认同这一点属于其中。

想要检验"女性期"（femininity phase）是如何运作的，必须分开观察男孩和女孩的状况。我想在进行观察前，稍微说明一下它和先前阶段的链接。前置阶段在运行时其实不区分性别。

儿童在早期肛门施虐期承受了次级的严厉创伤，离开母亲的冲动得到强化。在此之前，母亲已经不能满足孩子的口腔欲求了，此刻又损害了孩子的肛门之乐。即便如此，此时，肛门之乐的剥夺好像促使肛门冲动和施虐倾向结合在一起，所以孩子渴望侵入母亲的身体，切剁，吞食或者毁坏，从而占有母亲的秽物。男孩在性器冲动的影响下，开始把母亲看作爱恋客体，他的施虐冲动尚在发展，加之他此前受挫而延续的怨恨，这两者让他从性器层次（genital level）上面与爱恋客体对峙而立。此外，还有一个更大的障碍——害怕父亲阉割的欲念——存在与他和爱恋客体之间，这种念头伴随着俄狄浦斯冲动而来。他承受这种焦虑的能力将部分决定他到达性器期位置的程度。关于这一点，口腔施虐和肛门施虐固着强度具有非常重要的作用，男孩憎恨母亲的程度受它们的影响，因此它们也多少减少了男孩和母亲建立正向关系的可能性。另外，超我形成之初，这些固着状态正发展得如火如荼，随意施虐固着深深影响着超我的塑造。超我作用越残酷，父亲作为阉割者的形象就越可怕。而孩子越执着地逃离性器冲动，他对施虐状态的固着就越强，俄狄浦斯情结倾向也就越明显。

处在这些早期阶段，俄狄浦斯情结倾向在所有位置上都迅速发展，但是前性器冲动的光芒掩盖了它，俄狄浦斯情结倾向发展的运作情况也就显得不那么明显，甚至，在肛门期表现出来的积极异性恋态度和进一步认同母亲的阶段之间,界限也难以被清楚地划分出来。

现在,可以开始探讨我之前说过的"女性期"发展阶段了。它的基础是肛门施虐状态,但在此基础上增加了新成分。因为发展到这个阶段,(母亲的)秽物和还没出生的孩子是相同的,之前抢夺母亲的欲望此刻对婴儿和母亲的秽物同样适用。所以我们在这里大致可以明确两个互相混杂的目标:一是,被怀胎欲望和占有胎儿的意图引导;二是,被嫉妒还没出生的弟弟妹妹和在母亲身体里摧毁他们的渴望刺激(父亲的阴茎是小男孩口腔施虐倾向的第三个对象)。

女孩的女性情结(femininity complex)底层存在一对特定器官的受挫欲念,这和女孩的阉割情结类似。偷盗、破坏倾向,一般和受孕、怀胎、分娩等母亲体内的器官特质相关,当然,阴道、乳房等也不例外,早在纯口腔原欲阶段就被当成了接纳和恩赐象征偏好的器官。

男孩因为摧毁母亲的欲念,总是担心被惩罚。其实男孩的恐惧,除去这一点,还出于一些更为平常的原因,女孩心中和阉割渴望相关的焦虑也存在一些相似的地方。男孩害怕自己的身体被伤害、肢解,这种担心就存在阉割的意味,所以我们可以直接说这是阉割情结在捣鬼。母亲在孩子的成长早期阶段拿走粪便,无异于肢解或阉割他。母亲施加的肛门挫折促使阉割情结形成,从精神现实(psychic reality)层面来看,母亲早就成了阉割者。

对父亲的阉割惧念加入进来,是导致孩子相当惧怕母亲的原因。以母亲子宫为目标的破坏冲动和达到巅峰的口腔及肛门施虐力量结合在一起,将矛头一直对准实际存在的父亲的阴茎。惧父阉割情结的焦点在此阶段就完全集中父亲的阴茎上了。所以,与母亲的子宫和父亲的阴茎联结在一起的焦虑决定了"女性期"的特征,也只是这种焦虑,让男孩被从父母之类的形象塑造成的超我——会吞食、分尸和阉割的怪兽——欺凌。

归根结底，初始的性器期位置一开始就和前性器期的各种倾向交错混杂在一起了。在爱恨交织的心理上，施虐固着越强化，男孩在认同母亲和挑战母亲这两种心态中拉扯的程度就越高。毕竟，他可以很明显地感觉到，自己对怀胎的欲求远远比不上母亲。

我们现在看看男性的女性情结看上去远远没有女性的阉割情结那么明显的原因，尽管这两者同样重要。

怀胎欲求和求知冲动结合在一起，男孩开始向知识发展的方向移动，他的劣势感被隐藏起来，被拥有阴茎的优越感补偿了，女孩们在此阶段也开始认识阴茎。过度的男性意识伸张就是由夸耀男性地位引起的。玛丽·查德维克（Mary Chadwick）在论文《有关求知欲的根源》（*Die Wurzel der Wissbegierde*，1925）中探讨了男人对阴茎的自恋自傲以及他们在知识方面显示出来的和女人比较的态度。在她看来，这些是因为男人的怀胎欲求受挫，故而转移到对知识层面的渴望。

一般出现在男孩身上的过度暴力倾向，实际上是女性情结影响的结果。这种暴力倾向经常和傲慢、"见多识广"的态度一同出现，十分不友善，充满暴虐，藏在其后的焦虑和不屑的企图还主导了一部分暴力倾向。从某种程度上，它和女孩抗拒女性角色（源自对阉割的恐惧）相互呼应，却扎根于他对母亲的恐惧里面，哪怕他想从母亲身上夺取父亲的阴茎、小孩和其他女性特质的性器官。直接从俄狄浦斯情结中衍生出来的攻击快感和这种过度暴力相结合，展现出性格形成过程中最不适合社会性的部分。这就解释了为什么相比同性友人，男人在女人面前表选出来的敌意要强烈得多。这种敌意大约是被性器期位置唤醒的。当然，一个男人和其他同性对手的关系是由施虐固着的分量决定的。相对来说，如果男孩和母亲的认同的基础在一种构建完好的性器期位置上，那么，他和女人的关系会比较正向，另外，他的怀胎欲求和女性特征欲念能获得更多升华机会。

对女生和男生来说，除却焦虑，抑制运作的主要根基还包括与"女性期"相关的罪疚感。根据我的经验，出于不同原因，针对此阶段的一套完整分析不仅在治疗过程中起重要作用，也能帮助一些看上去无药可救的强迫症病例。

在男孩的成长过程中，原欲的前性器期和性器期位置经过漫长拉扯造就的结果是"女性期"。三到五岁时，这种较量达到巅峰，就像俄狄浦斯冲动那样，很容易辨认出来。有关"女性期"的焦虑促使男孩认同父亲，但因为这个刺激不能阻止对肛门施虐本能的潜抑和过度补偿，反倒促使它们发生，所以它不可能是性器期位置的坚硬底座。对肛门施虐阶段的固着被惧父阉割的恐惧强化。从到达性器层次的层面来说，生来就有的性器特质具有十分重要的作用。一般说来，我们很难预判这些较量的最终结果，而这些也让精神错乱和"性无能"（disturbances of potency）的发生频率大大增加了。所以，"女性期"的有利结果会部分决定能不能拥有完全的性能力和达到的性器期的位置。

接下来讨论女孩的成长问题。断奶之后，小女孩所经历的肛门剥夺极力强迫她违抗母亲。从此，她的心智发展开始受性器期驱使的影响。

在海伦娜·朵伊契（Helene Deutsch, 1925）看来，口腔原欲顺利转移到性器后，女人的性器期发展才得以圆满达成。对此，我十分赞同。必须顺便提的唯一一点是，根据我的经验，性器期冲动的第一波扰动是这个转移的开始。口腔，作为性欲器官的接纳者，对女孩转投父亲的行为产生了难以磨灭的影响。此外，另一个心得是，俄狄浦斯冲动萌发后，女孩对阴道的潜意识察觉，以及对它和其他性欲器官产生的感觉马上就出现了。但是，对女孩来说，比起男孩，手淫并没有那么有助于纾解兴奋感的效果。所以，这种持续的满足感匮乏给女性性欲发展的杂乱贡献了一种新的阐释。除却弗洛伊德提出的论点，女孩讨厌手淫的另一个原因，可能是她们很难通过手淫被完全满足。不过也许这可以解释，为什么她们陷入放弃手淫的挣扎中时，一般都会紧闭双腿，以继续双手的操作。

女孩强烈追求新鲜满足感，为性欲器官展现接纳性质奠定了基础。此外，小女孩在最早的俄狄浦斯冲动纷扰期嫉羡与憎恨拥有父亲阴茎的母亲，这也进一步刺激她投向父亲。如今，父亲的抚慰有一种诱惑的魅力，而且是"异性的吸引力"。

对女孩来说，俄狄浦斯冲动直接衍生了对母亲的认同，她们身上完全看到那种阉割焦虑在男孩身上引起的一连串作用。可是无论是男孩，还是女孩，这种对母亲的认同是符合想掠夺毁坏母亲的肛门施虐倾向的。如果恰好在口腔和肛门施虐倾向非常强烈的阶段发生认同，对原始母性超我的恐惧就会在这个阶段产生潜抑和固着，性器期进一步发展也会被干预。对母亲的惧怕强迫小女孩放弃这种认同，转而认同父亲。

俄狄浦斯情结最早激发了小女孩的求知冲动，结果她发现自己少了一根阴茎。因为这项缺陷，她立刻开始憎恨母亲，可罪疚感又让她认为这是一种惩罚。挫折感越来越强烈，反过来对整个阉割情结产生了深远的影响。

早期缺少阴茎的怨怼之后会一直增强，特别是性蕾期和阉割情结发展势头强劲的阶段。弗洛伊德说过，小女孩发现缺少阴茎后，就离开母亲，转向父亲。但我的分析研究揭露出，这种觉醒不过是强化而已，早在俄狄浦斯冲突萌发之时，小女孩的转向就开始发展了，怀胎欲念出现后，阴茎嫉羡也出现了，在后来的成长阶段再度被替代。在我看来，促使小女孩转向父亲的最根本原因是乳房的被剥夺。

女孩在认同父亲的过程中产生的焦虑程度远比认同母亲时和缓得多，更有甚者，面对母亲产生的罪疚感会强迫孩子与母亲构建起崭新的爱恋关系，最终获得过度补偿的效果。要抵抗新的爱恋关系，阉割情结就开始发挥作用，使得男性雄威和之前阶段积累的恨母意识寸步难行。但是，对母亲的憎恨和敌意，又一次导致孩子放弃对父亲的认同，将父亲看作爱和被爱的客体。

小女孩和母亲的关系和与父亲的关系彼此相互具有正向和负向影响。实际上，在父亲那里经历的挫折感深深根植于先前对母亲的不满之中，对母亲的憎恨和嫉羡产生占有父亲的强烈欲望。如果施虐固着一直都很强势，那么，这种憎恨和过度补偿也将会实实在在地影响到女人长大后和男人的关系。另一方面，要是奠基于性器期位置上的母女关系比较正向，那么，女人未来和子女相处上，可以更加轻易地脱离罪疚感的束缚，对丈夫的爱也会更加稳固，因为对女孩来说，丈夫也是疼爱孩子、有求必应的母亲的代表。只与父亲相关的另一部分关系就在这个含义丰富的基础上建立起来了。这一部分关系原先在集中在性交中的阴茎上，除了满足小女孩当前对性欲器官的欲求，它的一举一动似乎更像一场极致的表演。

实际上，俄狄浦斯冲突带来的挫折会动摇小女孩对阴茎的爱慕，除非将它转化成恨意，否则它还是会在女人对男人的关系中占据不可缺少的地位。之后，爱恋冲动发展至圆满时，强大的满足感跟随长期受到压抑的剥夺而来，和爱慕情愫结合在一起。这种强烈的满足感通过女性对爱恋客体维持完整持久的迷恋表现出来，尤其是沉溺于"初恋"。

小女孩在成长过程中遭遇强烈阻碍的情形，可能有下面几种呈现方式：男孩在现实生活中确实拥有阴茎，可以和父亲一较长短的时候，小女孩只能对母亲产生不能满足的愿望，尽管这种感觉很强烈，她却只能隐约察觉而已。

但是，不仅仅只有这种不确定感阻碍着女孩的母性希求，焦虑和罪疚感也会削弱这种希求，还可能严重而长久地破坏女人的母性能力。小女孩对母亲身体（或一些体内器官）以及子宫里面的小孩子产生破坏倾向，她因此渴望以这些方式获得被惩罚：摧毁自己的母性能力和相关的器官，或者伤害自己的孩子。我们从中可以发现，女孩害怕母亲夺走个人美貌是女人永久关注（通常都是过度）容颜的原因之一，回复美丽容颜的动力始终存在于努力装扮和美化自己的冲动背后，焦虑和罪疚感便是始作俑者。

女人更加敏感的精神起因可能是这种摧毁内部器官的深刻恐惧，至于男人，就是转换型歇斯底里（conversion-hysteria）和器官疾病。

原来非常强烈的女性荣耀和愉悦感遭到潜抑的主要原因正是这些焦虑和罪疚感，它让本该受重视的母性能力受到轻视。女孩因此缺少女孩子因拥有阴茎而得到的强力支持，但也本可以从女孩对母性的期许中获得。

小女孩对女性气质产生的焦虑，大致上可以和小男孩对阉割的恐惧相类比，因为那种焦虑可以让她的俄狄浦斯冲动停止发展。尽管如此，男孩子的阉割焦虑表现得非常明显，两者之间的运作方式也大相径庭。和阉割焦虑相比，女孩子因自己体内器官产生的慢性焦虑也平缓很多。甚至，我们能从父性超我决定男孩子的焦虑、母性超我决定女孩子的焦虑这一角度，解释两者的必然差别。

弗洛伊德曾提过，男孩子和女孩子的超我发展方向是不一样的。我们不断发现并确认，嫉妒对女人生命的重要性远远超过男人，对男性阴茎的偏差嫉羡使得嫉妒的力道被不断加重。但是从另一个角度看，女人拥有一种伟大的能力，可以让自己忽略个人愿望，以牺牲自

第九章　俄狄浦斯情结的早期阶段

我的态度为道德性和社会性的工作献身。过度补偿不是这种能力的基础，因这种能力从本质上来说非常母性，我们也不能凭借人类的双性气质，仅以男性与男性特征对人格塑造的混合影响来解释这种能力。在我看来，我们必须考虑女性超我（feminine super-ego）塑造的特殊情况，才能解释女人可以兼备琐碎的嫉妒和奋不顾身的慈悲于一身的原因。肛门施虐阶段在早期认同母亲的阶段处于优势，所以小女孩心里有了嫉妒和怨恨，一个严厉的超我按照母性意象（maternal imago）被塑造出来了。由父亲认同发展出来的超我在此阶段也可能存在威胁，并能引发焦虑，但它好像从来没有达到由母亲认同产生的超我发挥的那种程度。对母亲的认同一旦在性器基础上更加稳固，就会更加凸显高大的理想母亲（mother-ideal）具有的仁慈特质。所以，母性的理想母亲意象承受前性器期或性器期性格特征的程度实际上可以决定这种正向的情感态度。然而，要是它主动从情绪性态度转化成社会性或其他性质的行为，那么此阶段产生作用的很可能是父性的理想自我。父性超我的形成是由小女孩对父亲性器活动深切的爱慕引起的，这个超我为她确立了很多她自己永远没有办法实现的目标。要是在她的成长过程中，存在一些因素，有足够的诱惑力量促使她达成这些目标，没法完成目标反倒能激发她的动力。这种动力和产生于她的母性超我中那种自我牺牲能力结合起来，使得女人在直觉层面和一些特殊领域中取得十分独特且傲人的成就。

男孩子在"女性期"获得的母性超我同样会使得男孩子像女孩一样，产生极度原始又非常和善的认同意识。不过男孩子很快就度过了这个阶段，重新认同父亲（事实确实就是这样，但每个男孩的程度都不一样）。事实是，父性超我从一开始就对男性产生了决定性影响，不论母性部分在超我的塑造过程中占有多大的比重。一个尊贵的典范——从"他自己的理想形象"中塑造出来的——依旧树立在男孩子面前，所以要达到这个目标，还是有路可走的。男性可以进行更加持久客观的创造性工作，可能就是出于这种情况。

害怕女性特质被伤害的心理，对小女孩的阉割情结产生了深深的影响，因为这让它错误地高估了她没有的阴茎。这种夸大不实的想象，还会在之后比它对自己的女性特质的隐藏焦虑表现得更明显。我在这里建议大家参考凯伦·霍妮（Karen Horney）的研究，在诸位从俄狄浦斯情境范围内探索女性阉割情结根源的先辈中，她是第一个。

从这个角度看，我得解释一下性欲发展在一些童年早期经验中的重要性。1924年，我在萨尔斯堡会议发表了论文，提起儿童在成长晚期阶段产生目睹父母性交的经验后，表现出来的受到创伤的样子。如果这些经验发生在较早的年纪，它们就会固着，成为性欲发展的一部分。现在，我得再补充一点，这类型的固着会紧紧抓着这个特别的发展期，还会和稍后形成的超我纠缠在一起，从而危害它的进一步发展。超我在性器期达到巅峰的程度越全面，施虐认同表现得就越不突出，也就越能保证心智健康和人格发展都维持在高道德的水平上。

让我觉得惊讶的，还有另一种早期童年经验的象征性和重要性。这些经验一般都是孩子目睹性交的经验后产生的，并且从它们衍生的兴奋中获得鼓励和滋长的力量。我之前提过，小孩们彼此之间的性关系、和兄弟姐妹或者玩伴之间的性关系，各有不同的运作方式：观看、抚摸、一起上厕所、口交（fellatio）、舔阴（cunninlingus）以及非常直接的性交意图。他们潜抑得非常努力，并将这些带入深深的罪疚感之中。对小孩子来说，因俄狄浦斯情结引发的兴奋压力选择的爱恋客体正如父亲、母亲或者两者的代替品，这是产生上面那些感觉的主要原因。发生的所有关系看上去好像没有一点意义，受过俄狄浦斯情结发展刺激的孩子一个也没躲过，但它们还是用一种真正实现的俄狄浦斯关系出现在我们面前，极大影响了俄狄浦斯情结的形成及主体从中逃离以及以后的性关系等。这类经验甚至在超我的发展过程中形成了一个重要的固着点。这些经验通过孩子对惩罚和强迫重复的需求，常常会让孩子被性创伤控制。各位可以参考亚伯拉罕关于这一点的论述（1927），他认为儿童性发展的一部分就是性创伤经验。所以，我们对儿童和成人的这类经验进行分析治疗，可以很大程度上理解俄狄浦斯情境和早期固着行为的关系，从分析治疗的角度来说，这是相当重要的。

总之，我想说明一点，在我眼中，我的结论并没有抵触弗洛伊德教授的观点，在我的额外论述中，我向前推进了这些历程发生的时间，这是重点。另外，不同时期（特别是初始时期）之间相互交融的程度，比众所周知的要自由很多。

前性器期对俄狄浦斯情结的早期阶段的控制程度实在太高了，以至于性器期开始运作的时候，就被掩盖得严严实实，一直到孩子三到五岁才表现得明朗一些。俄狄浦斯情结和超我的形成在这个时期达到巅峰，然而，俄狄浦斯情结倾向开始的时间远远早于我们的想象，所以罪疚感给前性器期阶段带来的压力在就在俄狄浦斯情结和超我的发展上产生了决定性的影响。另外，"性格形成"、性欲和主体身上进行的其他发展都没逃过这一劫，对我来说，所有这些元素都相当重要，可是至今没有被详细确认。我在对儿童的分析中发现，这些知识具有治疗价值，但它们的价值远不止于此。我在成人分析中测试了同样的论点，发现不仅能肯定它们理论上的正确性，也能确立它们在临床治疗上的重要地位。

第十章

儿童游戏中的拟人化

第十章 儿童游戏中的拟人化

不久之前，我发表了论文《早期分析的心理学原则》（1926），在里面说明了在儿童分析经验中从根本上影响着游戏的几种机制。我指出，儿童游戏中，特定内容不停地以各种姿态多次出现，事实上，这和自慰幻想的发展核心是一样的。提供缓解这些幻想的发泄管道是儿童游戏的主要功能之一。此外，我也探讨过游戏和梦境表征媒介的相似性，以及愿望实现（wish-fulfilment）在这两种心智活动中的重要性。另外，我也注意到儿童游戏里面的一个主要机制。孩子在这种机制中会发明和区分不同"角色"。我写这篇论文的目的，就是想对这种机制进行更加深入的探讨，借助很多不同类型的病患实例，解释这些儿童引用戏局中的"角色"或拟人化身和愿望实现的关系。

通过我截至目前的经验来看，患有精神分裂的儿童无法进行我们说的游戏，他们只能做一些千篇一律的动作，所以想要借此进入他们的潜意识深处压根是件特别费力且收效甚微的事情。但是，我们真正成功后发现，否定现实和抑制幻想实际上就是和这些动作相关的愿望实现。拟人化在这种极端状况下没有获得成功。

我的小病人厄娜六岁才开始进行分析治疗，那时她患有严重强迫式神经官能症，她有妄想症是经过大量分析后被发现的。厄娜在游戏里常常要我扮演小孩，她自己扮演妈妈或者老师，接下来她就开始用一些奇怪的方式来虐待、羞辱我。如果有任何角色在这个游戏里对我很和善，一般到结束的时候就能知道那些都是虚假的。从这种妄想的特性可以发现，我一直在被监视，大家总是在猜测我的想法，父亲或老师经常和母亲联手对付我——原来一群迫害者总是围绕在我身边。

我扮演的小孩子，也要不停地侦查和拷问别人。厄娜经常选择扮演小孩子，游戏的结局一般是她摆脱了迫害（在这种情境中，"孩子"是好人），有钱有势，被当成女王，开始无比残忍地报复原来的施暴者。她的施虐倾向在那些明显没有被任何抑制作用检验过的幻想中被发泄出来后，她就表现出深沉的沮丧、焦虑和身体虚弱，而我们进行好多次分析后，抑制才被发现。接着，她无法承受这样巨大的压力也被游戏表现了出来，在一连串严重症状中显示出来。所有参与演出的角色都在厄娜的幻想中套入同一个模式——一个一分为二的世界——具有迫害性的超我是一边，有时遭受威胁却毫不手软的本我或自我是另一边。

愿望实现的力量在那些游戏中是促使厄娜努力认同较强的一边的主要原因。如此，她对迫害的恐惧感才被抑制住了。沉重的自我想影响或者欺骗超我，以免超我真的像它表现的那样欺负本我。自我试着唤醒拥有高度施虐性的本我一起为超我行事，联合两者以抵抗共同的敌人。为了完成这个目标，需要采用诸多投射和置换机制。要是厄娜扮演残酷的母亲，敌人就是淘气的小孩，要是她是那个被迫害但是后来变强的小孩，敌人就是邪恶的父母。不管是哪一种情况，都存在一个动机——自我想在超我面前合理化，进而沉迷在不被限制的施虐之中。因为这种"盟约"，超我必须采取行动，对抗看上去不利于本我的敌人。但是本我却暗中继续对原初客体寻求占优势的施虐满足。由此而来的自恋满足让自我毫不费力战胜敌军的同时，也驯服超我，就消除焦虑来讲，这点可真是十分了不起了。对比较不太极端的案例来说，两大势力的盟约模式取得的成果也很辉煌，外界可能看不出任何痕迹，也没不会引起并发病症。但因为本我和超我的施虐欲求都超过了极限，自我和超我联手，想惩罚本我来取得一些满足，最后难以避免地失败了，所以情况在厄娜的案例中完全失控了。强大的焦虑和良

第十章 儿童游戏中的拟人化

心苛责多次表现出反抗的迹象,这就证明了彼此对立的愿望实现,没有一方可以永戴皇冠。

接下来的例子会非常细致地描述一些类似厄娜情况的问题,以及怎样采取不同方式解决问题。

六岁的乔治（George）在我这里接受了几个月的治疗,主要目标是终止他的一系列幻想。他时常幻想自己是一帮猎人和野兽的最高首领,带领他们征战,杀死了另一群也有野兽的对手。这些动物后来都被吃掉了。新的对手层出不穷,这种战役永无止境。我们进行了几次分析治疗后发现,乔治不仅患有神经官能症,还出现了非常明显的妄想症状。乔治经常有意识地感觉自己被围堵和恐吓,围堵和恐吓他的不是魔术师、巫婆,就是军人。他采用幻想创造出来的辅助角色进行防卫,这是和厄娜完全不同的一点。

在某种程度上,乔治幻想中的愿望实现和厄娜的游戏很相似。在此案例中,自我试着在强大的幻想中借助认同较强的一方阻止焦虑的扰乱。乔治也同样竭尽全力将对手定义成"坏"敌人,以安抚超我。但是他心中的施虐欲并不像厄娜的那么强烈,所以他焦虑背后的初始施虐欲掩藏得就没那么巧妙。他的自我比较彻底地认同本我,因此向超我妥协就比较困难,借着非常明显的排斥现实,焦虑被阻挡了。愿望实现十分清晰地凌驾在现实的认知上——这是弗洛伊德关于精神病定义的一个倾向。乔治的一部分幻想由辅助角色担任,这点是的他的拟人化形态区别于厄娜的状况。他的戏局里有三个主要部分：本我、迫害性的超我和辅助性的超我。

我们也许可以从我两岁零九个月的小病人莉塔的游戏稍微看一下另一种带有严重强迫性神经官能症状的情况。莉塔在一个颇具强迫性的仪式后把她的娃娃抱起来,放在床上装作睡觉,之后在娃娃的床边放了一只大象玩偶。这个大象是防止"小孩"爬起来的工具,这是这个动作的含义，不然孩子会悄悄跑进父亲母亲的房间里，伤害他们，或者偷盗一些东西。这只大象是父亲的象征，是一个阻碍者。莉塔在心中通过内射，让她的父亲一直扮演"阻碍者"。她快两岁的时候，希望篡夺母亲的地位，夺走母亲肚子里面的小孩子，伤害、阉割父亲母亲。当这个"小孩"在戏局中被惩罚，表现出愤怒和焦虑，这就表示，莉塔心中被两个部分同时操控：施加惩罚的权威和承受惩罚的小孩。

愿望实现在这个游戏中只表现为那只大象成功阻止"小孩"爬起来。只有两个"主角"在这个场景中，娃娃代表本我，阻碍者大象象征超我。在超我击败本我的过程中，愿望逐步实现。这个戏局是超我和本我征战的象征，在严重神经官能症的情境里，差不多完全控制着心智发展，所以愿望实现和两个角色的分配彼此依存。我们在厄娜的游戏中也发现了一样的拟人化情形，强势的超我主控全场，一个辅助性意向也没有。在厄娜的戏局里，超我完全控制愿望实现，可在乔治的游戏中，愿望大部分都是通过本我借助脱离现实挑战超我实现的。然而，在莉塔身上，超我击败本我，愿望得以实现。因为分析治疗工作的原因，很难维系的优越地位竟然被超我维持了这么长时间。一开始，过分严厉的超我想阻止所有幻想，一直到超我的严厉性慢慢消失后，莉塔才开始玩上面说的那些幻想游戏。和以前游戏完全被抑制的时期相比，这的确是一种进步，因为在现阶段，超我只是试着用威胁阻拦被禁制的行动，而不是以前那种无礼蛮横的方式时不时进行威吓。有力的本能潜抑因为本我和超我的失和有了施展空间，成人严重强迫式神经官能症的典型特征就是这种本能潜抑耗光主体所有的能量。

我们再看看另一个游戏，这个游戏出现在比较轻微的强迫式精神官能阶段。一个"旅行游戏"出现在莉塔三岁之后的分析治疗中，几乎贯穿整个分析过程。它是这样表现的：莉塔和自己的玩具熊（阴茎的象征）乘火车去见一个善良的女士，这位女士不仅逗他们开心，还送礼物给他们。分析治疗开始后没多久，这种欢乐结局一般都会被马上弄砸。莉塔想自己驾驶火车，所以想赶走司机，但司机要么义正辞严地拒绝，要么离开后又回来吓唬她。一个坏女人偶尔会出现，阻止旅行顺利进行，或者他们最后发现途中遇上的是个坏女人，而不是好女人。这个游戏里面的受阻情形比一般案例严重，和前面那个例子中的愿望实现产生了十分明显的差别。在这个游戏中，原欲满足是正向的，施虐倾向的作用不像前面那些案例中的那么重要。就像乔治的案例，主要有三个"角色"：自我或本我，辅助者，象征威吓者或者引发挫折者的角色。

在这种情形下产生的辅助者角色，形态差不多都极端奇幻，类似乔治的案例中表现出来的那样。在一个四岁半小男孩的分析治疗中，存在一个常出现在晚上的"好妈妈"，她会带好吃的和小男孩一起分享。这些好吃的是父亲阴茎的象征，被"好妈妈"偷过来了。在某次分析治疗中，小男孩被父母施暴后留下的一切伤痕都被这个好妈妈用魔法杖治愈了，之后她和小男孩联手，用残忍的方式杀害了小男孩粗暴的父母。

之后，我慢慢发现，不管这类意向的运作模式在幻想中的特质是好或坏，实际上都是成人和儿童普遍采用的机制。这些角色是介于严重脱离现实的恐怖超我和几乎靠近现实的认同之间的过渡阶段的代表。在游戏分析中，过渡性角色慢慢变成母性或父性辅助者（与现实更接近了）的过程可能会持续一段时间。我认为，它对我们认识超我塑成具有很高的启发价值。我的经验告诉我，超我相当暴虐的姿态在俄狄浦斯冲突的初始阶段和超我刚形成的阶段，完全是前性器发展期的翻版，现在这一阶段正蓬勃发展，已经慢慢可以看出性欲情结的影响,尽管初始阶段很难察觉。强势的口腔固着是不是以吸吮或咬嚼的形式出现,最终决定了超我能不能朝性器特质进一步演进。和性欲及超我相关的性器期,需要对口腔吸吮产生足够强的固着,才能维持其崇高地位。前性欲情结阶段之后,超我和原欲发展向性欲情情结阶段发展的速度越快,幻想式的愿望实现认同(提供口腔满足的母亲形象是它的源头)和贴近真实父母形象的程度就越高。

虽然在早期自我发展阶段中形成的意象基本上来源于俄狄浦斯客体上,但依旧可见前性欲情结本能冲动的标签。吞咬、切剁和超能力等幻想意象,还有里面满满的前性欲情结冲动杂乱意象等这些元素的产生,早期阶段肯定要负全责。这些意象跟着原欲的转变和原欲固着点的影响,进而被内射。但是,在不同发展阶段中形成的各种认同组成了整体存在的超我。潜伏期开始后,原欲和超我的发展也暂时停止。自我在建立过程中,发挥自己的合成(synthesis)倾向,种种不同的认同被它努力拼凑成整体。这个整体中的意象之间差别越是明显,最终的整合结果也越不完美,想要维持的难度就越大。极端对立的意象产生了超强影响,同时强烈需要友善的角色,彼此盟友的关系可以瞬间破碎,转瞬成为敌手,这些显示种种认同整合没有成功的现象,都是愿望实现在游戏中经常崩溃的原因。爱恨交织的态度、焦虑倾向、缺乏稳定性、容易放弃、在现实世界中的关系不好等,都是各种失败迹象,神经官能症病童身上表现出这些典型症状。主体明白超我是差别明显的意象组成的痛苦体验后,越来越需要进行超我整合。潜伏期开始后,也增加了对现实的需求,自我就会越发努力地促使超我整合,希望借助这一过程厘清超我、本我和现实之间的关系。

超我分裂是原初认同(primal identifications),并在各个成长阶段被内射的现象,实际上就是一种类似投射的机制,这是我之前提过的一个结论。我认为,分裂和投射等这些机制是游戏中拟人化倾向的主要因素，勉强挣扎的超我透过它们，暂时放弃整合过程，此前使得超我和本我休战的紧张感被减轻了。内在精神的冲突因此缓和，可以被转移到外部世界。自我找到这种外向转移，就证明了精神在发展过程中尽管满是焦虑和罪疚感，但还是能成功找到方向，减轻大量焦虑，因此获得了很多喜悦感。

我说过，儿童会自然而然在游戏中表现出自己对现实的态度。截至目前，我们评估心理状况的标准一直是拟人化，对现实的态度和愿望实现以及拟人化因素产生联系的方式，现在我说得更清楚些。

厄娜在分析治疗过程中，曾在很长一段时间内无法构建和现实的关系。现实中亲善慈祥的母亲和游戏中那个用奇怪诡异的迫害羞辱方式对待小孩的"她"，一道难以跨越的鸿沟好像存在于两者之间。但是，偏执特质开始在分析治疗过程中显示时，也出现了许多奇怪扭曲的形式，用来表现真实母亲的各种细节。同时，孩子对现实的态度也慢慢显现，实际上，却都被强力扭曲了。借用自己敏锐的观察力，厄娜将周遭所有事情一一记下，再用一种虚构的方式将细节放置于自己的被害和被侦查系统内部。比如，在厄娜的想象中，性交是父母单独相处时必然会进行的事情，而父母关心彼此的动作和性交行为都是母亲为了激起厄娜的嫉妒，她还假设母亲的所有欢乐和每个人的欢乐都来自这些元素；为了让她难受，母亲穿漂亮衣服，等等。同时她也察觉到自己的想法有些奇怪，必须谨慎保护这些秘密。

正如我此前提过的那样，乔治在游戏中表现的治疗分析第一阶段，逃离现实的行为，值得我们细细探讨一番，厄娜的游戏表现也值得如此。吓阻性和惩罚性的意象不停增加，我们几乎看不出现实和它们的关系。参照莉塔在分析治疗第二段表现出的关系，我们也许可以将这些表现当成典型的精神官能病童的症状，那些比莉塔大的病童也出现过类似的症状。哪怕只是回应那些她经历过却没克服的挫折感，她也表现出了认识现实的态度倾向，这是她在这一阶段不同于一般妄想症病童的地方。

我们或许能在这里借用乔治在游戏中表现的过度抽离现实的状态做比较。幻想空间因为他抽离现实而得以扩大，那些幻想脱离现实后，从罪疚感中解脱出来。每当乔治适应现实的能力在分析治疗过程中更进一步，就能释放更多焦虑和更强烈的幻想潜抑。潜抑被消除，幻想获得解放，乔治也更接近现实，等等，这些现象对治疗分析来说，的确是很大的进展。

患有神经官能症的病童存在一种"妥协"的情况：只有极少部分的现实被肯定，其他的依然被否定。此外，他们身上还有因罪疚感产生的对自慰幻想的过度潜抑，神经官能症病童身上的那些游戏和学习抑制就是其结果。他们用先出现在游戏中的自我掩护的强迫式症状，表现过度抑制幻想以及和现实的不健全关系之间的妥协结果，最终也只能获取很少量的满足。

正常儿童的游戏则表现出幻想和现实之间存在比较良好的平衡。

现在，我将稍微总结一下不同类型病童在游戏中表现出来的对现实的态度。患有妄想痴呆（paraphrenia）的儿童的幻想潜抑和抽离现实的情形最严重。患有妄想症儿童与现实的关系，取决于幻想的活跃程度，非真实性决定了两者的平衡。神经官能症儿童在他们的游戏中表现出来的经验，满是他们对惩罚的渴求和对悲伤结局的恐惧。相对来说，正常儿童处理现实问题的方式都比较良好，他们在游戏中表现出了自己有较强力量影响现实，并且在和幻想和谐共处的现实里生活着。他们甚至对难以更改的真实情形具有较为强大的承受能力，比较自由的幻想为他们提供了避难空间。他们可以比较全面地宣泄自我协调（ego-syntonic form，指的是游戏和其他升华方式）表现出来的自慰幻想，所以拥有更多获得满足的机会。

我们再看看现实态度和拟人化、愿望实现过程的关系。正常儿童的游戏中，后者证明了自己在性器层面的认同上具备更强且更久的影响力。幻想意象越接近现实客体，正常人身上那种良好的现实关系就越明显。带有混乱或转移现实关系特性的疾病（等同于精神病和严重强迫性神经官能症）中的愿望实现一般都是负面的，游戏中的角色类型也很是残酷。我尝试借着那些实例解释，超我在此刻处在形塑初阶段，却不停向上升。由此，我进一步做了如下总结：恐怖超我被投射在自我发展最初阶段，它毫无顾忌地快速提升，引发了精神问题。

我在这篇文章中仔细讨论过拟人化机制在游戏中的重要作用。现在，我必须说明这个机制在成人心理生活中的重要地位。我提过，这个机制是一个重大且具有普遍意义的现象的基础，也是分析儿童和成人中的移情的关键。如果一个孩子能够自由幻想，在游戏分析治疗过程中，他会给分析师分派最复杂的角色。比如，我得负责他的本我部分，所以本我投射的角色中，他的幻想不需引起很多焦虑，就能找到宣泄渠道。因此，杰拉德认定我是那位将父亲的阴茎给他的"好妈妈"之后，不停要求我扮演一个深夜悄悄进入母狮子笼子里面的男孩子。我不但要攻击它，还要抢夺小狮子，吃掉它们。他自己变成那头母狮子，察觉到我的暴行后，采用最残忍的手段杀害我。角色分配情境和潜伏焦虑的多少，不停交替出现。之后，杰拉德自己扮演潜入狮子笼子的恶人，我扮演凶残的母狮子。但是，那些狮子被快速换成了好心妈妈，我也得演这个角色。这时，杰拉德的焦虑有所减轻，与现实的关系取得了一定进展，已经可以自己代表本我了。我们可以从好心妈妈的出现看出这一点。

所以我们可以发现，冲突借助分裂与投射这一机制减少或者转移到外在世界。这是移情的主要刺激之一，也是推动分析工作的力量。我们甚至可以解释，增强移情能力的必要条件就是更加强大的幻想活动和更加丰富正面的拟人化能力。妄想症患者的确拥有更加丰富的幻想生活，残忍、焦虑引发的认同掌控着在超我结构中的这些幻想，这个事实让妄想症患者创造的每个角色都十分负面，且都归属于迫害者或被害者等刻板角色范畴。从精神分裂症的角度来说，拟人化和移情能力在投射机制的不良运作的基础上不能施展，这就影响到患者构建或者维持与现实和外在世界的关系的能力。

移情建立在人物表征（character-representation）机制上，依据这一结论，我有一点关于技巧的小心得。我说过，"敌"到"友"、"坏"妈妈到"好"妈妈，这种转变通常很快。很多焦虑、诠释被释放后，这些转变在拟人化戏局中通常随之出现。但是，因为游戏需要，分析师扮演那些角色，且将那些角色放进分析工作的时候，由焦虑引发的意象会持续表现出如下发展倾向：靠近那些接近现实的比较友善的认同。换言之，逐渐改善超我的严厉性是分析治疗工作的主要目的之一，分析师借助分析情境需要的角色扮演过程达到了这一目的。这种论述仅仅是我们早已知道的成人分析中的一个关键要素——分析师应该遵守作为媒介人的本分，激化相关的不同意象，使得各种幻想能够突围，从而变成可以被分析的客体。要是孩子在游戏中直接让分析师扮演角色，分析师的任务就十分明显了。分析师肯定要扮演这些角色，最少也得充充样子，不然会打断分析治疗工作的进程。但是，我们只能在某些儿童的分析阶段，依照实际情况，采用这种开放方式进行拟人化练习。更加常见的情况是，不论是儿童分析，还是成人分析，我们必须在分析情境和素材中，推断那些我们被要求扮演的敌对角色的细节，那些都是通过病人的负向移情被表露出来的。我发现，分析移情背后掩藏得比较深的隐藏型拟人化，某些适用于开放型拟人化的观点也是不可缺的。分析师希望深入初始焦虑引发的意象之中，查明超我严厉性的根源，就必须对任何特殊角色保持客观态度，接受分析情境中出现的任何元素。

最后，我想聊一聊治疗法。我在这篇文章中尝试解释，早期自我发展阶段中内射的超我衍生了最严厉和最具压迫性的焦虑，这一很早就产生的超我就是精神病的基本诱因。

通过我的经验，我深信一点，分析师可以借助游戏技巧的帮助，对不同年龄孩子的早期超我形成阶段进行分析。对这些层次进行的分析治疗，使最强烈且难以忍耐的焦虑症状得以减轻，源自口腔吸吮阶段的友善意象得以开始发展，以性器为主的性质得以达成，超我得以形成。我们可在其中发现诊治和治愈儿童精神病症的美好前程。

第十一章

艺术作品中反映的婴儿焦虑情境

第十一章　艺术作品中反映的婴儿焦虑情境

在拉威尔（Ravel）的一出歌剧当中隐含着一件非常有趣的心理学素材，这也正是我的第一个主题。目前这出戏正在维也纳重新上演。我几乎全部引用了刊载在《柏林日报》（*Berliner Tageblatt*）上的艾德瓦·贾柯伯（Eduard Jakob）的剧评来对这出戏做内容说明。

一个六岁的孩子坐在他的家庭作业面前，没有丝毫动笔的意思。他啃着笔杆，状态已经从无聊（ennui）变成了烦闷（cafard），这正是懒惰的最终阶段。他大叫着，嗓音听起来像甜美的女高音："我要去公园玩！不想做这些愚蠢的功课啦！我要吃掉全世界所有的蛋糕，演双簧管，拔光鹦鹉身上的羽毛，这些才是我最想做的事儿！我想要骂每一个人！最最重要的，我想把妈妈丢到角落里去！"门被打开了。为了更加表现这个孩子的渺小，舞台上每件道具都显得特别大，我们仅能看到这个孩子母亲的一条裙子、一件围裙和一只手。一根手指伸了出来，伴随着一道温柔的声音，问着这孩子功课究竟有没有写完。他向他妈妈吐了吐舌头，并造反似的在椅子上动来动去。我们只能听到裙子沙沙的摩擦声和她扔下的一句话："我会给你非常干的面包，你喝的茶里也不会加糖了！"孩子暴跳如雷，他上蹿下跳，跟打鼓似的撞击着地板，桌子上的茶壶和杯子也被他扫到了地板上，碎成无数片。他爬到窗户边，把旁边的一个笼子打开来，想要用他的笔去戳里面的松鼠，但松鼠从打开的窗户逃走了。小孩又从窗边跳下来，抓住一只猫咪。他大吼着挥动手中的火钳，怒不可遏地撩拨着开放式壁炉里燃烧着的火焰，一只水壶也被他手脚并用地扔进了房间里。一团烟雾窜了出来，混杂着灰尘与蒸汽。他把火钳当剑一样挥舞着，壁纸被划破了。接着,老爷钟的钟箱也被他打开了,铜质钟摆被拔了出来,整张桌子被他泼满了墨水,作业本和其他书本也被扔着飞过了空中。他叫着:"好哇!"

被虐待的物品突然活了:一把扶手椅阻止了他坐在它身上,也不让靠枕继续睡在它上面;桌子、椅子、长凳、沙发都突然举起了手臂,大叫着:"滚开,肮脏的小鬼!"老爷钟开始疯狂地报时,因为它胃痛得难以忍受;茶壶倾身向茶杯靠过去,并说起了中文。每件事物都发生了改变,这改变令人害怕。小孩后退着摔倒在墙边,身体因为害怕与孤单在无助地抖着。非常多的火花被壁炉吐了出来,跟一阵雨一样的飞向他。他藏到了家具后面,但之前被撕下的壁纸碎片又摇晃着站了起来,排成的形状像极了许多牧羊人和绵羊的样子。牧人的笛声听起来令人心碎,就像一首哀歌;壁纸裂缝就像一道时空缝隙,使美丽的牧羊少年和少女分隔两地!但是这个让人伤心的故事倏忽间就消失了。一本书的封面下出现了一个小小的老头,他就像从狗屋中爬出来一样,穿着阿拉伯数字制成的衣服,戴着一个像 π 符号样的帽子,手中拿着一把尺,嘣嚓嘣嚓地跳着迷你舞步。这是数学精灵,他开始测量、检验着小孩:毫米、厘米、气压计、百万兆——八加八等于四十,三乘以九等于二乘以六。小孩晕倒了!

几乎不能呼吸了,他跑到房子附近的公园里躲避这场灾难,但恐惧再度弥漫在空气中。昆虫和青蛙用三度和声微弱地唱着哀歌,一根受伤的树干上,树脂随着一声长长的低音音符流下,所有的蜻蜓和小飞虫都在攻击着这个新闯入的人。成群出现的猫头鹰、猫和松鼠们争执着该由谁来咬这个孩子,最终从唇枪舌剑成了拳打脚踢。一只松鼠在孩子身边哀号,因为它被咬伤了,摔在了地上。孩子不假思索地取下围巾,开始给那只小动物的脚掌包扎。就在这时,动物中间出现了一阵很大的骚动,它们一个个地犹豫着聚集到了后方。小孩轻轻叫了

第十一章　艺术作品中反映的婴儿焦虑情境

声：“妈妈！”终于，他回到了有人能帮助他的世界里，"当个乖孩子"。动物们极其认真地唱起了本剧的终曲，是一首缓慢的进行曲："他是一个好孩子，行为乖巧的好孩子。"然后它们离开舞台，其中有些小动物还情不自禁地叫着"妈妈"。

现在我将对这孩子表达出摧毁快感的种种细节进行更仔细的检视，通过它们，我似乎想起婴儿期早期的情境。这样的情境，在我最近的一篇著作中被形容为男孩们神经官能症与正常发展的重要基础。我提到他们想要攻击母亲的身体和在母亲身体里的父亲的阴茎。在笼子里的松鼠和硬拔出来的老爷钟的钟摆，都清楚象征了阴茎在母亲体内的意象。壁纸裂缝将美丽的牧羊少年与少女分隔两地，构成了世界上的裂缝，这对男孩而言，正反映出了父亲阴茎的存在和父母进行性交的事实。而那个孩子使用了什么作为武器来对联结在一起的父母进行攻击呢？泼的满桌都是的墨水、丢进壁炉里而流光了水的水壶，和因此窜出的一阵阵灰烬与雾气，这些都是十分幼小的孩子所拥有的武器的象征。他们把用粪便弄脏东西作为他们破坏的手段。

孩子的牙齿、指甲、肌肉等都是孩子在原初施虐特质下所能使用的其他武器，而把东西砸烂、撕毁和把火钳当作宝剑，这些都是其他武器的象征。

在最近一次的会议上，我曾经描述过这种发展的早期阶段，描述内容是关于孩子会用尽一切可用的武器来攻击母亲的身体。现在我可以为这些言论再进行补充，并且对于在亚伯拉罕所提出的性发展理论中，此阶段会在何时出现做更详细的说明。通过我的发现，我得出如下结论：施虐特质在所有状况下达到最高点的时刻，会在肛门期早期之前出现；施虐特质的高峰期具有特殊的意义，这是因为俄狄浦斯倾向也是在此阶段中首次开始出现的。也就是说，俄狄浦斯冲突是在施虐特质的鼎盛时期开始的。我认为，超我的形成是紧跟着俄狄浦斯倾向的出现而出现，所以自我甚至在超我形成的早期阶段就开始被其支配与影响，这也给了为什么这种支配有如此巨大的影响力以解释。因为在客体被内射后，个体会用尽所有施虐武器对这些内在客体发动攻击，这些攻击会引发个体强烈的担心，忧虑外在客体和内在客体也会给予自己同样强度的攻击。

婴儿期危险情境，在弗洛伊德认为，最终可以简单概括为"失去所爱（渴望）的人"。在他看来，对女孩而言，失去客体是影响最严重的情况；而对男孩而言，则是阉割焦虑。通过我的临床工作证实，可以把这两种不同的危险情境看成为同一种更早期的危险情境的变型。我发现男孩对于被父亲阉割的惧怕可以联结到一个情境，这个情境我认为是所有危险情境中最早期的情况。如之前所言，在心理上，对母亲身体的攻击出现在施虐阶段的鼎盛期，这也隐含了要与母亲体内的父亲阴茎竞争。这种危险情境被对父母两人之间的联结关系的猜测与质疑赋予了一种特殊的强度。根据已经发展出的早期施虐式超我，联结在一起的父母亲是令人非常惧怕的极为残忍的攻击者。所以在发展过程中，与被父亲阉割有关的焦虑情境，其实是我提及的最早期焦虑情境的一个变型。

作为本文出发点的歌剧剧本，我认为它清楚地呈现出了在这种情况下所引起的焦虑。在探讨剧本的过程中，我已经讨论过其中施虐攻击阶段的一部分细节。现在我们要一起思考，在孩子开始放纵他的摧毁欲望之后，会有什么事情发生。

报纸剧评作者最初就提到，舞台上所有的道具都被做得非常大，用以强调剧中孩子的渺小。因为焦虑，所有的事物在孩子眼里看起来都远超真实世界里的尺寸，俨然是庞然大物。另外，在对每个儿童的分析中，我们发现同一件事：所有用来象征人类的事物，都是焦虑的客体。剧评人提到："被虐待的物品活了起来。"扶手椅、坐垫、桌

第十一章　艺术作品中反映的婴儿焦虑情境

子、椅子等物品对男孩进行攻击，不愿被他使用，男孩被它们驱赶到家门之外。在儿童分析中，我们发现，类似床铺这类可以被坐着或者躺在上面的物品，通常都是能够保护孩子、爱孩子的母亲的象征符号。一条条被撕开的壁纸，是母亲身体内部受了伤的象征，是对男孩给母亲身体造成的伤害和在母亲体内进行的偷窃行为的总清算。当男孩躲进自然世界当中，我们可以发现这个自然环境是如何扮演被攻击的母亲形象的；充满敌意的动物们是父亲繁殖的象征，这些父亲的复制品和想象中在母亲体内的小孩，都是曾经被他攻击过的。我们看到，在一个更宽广的空间中，房间里发生的事被复制了，并形成更大规模的事件，角色的数量也剧增。这个被转换到母亲体内的世界，正严阵以待，充满敌意地准备迫害他。

在个体发生学（ontogenetic）的发展当中，在个体进展到性器期后，施虐特质会被克服。性器期出现的越明显，儿童越能拥有客体爱，借此他用怜悯和同情来克服施虐特质的能力也越强。在拉威尔的剧本中也出现了这个发展阶段：当那名男孩对受伤的松鼠产生怜悯并进行救助时，原本满是敌意的世界瞬间变得友善起来。孩子了解到爱是什么，且相信爱。动物们做出结论："他是一个好孩子，行为乖巧的好孩子。"这个剧本的原作者克莱特（Colette）对于心理学的深入洞察力，通过孩子态度的细微改变表现了出来。当那个孩子开始对受伤的松鼠进行照顾时，他叫了声："妈妈。"他身边的动物们也在重复这句话。而这出歌剧的剧名也正是这个弥补性的词语：《神奇的字眼》[The Magic Word（Das Zauberwort）]。但从文本中，我们也发现了引发孩子施虐冲动的因素；孩子说："我想去公园玩！我最想要的是吃掉全世界所有的蛋糕！"但他被他母亲威胁，只会给他干掉的面包和不加糖的茶。这种口腔挫折使原本宠爱孩子的"好妈妈"变成了"坏妈妈"，正是这个原因引发了他的施虐冲动。

我认为现在我们可以知道这个孩子无法安心做功课，并卷入这种令人难受的情境里的原因了。这是必然会发生的事，焦虑情境早已存在，而他又从未克服过这种情境，也因此这巨大的压力就迫使他卷入其中。强迫式重复，即被惩罚的需求所产生的强迫作用，被他的焦虑强化，这是为了借着接受真实惩处来保护他自己，且这对他减轻在焦虑情境威胁之下所想象出的各种严重报复有帮助作用。这个事实对我们来说已经相当熟悉，即儿童之所以会顽皮，原因是他们希望被惩罚，但探究这种被惩罚的渴望究竟是哪一部分焦虑引起的，以及研究这种焦虑底层所蕴含的概念内涵才是最重要的。

在女孩的发展中，我看到了最早期危险情境的相关焦虑，现在另一文学作品也将被我引用来做说明。

卡伦·麦可利斯（Karin Michaelis）在一篇题为《空洞》的文章里，讲述了她的一个画家朋友鲁思·克亚（Ruth Kjr）的发展过程。鲁思·克亚有优异的艺术感受，这样的特长被她尤其发挥在了房子的装饰上，但却不见她任何的创作发表。她美丽、富有、独立，大部分的人生都被她花在旅游上，并且每当她对房子投入非常多的心思和品位后，她就会离开去旅行。她偶尔也会感受到深度忧郁带来的困扰，对此，麦克里斯形容如下："有一块黑暗的斑点独自存在于她的生命中。在她随处可及、无忧无虑的幸福时刻，她却会突然被最深的愁绪包围，那是一种自我毁灭性的忧郁。如果她试着对这样的境况进行描述，可能会借用这样一句话：'在我之内有一个空洞，我永远也不能将之填满！'"

鲁思·克亚即将迈入礼堂，看起来她是幸福美满的。但没过多久，愁绪又再度出现在她身上。麦克里斯描写到："那饱受诅咒的空洞再度变得更加空荡。"我用作者自己的话进行叙述："我是否告诉过你，她的家就像是一座现代艺术展览馆？她丈夫的兄长是当地最伟大的画家之一,她的房子里就挂着许多他的优秀的画作。但在圣诞节前夜,其中一幅画被售出,因此这位画家大伯便带走了这幅当初只是借给她的画。也因此,在墙上留下了一块空白。难以名状地,这空白似乎就恰好与她心中的空洞一致。一种最深沉的忧伤状态将她淹没。因为墙上的这块空白,她美丽的家、她的幸福、她的朋友们和所有其他的一切都被她遗忘。当然,她可能会买一幅新画,也即将会再买;人们必须要四处寻找,那幅正确的画才能恰好被找到。

"墙上的那块空白对着她俯视狞笑。

"夫妻两人分坐在早餐桌的两端。灰心与绝望盛满了鲁斯的双眼。但突然间,一抹微笑绽放在她的脸上:'告诉你哦,在我们买到新的画之前,我要试着自己在墙上画小小的涂鸦!''去做吧,亲爱的。'她先生回道。毫无疑问,不管她涂鸦的成果如何,都不会比现在的那块空白更怪异丑陋。

"她先生几乎还没走出饭厅,她就兴致勃勃地给美术行打电话订购,要他们立刻送来她大伯常用的颜料、画笔、调色盘和其他所有的绘画'用具'。对于如何开始,她毫无头绪,她从来没有从软管里挤出颜料的经验,更谈不上给画布涂刷底色,或者在调色盘中调制色彩。一切准备就绪,她握着一只黑色画笔,站在空白墙壁前,循着当下的灵感开始随意地描画。她需要开着车疯狂地冲到她大伯那里,问他是怎么作画的吗?不,她宁愿死也不愿这么做!

"傍晚,先生回家了,她奔过去迎接,眼中满是兴奋的光彩。她拉着他说着:'来了你就会知道!'他看到了,几乎目不转睛,他难以接受,也不敢相信。

"当天晚上,他们请来了她的大伯。鲁思紧张地心跳加速,感觉像要被鉴赏家品评作品一样。但那位艺术家却马上大声喊道:'你该不会说这是你画的吧,不要天真地以为你能唬过我!这是个该死的谎

言！这一定是一位富有经验的年长艺术家画的画。他到底是谁？我不认识这位艺术家！'

"他无法信服鲁思。他觉得他们在捉弄他,临走时丢下一句话:'如果那画真是你画的,明天我就会去皇家礼拜堂去指挥一首贝多芬交响曲,而我根本看不懂一个音符!'

"当晚,鲁斯难以入睡。墙上的画已被完成,毋庸置疑——这不是一个虚幻的梦。但这一切是如何发生的?接下来又会怎样?

"她在燃烧,内心灼热的情感将她吞噬。她必须向自己证明那神圣的感受未来还会再出现,那是一种她曾经历过但却无法言喻的幸福感。"

在我为墙上留白所涉及焦虑的一部分诠释上,麦可利斯有着先见之明,她写道:"在墙上留下了一块空白。难以名状地,这空白似乎就恰好与她心中的空洞一致。"那么,鲁思心中的空洞究竟代表着什么?或者更明确地说,她体内那种某种东西缺失的感觉,究竟有着什么意义呢?

借此,我想起了一些与这种焦虑有关的想法,我形容这是女孩们所经历到的最严重的一种焦虑,它与男孩身上的阉割焦虑等同。小女孩会有一种施虐欲望,这欲望源于俄狄浦斯冲突初期,她想把母亲体内所拥有的一切掠夺,也就是小孩、粪便和父亲的阴茎,这施虐欲望也同时会让她想要摧毁母亲本身。焦虑被这种欲望引起了,小女孩恐惧自己身体里头的一切(尤其是小孩)会被母亲反过来抢走,并担忧着自己的身体会被毁坏殆尽或变得残缺不全。在分析女孩和成年女性的过程中,我发现了在所有焦虑之中最深刻的一种,在我看来,这种焦虑是小女孩最早期危险情境的象征。据此我发现,弗洛伊德所认为的这些女孩身上的基本婴儿期危险情境,例如恐惧孤零零一个人、害怕失去爱与失去爱的客体,事实上就是我之前所形容的焦虑情境的变型。当小女孩害怕自己的身体被母亲侵犯攻击，因而使看见母亲的能力丢失时，其焦虑会愈发强烈。一个真实、慈爱的母亲，会使孩子对心中所内射恐怖母亲形象的畏惧减弱。在后来的发展阶段中，小女孩的幻想内容会发生改变，原本恐惧会被妈妈攻击，后来却深怕那真实而慈爱的母亲可能会消失不见，女孩自己被孤单单地留下而被人遗忘。

思考从第一幅作品开始鲁思·克亚究竟画了些什么，会对我们探索这些概念的解释有帮助。她的第一幅画是在墙上的空白处填补上一个真人尺寸的裸体黑女人。除一幅花卉画之外，她的作品仅限于肖像画，她曾两次为前来暂住并摆姿势供她绘画的妹妹作画；更进一步地，一位老妇人和她母亲的肖像出现在她的作品里。对最后两幅画，麦可利斯做出以下描述："鲁思现在无法停下了。她的下一幅画是一位老妇人，岁月和理想破灭的痕迹显露在老妇人的脸上，皱纹布满她的皮肤，斑白的头发，那双温和而疲惫的双眼里流露着不安。在鲁思眼前，她凝视着她，用老年人颓丧黯然的目光，仿佛在说：'我时日无多，别再为我费心了！'

"鲁思最新的作品是她爱尔兰裔加拿大籍母亲的肖像，从中我们得到的印象又有不同。她曾很长一段时间被这位女士逼迫，导致后来她忍痛与其断绝母女关系。这位女士纤瘦、傲慢且跛扈，月光色的披巾垂挂在肩上，她站立着，给人一种原始时代女性美丽而强壮的印象，似乎每天都会与荒野里的孩子赤手空拳地搏斗。多么的不屑一顾的下巴！多么有力量的傲慢的眼神！

"空缺的地方已经被填补了。"

显而易见的，她急切地想为亲人们作画，是因为她那想要修复、想要弥补心理上对母亲的损伤并使自己复原的欲望。而那位濒死的老妇人，就像是在具体体现原初、施虐式的摧毁欲望。正是因为女儿希望摧毁母亲，看着母亲变老、衰败、损毁，所以她需要将母亲画得美丽、拥有完整力量。借此，女儿的焦虑可以被减轻，通过画出的肖像尽力修补，展现除毫发无伤的母亲的样子。在儿童分析中我们屡屡发现，当孩子们借由表达反动倾向来完成摧毁欲望时，他们往往会通过随手涂鸦和绘画来试图修复人们。通过鲁思·克亚的例子，小女孩的焦虑是女性自我发展中的重要一环，激励女性追求成就的动机这一结论被完全地呈现了出来。然而，从另一个角度来说，这种焦虑也可能会导致严重疾病和各种抑制。男孩对阉割的畏惧亦然，其焦虑对于自我发展所造成的影响，是由个体是否能在各种不同因素的相互作用当中继续保持某种最佳状态，并且维持令人满意的平衡决定的。

第十二章

象征形成在自我发展中的重要性

根据心智发展的早期阶段，施虐活跃于各种原欲愉悦之来源的假设，我提出了本篇的论点。依据我的经验，施虐在这个阶段达到高峰，此阶段随着想要吞噬母亲乳房（或是母亲本身）的口腔施虐欲望开始，结束于肛门期早期的到来。在我所说的这个阶段中，拥有母亲身体的内容物是个体的主要目标，个体在施虐冲动的支配下不择手段地摧毁母亲；同时，在这个阶段，俄狄浦斯冲突也开始了，性器的倾向在此时开始产生影响，由于前性器期的冲动依然主导着该阶段，所以此影响还不明显。俄狄浦斯冲突在施虐主导的阶段开始，这是我全部论点的依据。

过度的施虐引起焦虑，自我最早的防卫方式被启动，弗洛伊德认为："极有可能是如下的情况：在自我与本我被清楚地分裂出来以及超我形成之前，精神装置运用的防卫方法与已经达到这些组织阶段时使用的防卫方法并不相同。"通过在分析中我所发现的，自我建立的最初防卫关联到了危险的两个来源，即个体本身的施虐和被攻击的客体。这种防卫，依据施虐的程度来说，具有暴力的特质，从根本上与日后的潜抑机制不同。就个体本身的施虐方面而言，防卫代表着排除（expulsion）；而就客体而言，防卫代表着破坏。由于施虐为解放焦虑提供了机会，也由于用来摧毁客体的武器被个体认为也会反过来朝向自己，由此导致了施虐成为危险的来源。而受到攻击的客体成为危险来源的原因，是个体害怕来自客体类似的报复性攻击。于是，完全未发展的自我在这个阶段需要去驾驭最严重的焦虑，这是一个超过其所能负荷的工作。

第十二章　象征形成在自我发展中的重要性

费伦齐认为，认同-象征的前驱源于婴儿努力从每个客体中再次发现自己的器官及其功能；而琼斯觉得，两件非常不同的事情由于享乐原则可能变成相等的，这是它们都有令人愉悦和感兴趣的类似特质的缘故。多年前，依据这些概念，我写了一篇论文，得出如下结论：象征是所有升华和每一种才能的基础，这是由于借助象征等同（symbolic equation），事物、活动和兴趣才成为原欲幻想的对象。

我现在要补充一下以前所述，伴随着原欲兴趣，认同的机制被发生在我所描述过的那个阶段的焦虑启动。因为儿童渴望摧毁一些代表客体的器官（阴茎、阴道、乳房），所以他对此客体感到畏惧，正是这种焦虑推动他把这些被关注的器官等同于其他的事物。而这些事物也因为这样的等同，而紧接着也成为带来焦虑的客体，儿童也由此不得不去继续制造其他新的等同，这就使他对新客体产生兴趣和象征的基础形成了。

所以，象征不仅仅只是所有幻想和升华的基础，甚至它也是个体同外在世界以及广泛现实之间关系的基础。我过去提出过，施虐在其高峰时期所指向的客体是母亲的身体和幻想中拥有的内容物，与施虐同时发生的知识渴望所指向的客体也如是。与外在世界和现实之间的最初与根本的关系是由指向她身体内部的施虐幻想构成的，个体度过这个阶段的成功程度，决定了他接下来能够获得外在世界与现实相符的程度。我们明白儿童最早期的现实是全然属于幻想的，焦虑的客体围绕着他，在这方面，排泄物、器官、物体、有生命和无生命的东西，与另一物体的等同关系开始发生。伴随着自我发展，从这种不真实的现实里，个体与现实的真实关系逐渐被建立起来。所以，发展自我以及与现实的关系，要依靠自我在最早期阶段对初期焦虑情境压力的承受能力。并且，一如往常，这也与各种相关因素之间是否能达到最佳平衡有关。足够分量的焦虑是丰富的象征形成与幻想的必要基础;自我必须要有承受焦虑的适当能力,才能满意地解决焦虑、顺利地度过这个基本阶段,以及成功地发展自我。

通过一般的分析经验,我已经得到了这些结论,并且有一个案例给予了显著的证实,在这个案例中,自我发展受到不寻常的抑制。

将要被细述的这个案例是个四岁的男孩,他的词汇和智能都较贫乏,大约介于十五到十八个月的程度。他对现实的适应以及与环境的情绪关系几乎是完全缺乏的。大多数时间迪克(Dick)都是缺少表情的,看起来也漠不关心母亲或保姆是否存在。从初始,他几乎不表现出焦虑,就算有也是微乎其微,除却一项特定的兴趣——很快我会讲回这点——他几乎没有任何的兴趣,他既不玩耍,也不和环境接触。大多数时间,他只是把一些声音毫无意义地串联起来,将某些噪音不断地重复。当他说话时,几乎都是错误地使用那些贫乏的语汇。不过,他不只是没办法被他人了解:他完全就不想这样。而且,从他的身上,他母亲经常可以感受到一种强烈的负向态度,表现就是,他经常做出唱反调的事情。比如,如果她顺利地让迪克跟随她说出一些不同的字,它们通常都会被他完全改变,尽管他能在其他的时候丝毫不差地发音。另外,他有时会将那些字正确的重复出来,不过是那种持续不间断、机械式的,直到使周围的每个人都厌烦这些重复。这两种行为模式都与神经官能症儿童的行为模式不同。他们用反抗的形式来表达对立的行为以及顺从,即使伴随着过度的焦虑,但他知道在当下这么做的理由,也明白它与哪些人有关。但是,迪克的对立与顺从不仅缺少情感,也让人无法理解。另外,在他伤害自己时,他对疼痛表现出了极度的不敏感,而且也无法感受到任何需要被安抚和宠爱的渴望——在幼童中,这类情形是普遍存在的。他也很明显地在肢体上很笨拙,没办法拿住刀或剪刀。但是必须要提的是,他能非常正常地用汤匙吃饭。

第十二章 象征形成在自我发展中的重要性

我对他初次来访时的印象是：他的行为极度区别于我们在神经官能症儿童身上所观察到的行为。他没有表现出任何情绪地让他的保姆离开，并且毫不在意地跟随我进入房间。他在房间里散漫而无目标地来回跑着，有几次围着我跑，似乎我是一件家具，不过室内的任何物体都没有引起他的兴趣。他来回跑的动作看起来缺乏协调，而他的眼神和表情则是固定不变、疏远而缺少兴趣的。将之与严重神经官能症儿童的行为再一次做比较，使我想到一些没有真正焦虑发作的儿童，他们初次来见我时，会表现得害羞而僵硬，并缩到一个角落里，有些是坐在有小玩具的桌子前不动，有些不玩玩具，只是将某个对象拿起，然后再度放下。强烈的潜伏性焦虑在所有这些行为模式里是非常明显的，墙角和小桌子都是他们的庇护所，用来逃避我。但是，迪克的行为不存在意义和目的，连带的情感和焦虑也是丝毫不存在的。

现在我要陈述他过去的一些细节。在他的哺乳期内有一段非常不顺利和混乱的时期，有好几个星期，他的母亲努力要喂他但都失败了，他差点儿由于饥饿而死去，最后只能求助于人工食品。在他七周大的时候，他们替他找到了保姆，然而他依然没办法成功地吸吮母乳。他被消化道不适、脱肛（prolapsusani）和后来的痔疮所折磨。也许他是被一个事实影响了发展，那就是尽管他被他们给予了一切的照顾，但是他却从没被大量地给予真正的爱；从最初他的母亲就用一种过度焦虑的态度在对待他。

除此之外，迪克的父亲与保姆对他都没有表现出太多的感情，所以他生长的环境是极度缺乏爱的。在他两岁时，来了一个新的有能力而又非常温柔的保姆。之后没多久，他很长一段时间都和祖母在一起，祖母也非常的爱他。我们能观察到这些改变影响了迪克的发展；在正常的年纪他学会了走路，但是在控制排泄功能的训练上却仍有困难。受新保姆的影响，他比较容易地学习了卫生习惯。大约三岁时，他已经可以很自如地控制了，实际上在这一方面，他表现出了很高程度的企图心和忧虑。另外一方面，在他四岁时对指责表现出了敏感，他被保姆发现自慰并被告诫那样做很"调皮"，这样的事他不该做。忧虑还有愧疚感显然被这样的禁止引发。另外，在四岁时，迪克大体上付出了更多的努力来调适，这些调适主要都是关于外在的事物，特别是对于许多新的词汇进行了机械式的学习。在最初期，不寻常的困难就一直出现在他的进食行为中。有保姆时，他完全不想吸吮，且这样的倾向一直持续；且奶瓶他也不想吸。当他需要进食更多固体食物时，他不愿去咬，而且抵触一切非糊状的食物。尽管如此，他几乎依然被迫去接受。新保姆的另外一个好的影响是，改善了迪克的进食意愿，但是主要的困难并没有消失。所以，虽然这位亲切的保姆给他发展的某些特定方面带来了改变，但依然没有触及根本的缺陷。同其他人一样，迪克与他没办法建立情绪的接触，所以他在客体关系上的缺乏，不管是保姆还是祖母都没办法矫正。

通过对迪克的分析，我发现其发展上不寻常的抑制，是由最早期阶段的那些失败导致的，我在本篇论文开头的段落有提到这些阶段。迪克在自我承受焦虑的能力方面存在着一个明显的体制性缺陷，即在很早的时期性器就已然开始扮演它的角色，也因此他对被攻击的客体产生了过早及过分强调的认同，也导致了对施虐同样过早的防卫。自我停止了发展幻想生活，并且停止了建立与现实的关系，在脆弱的起始后，这个孩子的象征形象就止步于此，不再发展了。一个兴趣已经被早期的努力在上面留下了印记，而此兴趣却是与现实隔离且没有关联，并不能成为进一步升华的基础。周遭大部分的事物和玩具都不能引起这个孩子的兴趣，而它们的目的和意义他也是不知道的。但是，对于火车、车站、门把、门以及开关门，他却有兴趣。

他对上述这样的事物和动作感兴趣，而这样的兴趣有着一个相同

第十二章　象征形成在自我发展中的重要性

的来源：事实上，它们与阴茎插入母亲身体有关，门和锁是从她身体进出方式的象征，而门把则象征着父亲和他自己的阴茎。所以，导致象征形成不再发展的原因是他对于在他插入母亲身体之后将会被（尤其是被父亲的阴茎）怎样对待的恐惧。此外，他在发展上根本的阻碍是他对自破坏冲动的防卫，他丝毫不能进行任何攻击行为，而这样的无能已经清楚地体现在他在最早期拒绝咬食物的事件上。在他四岁时，他没有办法拿住剪刀、刀子或其他工具，动作非常地呆笨。防卫对于母亲身体及其内容物的施虐冲动（这冲动与性交的幻想有关）是致使幻想停止和象征形成停滞的原因。迪克后续发展失败，是由于他没办法幻想他与母亲身体的施虐关系。

在分析中，迪克在言语能力上的缺陷并不是我需要面对的特殊困难。跟随着儿童的象征式表征（symbolic representations），游戏技术提供了与儿童焦虑和罪疚感连结的道路，我们可以在很大程度上避免语言的连结。不过，这项技术不仅包含了对儿童游戏的分析，也可以对（当儿童在游戏上被抑制时）其一般行为细节中所表现的象征进行分析。而迪克的象征还未发展，一部分原因是他缺少与周围事物维持任何感情的关系，对这些事物他是完全漠不关心的；事实上他对任何特定的客体都没有特别的关心，在更严重受到抑制的儿童身上我们经常可以见到这样的情况。在他心里，这些客体和他之间不存在任何感情的或是象征性的关系，一切与他们有关的偶发行为都不具有幻想的色彩，所以不可能认为他们拥有象征式表征的特质。我在迪克与其他儿童的不同行为的某些特定点上，感受到了他对环境缺少兴趣以及与他进行心智接触的困难，这都是由于他与事物缺乏象征关系。基于此，必须从与他建立关系的根本障碍来开始分析。

如之前所言，在迪克初次见我的时候，当保姆将他交给我时，他显露出毫不在意的样子。当我将我准备的玩具交给他时，他只是看着他们，一点儿不感兴趣。我在一个比较小的火车旁边放了一个大火车，分别给它们起名叫"迪克-火车"和"爸爸-火车"，随后他就拿起了被我叫作"迪克"的火车，把它滑到了窗子那边，并说出"车站"。我在旁说明到："车站是妈妈，迪克即将要进去妈妈里面了。"他放下火车，跑进了内外侧门之间的空间里，将自己关了起来，并说着"黑黑"，之后又直接跑了出来。这样反复了好多次，我解释着说："妈妈里面是黑黑的，迪克在黑黑的妈妈里头。"与此同时，他又重新拿起了火车，不过又很快地跑回了那两扇门之间的空间里。在我正说着他即将进入黑黑的妈妈里时，他质疑着说了两次："奶妈？"我回复："奶妈马上就来了。"他反复这样说着，在此之后就非常正确地使用了这些词汇，并将它们记在心里。他下一次来时，依然表现了相同的行为，但是这次他直接跑出房间，带着"迪克-火车"进入黑黑的入口门廊，将它放在了那里，并坚持要把它留在那儿。他反复地询问："奶妈来了没？"到第三次见我时，他依然是相同的表现，有所不同的是，在跑入两扇门之间的门廊内之外，抽屉柜后面也是他的另一选择，他在那儿陷入了焦虑，并第一次叫我过去他那边。通过他反复呼叫保姆的方式，以及当会面时间结束时，他迎接她时那不同寻常的雀跃的样子，我们可以发现此刻他有着非常明显的担忧。我们也能发现依赖的感觉随着焦虑同时被表现出来，最初是对我的依赖，之后是对保姆，并且他开始对"奶妈快来了"这样的安抚的字词感兴趣。而且他重复且记住了这些词汇，这是与他平常的行为相反的。不过，在第三次会面时，他第一次感兴趣地注视那些玩具，这样的兴趣是带着明显的攻击倾向的。指着一辆煤炭车，他说道："割。"我将剪刀递给他，他尝试去刮取小片的黑色木料，以此来代替煤炭，然而他没办法握住剪刀。他瞥了我一眼，作为回应，我从小车上切割了几片木料。随即，受损的车子及其承载物被他丢进了

第十二章 象征形成在自我发展中的重要性

抽屉内，并说道："没了。"我告诉他这表示迪克刚刚从母亲身上切割出了粪便。接着他跑进了两道门之间的空间里，用指甲在门上轻微地刮抓了一下，表现出在他看来这个空间与小车以及母亲的身体是一样的，而后者正是他在攻击的。他立刻从两道门之间的空间跑回了房间，找到储藏柜爬了进去。在下次见面刚开始时，保姆离开的时候他哭了，这于他而言不是件寻常的事，不过很快他就安静了。这一次，两扇门之间的空间、储藏柜和角落都被他避开了，而玩具却被他注意到了，他更加仔细地查看它们，并且表现出了初次出现的好奇心。在他检视这些玩具时，他注意到了上次他来时受损的小车子及其内容物，他立即将它们推开，并用其他的玩具覆盖住它们。在我向他解释了那台受损的小车子代表了他的母亲之后，小车子和内容物都被他拿了出来并放到了两扇门之间的空间里。随着分析的进行，逐步清楚的是，通过迪克将它们丢出房间的行为，他显现了将受损的物（客）体及其本身的施虐（或是施虐所运用的方法）排除的暗示，通过这种方式这些东西被投射到外在世界里。迪克也发现洗涤用的水槽也是母亲身体的象征，他表现出了害怕被弄湿的特别恐惧，焦虑地将他的和我的手都擦干，因为我们两人的手都被他弄湿了。几乎在同一时间，同样的焦虑在他小解时也出现了。对他来说，尿和粪便都代表了有害与危险的东西。

现在比较清晰的是，在迪克的幻想中，粪便、尿液和阴茎是用来攻击母亲身体的物体的代表，因此他也认为那是会伤害自己的一个来源。这些幻想使他恐惧母亲身体的内容物，尤其是父亲的阴茎——在他的幻想中，它是在母亲体内的。我们发现有多种形式存在于这个幻想中的阴茎以及对它逐渐增加的攻击感内，其中最为显著的是想要吃它、摧毁它的渴望。例如，有一次迪克将一个男偶拿起放到嘴里，磨牙凿齿地说"ti爹地"，表示的是"吃爹地"，之后他要求喝水。经过证实，内射父亲的阴茎与对它的恐惧有关，就好比对原始的、造成伤害的超我的害怕，以及对受到母亲被抢走的处罚的害怕，换言之就是对于外在的以及被内射的客体的恐惧。关于这一点，可以发现一个很明显的事实，这个事实是我已经提过的，并且是他发展中的关键因素，即迪克身上过早的活跃了性器阶段，这点在以下的情境中体现出来：随着刚刚我提到的表征而来的，除了焦虑，还有懊悔、遗憾，以及觉得他必须要偿还的感觉。所以，他继续把小男偶放到我的大腿上或手上，在抽屉里放入所有的东西，等等。早期源于性器层次的反应运作是由自我发展早熟导致的，而它却抑制了自我的进一步发展，这种早期对客体的认同还没办法被带入与现实的关系中。比如，当迪克看到我腿上有一些铅笔屑时，他说："可怜的克莱因夫人。"然而，在另一个相似的场合，他会用毫无二致的方式说："可怜的窗帘。"同他缺少承受焦虑的能力一起，这种过早的同理（empathy）也是阻挡他所有破坏冲动的关键因素。迪克割离了自己与现实，使其幻想生活进入停滞状态，由此使自己在幻想中的黑暗、空乏的母体内得到庇护。因此他从各种外在物（客）体中抽离出自己的注意力，这些物（客）体意味着母亲身体的内容物——父亲的阴茎、粪便、孩子们。因为他自己的阴茎（如同施虐的器官般）和排泄物是危险与具备攻击性的，随意必须要丢弃它们。

在对迪克的分析中，通过对他所显露的幻想生活与象征形成的雏形进行接触，我曾经有机会触达他的潜意识，使他的潜伏焦虑减弱，从而让他有可能表现出来某种程度的焦虑。不过，这表明了通过建立与事物的象征关系，可以让处理这种焦虑的工作开始，同时，也使其求知冲动和攻击冲动开始运作。随着一次次的进展，更多的焦虑被迪克释放出来，并使他在某个程度上与一些他之前已经建立起感情关系的事物分离开，也因此，它们成为焦虑的对象（客体）。当他与这些

第十二章　象征形成在自我发展中的重要性

客体分离开时，他便转向了新的客体，于是他的攻击与求知冲动也就被依次引导到了这些有感情的新关系上。所以，例如，迪克有时会完全避免接近储藏柜，但却会事无巨细地检查水槽和电暖炉，这再次展现了他对这些客体的攻击冲动。然后，他的兴趣被从它们那里转移到新鲜的事物上，或是再转向他已经熟悉但之前曾经放弃的事物。他再次将兴趣放在了储物柜上，不过这一次他的兴趣里存在着远高于之前的活动量和好奇心，以及各种更强烈的攻击倾向。它被他用汤匙敲打，用刀子刮、砍，用水泼；他精力旺盛地检查门轴、门锁以及门开与关的方式等，他还爬进储藏柜里，对各个部位的名称进行询问。因此，他的词汇随着他的兴趣发展而增加了，原因是他现在不仅开始在事物本身上投入更多的兴趣，在事物名称上也如是。他之前听过而不理会的词汇现在他都可以记得并正确地应用了。

在此之前缺少的客体关系，已经随着这种兴趣的发展以及对我逐步增强的移情出现了。这几个月当中，他已经能用亲切而正常的态度对待他的母亲和保姆，现在他迫切地希望她们存在，想要得到她们的注意，并且在她们离开时会感受到痛苦；对他父亲的态度也同样，他的关系中流露出的正常俄狄浦斯态度的迹象逐步增加着，并且与一般客体的关系更稳固了。迪克想要让自己被理解的渴望现在变得很强烈，这是他之前所缺少的，他勤奋努力地扩充着词汇，他试图通过他那依旧贫乏但在逐步增加的词汇来使自己能被了解。另外，很多迹象可以表明，他正开始建立与现实的关系。

截至目前，我们的分析已经进行了6个月，在这期间内，所有根本的重点已经开始发展，而且合理地推断，他的发展会有良好的预后。我们已经确认，从这个案例中衍生的几个特殊问题都是可以解决的。我们有可能通过很少的话语来接触他，也能使这个完全缺少兴趣和感情的孩子心中的焦虑被激发。并且更进一步地，也有可能使儿童释放的焦虑逐渐得到纾解和调节。需要强调的是，在迪克的案例中，我将我平常使用的技术进行了调整；大体上来说，我没有对素材进行诠释，直到它们已经在各种表征中被表现出来为止。不过，在这个表征能力几乎没有的案例中，我发觉进行诠释必须基于我一般的知识，而迪克行为当中的表征是相对不清晰的。通过这种方式，接触其潜意识的途径被我找到了，并且得以使他的焦虑和其他情感被活化。于是表征变得更为充分，而更坚实的用来进行分析的基础也被我很快地获得了，我也因此逐步过渡到了一般在分析幼童时所使用的技术。

我已经对自己如何通过减弱潜伏状态的焦虑来使焦虑外显进行了说明。在焦虑真的外显时，诠释可以帮我解决一部分焦虑，同时也才有可能用比较好的方式修通焦虑，也就是通过将它分散在新的事物与兴趣上来进行修通；通过这样的方式，焦虑被大量缓解，直到自我能够承受的程度。如果大量的焦虑因此被调节，那么正常量的焦虑是否就能被自我承受并且疏通，这只能通过进一步的治疗过程来显示。所以，在迪克的案例中，通过分析来调整其发展中一个根本的因子是问题的重点。

对这个没有办法被理解、自我也封闭而不受影响的孩子进行分析，试图接触他的潜意识，并且通过减弱潜意识里的困难来开辟一条自我发展的道路，是唯一可能做的事情。当然，迪克的案例同任何其他的案例一样，必须经由自我才能接触潜意识。一些事件证明了，虽然这个自我发展极度不完整，但用来建立与潜意识的联结也是合适的。从理论上来说，我觉得非常重要的是：在自我发展缺陷这样极端的案例中，只有通过对潜意识冲突进行分析，才有可能既能使自我与原欲得到发展，又不会使任何教育的影响被加在自我之上。非常明了的是，如果一个儿童与现实完全没有关系，且他的自我尚未完整发展，也能够忍受通过分析的协助来移除潜抑，而不会被本我压迫。我

第十二章 象征形成在自我发展中的重要性

们没有必要害怕神经官能症儿童（也就是一般不那么极端的案例）的自我可能会向本我屈服。需要提到的是，之前加诸迪克身上的来自他周围的那些人的教育影响，并没有对迪克产生任何效果，而现在因为精神分析，他的自我开始有了发展，对于这样的影响，他越来越能够顺从，而且此影响也能够与通过分析而松动的本能冲动同步并行，并且足够去应付这样的冲动。

还有一个需要解决的问题是诊断。佛西司（Forsyth）医师将这个案例诊断为早发型痴呆（dementia praecox），他觉得也许值得尝试对它进行分析。似乎因为下面的事实，他的诊断得到了确认：其临床表现在很多重点上符合较为严重的成人早发型痴呆。再总结来说：这个案例的特点符合所有早发型痴呆的症状，即几乎完全没有情感和焦虑、深度地从现实中退缩，以及没办法接近（inaccessibility）、缺少情绪上的关系、负向行为与自动顺从交替发生、无视痛苦、顽固。另外，佛西司医师的检查中并没有发现任何器质性的疾病，而且因为经过证实，这个案例对心理治疗是有反应的，所以可以肯定地将任何器质性疾病的可能性排除掉，这更加确认了这个诊断。通过分析，我发现可以排除这是神经官能症的看法。

迪克这个案例的基本特质是发展上的抑制，而不是退行（regression），这与早发型痴呆症的诊断是不同的。而且，早发型痴呆非常少见于幼儿期，这也导致了许多精神科医师认为这种疾病不会在这个阶段发生。

在临床精神医学的这方面，我不会把自己投入诊断这个主题上。但是，基于我在儿童分析上的一般经验，我能对儿童期精神病的一般特质进行一些观察研究。让我更加确信的是，儿童期的精神分裂症比我们一般所认为的要更常见的多。对于为什么这种疾病通常没办法被辨识出来，我要列举一些理由来进行说明：（一）父母，尤其是处在比较贫困阶级的父母，通常只在小孩非常严重时才带其看精神科医师，换言之就是当父母对小孩已经完全没有办法的时候。于是，非常多的案例是从未曾受过医疗诊察的。（二）在单次而快速的诊察中，医师通常很难给接受诊察的病人建立精神分裂的诊断，所以非常多这样的案例被归类到尚未确认的类别下，比如"发展停滞""智能不足""精神病状态""自我中心的倾向"等。（三）最为重要的一点是，儿童精神分裂症不像成人精神分裂症那样明显和突出，这个疾病的特质在儿童身上比较不明显的原因是，当其程度较为轻微时，就算是在发展正常的儿童身上也能自然地见到这些特质。类似与现实隔绝、缺少情绪上的关系、对任何工作都没办法专注、行为愚蠢和胡乱说话等这样的事情，发生在小孩身上时，我们并不会感觉到有任何特别之处，也不会像对待发生这种状况的成人那样去对它们进行评判；在儿童身上，经常可以看到过动与刻板重复的动作，它们与精神分裂症的过动与刻板也只是程度上的不同；对父母来说，自动顺从必定是非常明显的，会被等同于"温顺"，而他们通常会将抗拒行为看作是"调皮"，解离的现象在儿童身上经常是全然无法被察觉的；儿童的畏惧焦虑（phobic anxiety）基本上涵盖了具有偏执特质的被害意念与虑病的恐惧，这个事实是需要非常细心地观察并且通常只有通过分析才能显露的。（四）在儿童身上，精神病特质比精神病更为常见，以后在不良的环境下它们会引发疾病。

所以，我认为在儿童期，相比我们一般所以为的，其实完全发展的精神分裂症要更为常见一些，尤其是精神分裂特质更是常见的普遍现象。我的结论是（对此我会在其他地方列举充分的理由）：必须要对发生在儿童期的疾病的概念加以扩充，尤其是精神分裂症与一般精神病，并且我认为，发现并治愈儿童期精神病是儿童分析最重要的工作之一。因而获得的理论知识毫无疑问会让我们对精神病结构的了解

第十二章　象征形成在自我发展中的重要性

增加，也会为我们对不同的疾病做出更正确的鉴别诊断提供帮助。

假如我们通过我所建议的方式来扩充词语的使用，那么我认为把迪克的疾病归类在精神分裂症的类别里是有正当理由的。事实上，这个案例之所以与典型的儿童期精神分裂症不同，是因为迪克的困难在于发展的抑制。而对于大部分这种案例来说，它们的困难是，在已经成功达到发展的某一个阶段之后，发生退行。另外，这个案例的严重性也为临床表现增加了不寻常特质。不过，尽管如此，我也有理由相信他不是单一个案，因为最近两个年龄与迪克相仿的类似案例已经被我遇见了，可以推测如下：如果我们观察的更加敏锐的话，将会有更多的类似案例被发现。

现在我要对我的理论进行总结。我的依据除了有迪克的案例外，还有其他没那么极端的精神分裂症案例，他们是年龄在五岁到十三岁之间的儿童，以及我一般的分析经验。

施虐主导了俄狄浦斯情结的早期阶段，口腔施虐（尿道、肌肉和肛门施虐都与它相联结）启动了它们的发展阶段，而在肛门施虐停止的时候它们终结。

抵御原欲冲动的防卫只会在俄狄浦斯冲突的稍后阶段出现：在更早的阶段里，它所抵抗的是伴随的破坏冲动。对付个体自身的施虐以及被攻击的客体是自我所设立的最早期防卫，这两者都被看作是危险的来源。这种防卫和潜抑的机制不同，具有暴力的性质。对男孩来说，自己的阴茎也是这种强烈防卫的对象，被看作执行施虐的器官，这是所有性无能困扰最深的起源之一。

这是关于正常人与神经官能症患者的发展我所做出的假设，现在让我们来看看精神病生成的源起。

在施虐的高峰阶段的第一部分中，造成攻击的原因被认为是暴力，我发觉早发型痴呆的固着点正是这个。在此阶段的第二部分中，造成攻击的原因被想象成毒害，而尿道与肛门施虐的冲动是主导，我认为这是妄想症的固着点。我想起了亚伯拉罕曾经的观点：在妄想症患者中，原欲退行至较早期的肛门期。我的结论和弗洛伊德的假设相仿，按照他的假说，早发型痴呆妄想症的固着点存在自恋的阶段，而早发型痴呆的固着点又在妄想症的固着点之前。

　　自我对施虐所进行的最早的过度防卫，使得与现实建立关系以及幻想生活的发展被制止，更进一步地，也致使以施虐的方式占用与探索母亲的身体与外在世界（广义上说，代表着母亲的身体）停止了，而正是因为这点，使得与事物及代表母亲身体内容物之客体的象征关系几乎完全停止了，与个体的环境与现实的关系也同样几乎完全停止。这样的抽离变为缺少情感与焦虑的基础，这样的症状也正属于早发型痴呆。于是在这一疾病中，会直接退行到发展的早期阶段——在该阶段里，由于焦虑的原因，个体在幻想中对母亲身体内部以施虐的方式进行占用与破坏被避免，和现实关系的建立也被遏止。

第十三章

对精神病的
心理治疗

假使一个人对精神科医师使用的诊断准则进行研读，那么他会对下面的事实有深刻的印象。尽管这些准则看起来特别复杂，包含了非常广的临床范畴，但是根本上它们大体集中在一个特殊的点，即与现实的关系上。然而，精神科医师心中的现实很明显是正常成年人的主观与客观的现实，从社会对疯狂的观点上来看，它是合理的，但一个最重要的事实却被它忽略了：儿童期早期的现实关系的基础与它是完全不同的。对介于两岁半与五岁间的儿童所做的分析明确地显示：在最初，儿童自己本能生活的镜像是他们主要的外在现实。现在，口腔施虐冲动是人类关系最早期阶段的主导。由于挫折与被剥夺的经验，这些施虐的冲动会增强，而这种过程会导致下面的结果：儿童所拥有的其他施虐表现的工具——我们将它们命名为：尿道施虐、肛门施虐、肌肉施虐——都依次被激发并朝向客体。实际上，在此阶段内，外在现实在儿童的想象里满是客体，儿童觉得他被驱使而使用的对待客体的施虐方式，会原样地被这些客体采用来对待自己，这样的关系才正是幼儿最原始的现实。

乳房与充满危险物（客）体的肚子就是儿童最早期的现实世界。而世界为什么会危险，其原因是儿童自己有想要攻击它们的冲动。尽管通过现实的评量逐步接触到外在的客体是自我的正常发展过程，但对精神病人来说，世界——事实上是指客体——是基于原初的层次而被评价的；换言之，对于精神病患者而言，他的世界依然是一个满是危险物（客）体的肚子。所以，假如我要用几句话来对精神病进行有效的概括，我会说：这群人主要是处于对施虐进行防卫的发展阶段。

第十三章　对精神病的心理治疗

致使这些与现实的关系未被广泛接受的缘由之一是，虽然肯定会有一些案例彼此极其相似，但一般而言，儿童期精神病的诊断特点基本上与典型精神病的特点是不同的。比如，我觉得一个四岁儿童身上最险恶的特质，是由于一岁幼儿的幻想系统的活动并未减弱，换言之，这是一个固着，在临床上它会使发展停止。尽管幻想的固着只会在分析中被显现，但是有非常多临床迟缓的例子特别少或者根本就没有被恰当地鉴别出。

在单次而快速的诊察中，医师通常很难给接受诊察的病人建立精神分裂的诊断，所以非常多这样的案例被归类到尚未确认的类别下，比如"发展停滞""智能不足""精神病状态""自我中心的倾向"等。最为重要的一点是，儿童精神分裂症不像成人精神分裂症那样明显和突出，这个疾病的特质在儿童身上比较不明显的原因是，当其程度较为轻微时，就算是在发展正常的儿童身上也能自然地见到这些特质。类似与现实隔绝、缺少情绪上的关系、对任何工作都没办法专注、行为愚蠢和胡乱说话等这样的事情，发生在小孩身上时，我们并不会感觉到有任何特别之处，也不会像对待发生这种状况的成人那样去对它们进行评判；在儿童身上，经常可以看到过动与刻板重复的动作，它们与精神分裂症的过动与刻板也只是程度上的不同；对父母来说，自动顺从必定是非常明显的，会被等同于"温顺"，而他们通常会将抗拒行为看作是"调皮"；解离的现象在儿童身上经常是全然无法被察觉的；儿童的畏惧焦虑（phobic anxiety）基本上涵盖了具有偏执特质的被害意念与虑病式恐惧，这个事实是需要非常细心地观察并且通常只有通过分析才能显露的。在儿童身上，精神病特质比精神病更为常见，以后在不良的环境下它们会引发疾病。〔参照《象征形成》（*Symbol Formation*，1930a）〕。

我要列举一个案例，他的重复行为完全是基于精神焦虑

（psychotic anxiety）而发生的，但是在任何方面他都没有被这样怀疑过。一个六岁男孩在玩警察指挥交通的扮演游戏，他已经玩了好几个小时，在此过程中，他反复展现特定的态度，非常长时间地停滞在这些态度上，因此他显露出僵直与重复刻板的征象。通过分析，特别强烈的恐惧与害怕被显露出来，这是我们在精神病的案例上会遇见的。经验告诉我们，各种与症状有关联的机制会对这种强烈的精神病恐惧产生阻拦，这是一个典型现象。

这个男孩活在幻想中，在这些小孩的游戏中，我们可以发现他们必然完全阻绝了现实，只能通过完全排除现实来使他们的幻想得以保存。这些孩子几乎不能承受任何挫折，因为通过这些挫折，他们会被提醒现实的存在。任何与现实有关的工作，他们都很难专注其中，比如，一名六岁的男孩经常幻想它是一位至尊领袖，带领他的一帮猎人与野兽去迎战、征服并杀死另一群同样拥有野兽的对手，后来这些动物都被吃掉。随着新的对手的不断出现，这样的战役永无终止。在多次的诊疗分析之后，我们发现，这个孩子患有神经官能症，强迫症状也很明显。他总是有意识地感觉到有什么在围堵、恐吓自己（通常不是魔术师、巫婆，就是军人）。和许多儿童一样，这个男孩焦虑的内涵被他毫无例外地保留，像秘密般不为人所知。

另外，我发现，如果一个看似正常的儿童，他有一种特殊的固执的信念，坚信身旁总是存在着许多精灵和和善的人物（例如圣诞老人）。在这个孩子身上，我发觉这些人物的存在是要将他的焦虑掩盖，因为他不断感觉有恐怖的动物包围着自己，它们威胁着要攻击他、吞噬他。

所以，我认为在儿童期，相比我们一般所以为的，其实完全发展的精神分裂症要更为常见一些，尤其是精神分裂特质更是常见的普遍现象。我的结论是：必须要对发生在儿童期的疾病的概念加以扩充，尤其是精神分裂症与一般精神病,并且我认为,发现并治愈儿童期精神病是儿童分析最重要的工作之一。因而获得的理论知识毫无疑问会让我们对精神病结构的了解增加,也会为我们对不同的疾病做出更正确的鉴别诊断提供帮助。

第十四章

智力抑制理论

第十四章　智力抑制理论

在这里，我想探讨一些智力抑制的机制，我将从分析一个七岁男孩约翰的简短摘要开始，对两次连续分析中的要点进行讨论。这位男孩的神经官能症除了有神经官能症的症状和性格上的困难外，还有非常严重的智力抑制。我即将讨论的是我那两个小时的分析素材，而在那之前，这孩子已经接受了超过两年的治疗，所以针对本文想处理的问题，之前已有过大量的分析。在这两年内，小男孩的智力抑制大体在一定程度上逐步减少；然而只有在这两个小时内，这个个案与他的特殊困难之一，也就是学习困难之间的关系变得明显。通过这两次分析，与智力抑制有关的现象出现大幅改善。

这男孩对他没办法分辨某些法文单字之间的不同颇有牢骚。学校里有一幅画着各种物品的图片，用来帮助儿童学习单字。这些单字包含鸡（poulet）、鱼（poisson）、冰（glace）。不管问他这里面的哪一个单字，他的回答总是另外两个单字的其中一个，比如问他鱼的时候他回答冰，问他鸡的时候却回答鱼等。对于这样的状况，他感到非常的无助和沮丧，并说出他不想再学了之类的话语。这篇素材是从他偶尔出现的联想中摘取出来的，而在那期间，他也会什么事儿都不干地在治疗室里轻松地玩耍。

我请他先告诉我，关于鸡他想到了什么。他躺在桌子上，两条腿踢来踢去，手上拿着铅笔在一张纸上画画。他想到的是，一只狐狸破门闯入一间鸡舍。我问他这发生的时间，他没有回答"晚上"，而是"下午四点"，而这通常是他母亲出门不在家的时间。"狐狸闯进来，将一只小鸡杀死。"在他说着这句话的时候，突然停下了原本被画了一半的画。我询问他画了什么,他回答:"不知道。"我们看着这幅画,画上展现的是一间房子,他停下来时并没有给房子画上屋顶。他说狐狸就是这样进入房子的。他清楚那只狐狸就是他,而弟弟是那只鸡,狐狸闯入房子的时间正是妈妈出门不在家的时间。

我们已经对约翰的强烈攻击冲动,以及他对母亲怀孕过程中和生下弟弟后的攻击幻想做了很多处理,也研究了与这些攻击相关的强烈而沉重的罪疚感。他弟弟现在已接近四岁。当弟弟还是个小婴儿时,约翰曾单独和弟弟被留在家里,尽管这实际上只有一分钟,但于他而言却是个可怕的诱惑。即便是现在,我们也能观察到,每次母亲出门时,他的类似的渴望依然非常活跃,造成这个现象的其中一个原因是他极端嫉妒婴儿享受母亲乳房。

我询问他关于鱼的想法,他开始更大力地踢腿,并用剪刀刺着接近眼睛的地方,而且试着将自己的头发剪下来,所以我必须要求他将剪刀交给我,由我来进行保管。关于鱼,他的回答是,炸鱼特别美味,他非常爱吃。接着他又开始画起画来,这次画的是一架水上飞机和一艘船。对于鱼我没办法获得更多的联想,所以我接着询问关于冰的,他回答我的问题道:"一大块冰,又美丽又洁白,一开始它变成粉红色,然后变成红色。"我提问他冰怎么会变色,他解答说:"他融化了。""怎么啦?""太阳晒到了冰块。"这时他有非常多的忧虑,而我没办法获得更多联想。他将船和水上飞机剪了下来,尝试看它们是否能浮在水面上。

第二天他看起来又非常焦虑,他说他做了个噩梦。"那条鱼是一个螃蟹。他站在常常和妈妈一起去的海边码头上。他准备要杀掉一只巨大螃蟹,它是从水里跑到码头上的。他使用很小的枪去射它,然后用他的剑,它被他不太有效率地杀死了。当那只螃蟹一被他杀死,就有越来越多的螃蟹从水里涌现出来,他必须杀死它们。"我询问他必须这样做的原因，他说是为了不让它们进入这个世界，因为整个世界会被它们杀掉。我们一开始谈论这个梦，他就和昨天一样躺在桌上，腿比以往踢得更用力。然后我问他这么踢来踢去的原因，他说："我躺在水面上，我四周围着螃蟹。"在前一天，剪刀代表了那些螃蟹夹他剪他，这也是他必须要画一艘船和一架水上飞机的原因，就是为了逃离开这些螃蟹。我提到，他之前还去过码头，他说："喔，是的！但是，很久以前我跌进水里去过。"进入水面上一大块看起来像房子的肉块里面是螃蟹们最想要的。那是他最喜欢的羊肉。他提到它们还没能进去肉块里，但是也许它们能通过门和窗户进去。整个水上的场景实际上就是他母亲的内部——也就是世界。肉块屋是他母亲的身体以及他的身体的象征。螃蟹是他父亲的阴茎，它们数量庞大，且体型跟大象一样大，它们外面是黑色的，里面是红色的。它们看起来是黑色的是因为它们被别人弄成了黑色，这也使水里的所有事物都变黑了。它们通过海的另一边进入水里。某一个人从那里把螃蟹放入水中，这个人想要把水变黑。结果我们发现，这些螃蟹不只是他父亲阴茎的象征，还是他自己的粪便的象征。有一只螃蟹是和龙虾差不多大的尺寸，并且里外都是红色的。这只螃蟹是他自己阴茎的象征。同样还有很多素材可以表明，他认为自己的粪便是危险的动物，经由他的命令（通过某种魔法），它们会进入他母亲体内，将他母亲和父亲毁坏并毒死。

我相信这个素材能为我们了解妄想症（paranoia）的理论提供帮助。在这里我只能极其简短地提一下；欧布伊森（Van Ophuijsen,1920）和史迭凯（1919）曾提到，在妄想症患者的潜意识里，排泄物在他的肠道里结成的硬块（scybalum）是"加害者"，这种硬块被他认同为加害者的阴茎。正如我们在讨论的这个案例，通过非常多对儿童和成人的分析，我得到一个观点：一个人把他的粪便看作加害者的恐惧,究其根本,是从他的施虐幻想中演变产生的。在施虐幻想中,他的尿液和粪便被他作为有毒的、具有毁灭性的武器,来攻击母亲的身体。在这些幻想中,自己的粪便被他变成迫害自己的客体事物;借由某种魔法(我认为这是黑魔法的起源),他将它们悄无声息地推进客体的肛门或其他孔洞中,卡在他们的身体里。正是由于他做了这件事,他开始害怕自己的排泄物是一种会危害身体、会对自己产生伤害的物质;同时他也害怕自己将客体们的排泄物内射进自己体内,因为他预测他会被客体们用他们的粪便进行相同的秘密攻击。一种恐怖的想法被这些害怕引发,他觉得自己体内有非常多的加害者,他害怕自己会中毒,各种虑病式(hypochondriacal)的恐惧也产生了。我认为妄想症的固着点存在于施虐期达到巅峰的期间,当孩子幻想用粪便来攻击母亲体内和父亲的阴茎(他认为父亲的阴茎在母亲体内)时,这些粪便会通过转变成有毒且危险的动物或物质来完成攻击。

由于他的尿道施虐冲动,尿液被他看作某种危险的东西,拥有焚烧、切割、下毒的功能,这也埋下伏笔,致使阴茎在他看来是一种用来施虐的危险物品。肠道中的排泄物硬块被他幻想成加害者——源于肛门施虐倾向的主导,以及之前(就我们所知)将危险阴茎看作加害者的影响,导致这个幻想形成——因为他把块状粪便认同为阴茎的事实,并再次让他确定了阴茎是施虐物的想法。因为这两者被他画上等号,粪便所具有的危险性使阴茎的危险与施虐特质增强了,也使一起被认同的施虐客体的危险性被强化了。

在当前的案例中,螃蟹的象征将危险的粪便、男孩的阴茎与父亲阴茎三者结合了起来。同时,由于男孩对性交中的父母的施虐渴望,父亲的阴茎和排泄物被他看成了危险的动物,所以他的父母会将彼此摧毁,也因此他感到有责任使用所有这些工具和资源来进行摧毁。在

第十四章 智力抑制理论

约翰的想象中，他也用粪便对父亲的阴茎进行了攻击，致使父亲的阴茎相比以前变得更为危险；而他的想象中，母亲体内也被他排放了自己危险的粪便。

我又问了他关于冰又有什么联想，他开始讲述一个玻璃杯，随后移动到水龙头前喝了一杯水。他说这水是麦茶，是他喜欢喝的，接着讲一个玻璃杯，这玻璃杯上有从杯子上破掉的"小碎片"——他是指雕花玻璃（cut glass）。他说玻璃被太阳给搞坏了，正如他前一天说的大冰块被太阳晒坏了一样。他说太阳朝着玻璃杯照射，里面的麦茶也被晒坏了。我又问他太阳是如何射向玻璃杯的，他说："通过热度。"

他边说着话，边从面前非常多的铅笔中选出了一支黄色的铅笔，在纸上画点，之后又在上面戳洞，直至那纸被弄成一条一条的。再之后，他又用小刀削着铅笔，黄色的外皮被削掉。黄色的铅笔是太阳，是他自己灼热的阴茎和尿液的象征 ["太阳"（sun）这个字表示他自己，也就是"儿子"（son），二者谐音]。在分析期间，许多时候，他会把少量的纸、火柴盒和火柴棒用火烧掉，同时，或者说与之交替的是，他会撕裂这些东西，给它们洒上水，然后浸泡起来，或是将它们割裂成一片一片的。这些物品是他母亲乳房或她整个人的象征。他也多次在游戏室里摔碎杯子。它们是他母亲乳房的象征，也是他父亲阴茎的象征。

在太阳身上还包含着更深一层的含义，它也是他父亲施虐的阴茎的象征。他边把铅笔削成一片片的，边说了一个字，那个字是将"去"（go）和他父亲的基督教圣名结合而组成的。所以是儿子和父亲一起把玻璃杯给毁坏的；玻璃杯代表着乳房，而麦茶代表了奶水。和肉块屋一样庞大的大冰块是母亲身体的象征，而他的热度和他父亲的阴茎与尿将之融化。当冰块变成深红色时，则是他母亲受伤而流出的血的象征。

约翰向我展示一张圣诞卡片，上面画着一只斗牛犬，旁边是一只很明显被斗牛犬杀死的鸡。两只动物都是棕色的（brown）。他讲到："我清楚，鸡、冰、玻璃还有螃蟹都是一样的。"我问他为什么，他解释："它们都是棕色的（brown），都坏了（broken），也都死啦（dead）。"正是因为全都死了，所以他没办法区分这些事物；除了鸡，全部的螃蟹都被他杀死了，那么多螃蟹象征了那么多的小婴儿，而冰和玻璃则是他母亲的象征，也全都被他弄脏了、伤了或杀了。

之后，在这同一个小时内，他又在画着平行的线，线的间距有窄有宽。这是他可以画出的最清晰的阴道符号。然后他拿着自己的小火车头，沿着平行的线开到车站，其间特别的放心、快乐。现在他感觉他可以与母亲象征式地性交；而在这之前的分析中，于他而言，母亲的身体一直是令人非常恐惧的地方。这好像显现出了一件事情，是我们在每个男人的分析中都可以确认的一件事：致使他们性能力受损的主要原因之一，可能是对女人身体的惧怕，他们觉得女人身体会带来毁灭。然而，这种焦虑也是求知欲被抑制的基本因素之一，因为这种冲动最早的目标客体是母亲的身体内部；在幻想中，母亲体内被探索、考察，被所有的施虐武器（sadistic armoury）进行攻击，包含了危险的武器，即阴茎，而这是后来造成男性性无能的另一个原因：潜意识中，穿刺（penetrate）和探索（explore）在很大程度上是相同的。因为这，在分析了约翰心中有关于他自己和他父亲施虐的阴茎的焦虑（尖锐的黄色铅笔与灼热的太阳一样）之后，他有了很大的进步，他可以使用符号来表示他与母亲的性交，并且探查她的身体。第二天，他可以心神专注、兴致勃勃地看着学校墙上的图片，也可以很容易地区分每个不同的单字。

现在我必须要提出焦虑的另一个起源,它与摧毁母亲的焦虑紧密关联,也必须说明这是怎样对智力造成抑制的,并阻碍自我的发展的。这跟一项事实有关,也就是肉块屋既是他母亲的身体,也是他自己的身体。早期焦虑情境的象征物在此出现,口腔施虐冲动引发了它,想要将母亲身体里的一切吃掉,尤其在幻想中,母亲身体里存在着很多阴茎,而他想要将这些阴茎吃掉。依据口腔吸吮的观点,父亲的阴茎与母亲乳房相同,所以也是欲望的客体,男孩在幻想中施虐攻击父亲的阴茎,致使这种混合非常快速地变成令人害怕的内在攻击者,与那些危险、凶猛的动物或武器一样。在我看来,形成父亲超我(paternal super-ego)的核心是内射的父亲阴茎。

通过约翰的例子,可以发现:(一)他判断在自己体内,也曾经遭受过摧毁,这摧毁与过去他想象曾对母亲身体内部所进行的一样;(二)他感受到了被内化的父亲阴茎与粪便对他自己的身体内部进行攻击是一件非常令人害怕的事。

在母亲体内进行摧毁激发出的过度的焦虑,会抑制他经由母体内取得清晰概念的能力,与此类似,当恐怖与危险的事情正发生在自己体内且方式相同时,同样也会使他焦虑,且使所有对身体内部的探索被压制;这是智力抑制的又一个因素。比如约翰:螃蟹梦分析完的隔天,那天他突然发现自己可以区分法国字,且在那天的分析之初他就宣布道:"我要将我的抽屉翻开了。"他在分析时使用的玩具都摆放在这个抽屉里。很多个月以来,所有可能的垃圾和废物都已经被他丢进抽屉里,废纸片、被胶水黏成一团的东西、肥皂碎屑、被剪成一段段的线等,在今天之前,他并没有下定决心要整理干净抽屉。

现在,抽屉里的东西被他分了类,没用或坏掉的物品都被丢掉了。当天,好几个月都没找到的自来水笔也被他在家里的一个抽屉内找到了。这样看来,他是以一种象征的方式对母亲体内进行了窥视,并修复它。这个抽屉也是他自己身体的象征，现在他已经不那么抑制想要熟悉身体内容物的冲动了。并且，正如分析过程所展示的，在分析中他可以较好地与分析师合作，关于他自己的问题他理解得也更加深刻。能够深入理解自己的困难，是因为他的自我发展有进步。这样的进步，是在特别分析研究过他的威胁式超我之后才出现的。依据儿童治疗的经验，尤其是特别小的孩子，对超我形成的早期阶段进行分析，能够使超我与本我的施虐减少，从而帮助自我的发展。

除此之外，在这里我想提醒诸位，在分析中我们可以经常发现，自我减少对超我的焦虑联结着儿童对于熟悉自己内在心理历程且使用自我对它们进行更有效的控制。在此案例中，整理东西代表了探查内在精神的现实。约翰整理抽屉也就是在整理自己的身体，区分开他从母亲体内窃取的物品和他自己的物品，也分开了"坏的"粪便和"好的"粪便，以及"坏的"客体和"好的"客体。整理时，坏掉、损毁和弄脏的东西被他认为是"坏的"客体、"坏的"粪便和"坏的"小孩，潜意识会将被损坏的客体看作是"坏的"、有危险的客体。

通过现在有能力探查不同的客体，判断出它们的作用，或受过的损伤等，他展现出了勇于面对由超我与本我在幻想中形成的浩劫；换言之，他正在通过现实测试。借此，他的自我有了更好的功能，可以决定东西使用的方式，可否修复或丢掉等；在同一时间，他的超我和本我迈入了一种和谐状态，强壮的自我可以协调它们。

在这方面的讨论之后，我想再回顾一个事件，就是他再次找到他的自来水笔的事件。现在我们已经在意义上诠释了自来水笔与他害怕他的阴茎所拥有的摧毁与危险特质（究其根本，这样的阴茎是他施虐冲动的象征），而这些施虐特质也有显示在减缓，他开始可以承认自己具有这样的器官。

这种诠释方式替我们将性能力与求知本能背后的动机揭露了出

来，潜意识中，发现（discover）和穿刺进某种东西（penetrate into things）是相同的活动。要补充一点，无数的活动、创造力与创作兴趣发展的基础是男性的性能力，在这个小男孩的例子里，指的是心理状态中的性能力。

我想表达的重点是，阴茎已经成为个人自我象征物的事实决定了这样的发展。在生命早期的阶段中，男孩们自己的阴茎被他们看作施行施虐冲动的器官，所以阴茎成为具有全能自大的原始感觉的手段与工具。基于此，并且它又是一个外在的器官，可以通过任何方式来检验和证明，所以对男孩来说，阴茎代表了自我、自我的功能和个人的意识；而被内化的、看不见也没办法了解的父亲阴茎（男孩的超我）则是象征了他的潜意识。假使儿童过于惧怕超我或本我，他们不仅不能对自己身体的内容和心智历程有了解，也不能在心理层面通过他的阴茎来进行自我的调节与执行，所以在这些方面的自我功能也会被抑制。

在约翰的这个案例里，找到自来水笔除了表示他承认自己的阴茎存在，且阴茎被看作骄傲和乐趣的象征，还同时表示他承认了自己自我的存在——这是一种态度，通过他自我发展的进步和自我功能的扩展体现出来，并削减了现在依然控制全局的超我力量。

我总结之前所述：在约翰更有能力去就他母亲身体内部的状况展开想象时，他也有更多的能力对外在世界理解和充分欣赏，与此同时，当他对于自己体内的了解更少抑制时，他可以对自己的心智历程有更深入的理解和更恰当的控制，然后他自己的心思可以更加的清静、有序。前者使心思清静，可以接纳更多的知识；后者让思想有条理、不混乱，可以思考、整理、联结获取的知识，并且也更能再次传递出去这些知识，即归还、系统化地阐述、表达知识，这都是自我发展进步的象征。这两种最根本的焦虑内容（和他母亲的身体及他自己的身体有关）相互影响，通过每个细节相互反映，相同地，如果能无阻碍地发挥内射和外射/投射（extrajection/projection）这两种功能，从这些来源而产生的焦虑就会减少，并且使这两种功能都能有更恰当、自愿式的表达。

而当超我过于强力地对自我进行支配时，会尝试不断通过潜抑的方式来使本我和内化的客体得到控制，此时自我通常会关闭自己，避免被外在世界和外在客体影响，所以将不会对那些可能形成自我兴趣与成就基础的各种刺激源产生反应，对于来自本我和来自外界的刺激也一样。

在有些案例中，大多把现实与真实客体看作可怕内在世界与意象反射，他们所见的外在世界刺激就像在幻想中被内化客体支配一样让人惊讶，这些内化客体拥有绝对的主导权，这使自我感到被迫放弃执行所有行动和智力活动，当然也不再拥有对这些事物的责任。某些例子显示，伴随对于学习的严重抑制，倔强、没办法被教育以及假知识会一起出现；后来我发觉，一则，因为被超我影响，自我觉得被压迫、被瘫痪，在它看来这个超我既蛮横又危险；二则，自我停止信任也拒绝被真实客体影响，通常原因是真实客体的影响被认定是完全对立于超我的要求，而更为常见的原因是自我对紧密的内在客体有太紧密的认同。之后，自我会尝试通过投射到外在世界的方式来对所有真实客体产生的影响进行对抗，借此证明它与意象之间是独立的。施虐和焦虑可以被减少到什么样的程度，超我怎样可以正常运作，来让自我可以有一个更宽广的基础，来执行它的功能，即决定病患对外在世界影响的接受程度，以及使他的智力抑制逐渐减轻。

我们已经知道之前讨论的各种机制会使某种特定形态的智力抑制产生。但在治疗时，这些机制表现出的临床图像却是具有精神病特质的。如我们所知，约翰恐惧螃蟹会变成他内在的加害者，这体现的是一种偏执的性格。另外，因为这种焦虑，他将自己封闭起来，把外界的影响、客体和外在现实都隔绝了，这种心理状态在我们看来，表明了个体被精神病困扰，尽管在此案例中，这样的状态主要只是使病患的智力功能降低了。即便在这一类的案例当中，这样的运作机制也不仅仅是有关智力抑制。在我们持续分析智力抑制，尤其是对儿童或青少年病患时，我们可以发现个体的整体存在和性格都发了非常大的变化，这变化不比我们在神经官能症特质减少方面观察到的小。

例如，我可以在约翰身上明确一件事实：一种明显的忧虑、秘密、不真实性，和一种对所有事物的特别强烈的不信任，在分析过程中都完全消失了，而这些都是他心智的一部分，他的性格和自我发展都有了特别大的正向变化。在这个案例中，各种妄想症特质已然被大部分减轻，而演变成了某种性格的扭曲和智力的抑制；但有证据表明，它们也使他身上出现很多神经官能症状。

在此我要再提到一两个智力抑制的机制，很明显的，这个案例有强迫式神经官能症的性格，且这似乎是由早期焦虑情境强大运作造成的。我们有时可以在上面描述的那种抑制变形中发现相反的极端结果，即渴望把任何能够摄入的事物都吸收进来，不能分辨哪些是有价值的，哪些是没有用的。我注意到在某些案例中，在我们之前提到的精神病式机制被分析成功地减轻之后，这些机制就可以运作起来，它们的影响也会被传达给个体。个体想获取智力的渴望取代了儿童之前不能吸收任何事物且有其他强迫式冲动伴随的状态，尤其是取代了想要搜集物品、囤积物品的渴望，然后根据相应的强迫行为把这些东西随便而不加以选择地发送出去，也就是排出它们。伴随这种强迫式摄入而来的，通常会有身体的空虚感、枯竭感等，在约翰身上也曾明显出现过这种感觉。它源于儿童心智最深层的焦虑：恐惧他的内在已经被损毁，或是满是"坏的"和危险的物质，担忧内在荒凉，或是缺少好的物质。经由强迫式的机制，这种造成焦虑的材料大部分会重组和改变，而少部分借由精神病式的机制来发生改变。

与其他强迫式神经官能症患者一样，在这个案例的观察中，我得到了在智力抑制方面（也是现在我们感兴趣的现象方面）的某些关于特殊强迫式机制的结论。简要说明结论之前，我要说，据我认为，强迫式的机制和症状一般来说能结合、改变和抵抗那些属于最早期心智层次的焦虑，基于此，强迫式的神经官能症由于最早的危险情境而发生。

重点是，我相信儿童的强迫式、几近于贪婪的搜集和囤积物品（包含把知识看作一种物质）是扎根于（还有其他的因素，在此不需要再多余叙述）他不断尝试以下两点之上的：（一）获取"好的"物质和客体（究其根本可以追溯到"好的"母乳、"好的"粪便、好的"阴茎"、"好的"小孩），通过它们的帮助，使自己体内"坏的"客体和物质的行动瘫痪；（二）积累足够的储藏物在体内，用来对他的外在客体的攻击进行抵抗，并且在必要的时候给母亲的身体修补，或者给他之前在很多客体处偷窃所产生的损害来进行修补。儿童用尽所有办法去使用强迫式的行为，但却不断被各种来源对立的焦虑发作阻挠（比如，儿童会猜测刚刚被他吸取入体内的是"好的"还是"坏的"，被他排出的东西是不是真的就是他体内"坏的"部分；或者他恐惧，由于越来越多的材料被放进他体内，他会再度产生掠夺母亲身体的罪疚感）。我们可以了解他不断觉得自己有责任去重复尝试的原因，以及这样的责任是怎样部分关联到他行为的强迫式特质的。

在这个案例中，我们已经知道，只要儿童那残忍与幻想式的超我被削弱（究其根本，那是他的施虐冲动），精神病式的机制与形成智力抑制的机制就会失去效力。在我看来，通过削弱严厉超我，可以使那些属于强迫式神经官能症类型的智力抑制机制减弱。假使真是这

第十四章 智力抑制理论

样,那么过度强烈的早期焦虑情境的存在以及源自最早阶段威胁式超我的优势地位,除了在精神病的形成上占据最根本因素的地位,在自我发展的干扰和智力抑制上也一样。

第十五章

儿童良心的
早期发展

第十五章 儿童良心的早期发展

当我对小小孩进行分析的时候,我对他们超我的建构基础进行了直接的观察,并获得了第一手知识。而我观察到的某些事实,能够让我对弗洛伊德的超我理论的某些方向进行拓展。现行观点认为,只有当俄狄浦斯情结消失之后,也就是在五岁左右,超我才会开始发挥作用。但是,在两岁零九个月和四岁的孩子身上,我发现了正在运作的完整的超我。另外,我的数据还表明,和较大儿童或者成人的超我相比,这种早期的超我严厉得超乎预料,而且更加残酷。事实上,这个更为残酷的超我蹂躏着小小孩脆弱的自我。

在成人的超我中,我们发现他们的内在父母比现实中真实的父母更加严厉,他们之间虽然不能等同,却有某些相似的地方。而我们在小小孩的身上发现的超我不仅不可思议,并且还具有幻想特质。孩子的年龄越小或者我们越深入他的心灵层次,这种现象就越加明显。我们在孩子的心智生活中,常常发现他们担心自己被吃掉、被切碎、被撕成碎片,或者担心自己被恐怖的事物包围、追赶。如我们所知,每个孩子的幻想中都会出现大量的会吃人的狼、会喷火的龙以及所有神话和童话故事中的邪恶怪兽,这些邪恶的形象从潜意识层面影响着孩子,让孩子产生自己会被这些邪恶的形象迫害、威胁的感觉。我认为,我们可以更进一步地了解这个现象。根据我的观察分析,我对这些孩子们幻想出来的、令人害怕的形象从不怀疑,因为我认为,这背后确实存在真实的客体,即孩子自己的父母;而不管他幻想出来的形象有多么扭曲和凭空捏造,它们在某些方面确实反映了孩子父母亲的特征。

如果我们认同这些从早期分析中观察到的事实，并认同孩子害怕的这些野兽和怪物其实是他们父母的内化形象这一观点，我们便可得出以下结论：（一）儿童的超我和他现实中真实父母呈现出的样子并不相符，而是根据他将父母内化以后对他们的想象或者意象所创造出来的。（二）儿童害怕真实客体——畏惧性质的焦虑——的原因是他不仅害怕那些和现实不符的超我，还害怕他们心中的真实客体，即便这只是受到超我影响的幻想观点。

因此我认为，我们必须要思考一个问题，这个问题是关于超我形成的众多问题中最核心的一个问题：儿童是如何在幻想中创造出这样一个与现实天差地别的父母形象的？而这个问题的答案就在我们早期分析所获得的事实中。我们在讨论儿童心智最深层次的时候发现了非常强烈的焦虑存在，即儿童对他所幻想出来的客体感到恐惧，并害怕它们会通过各种方式来攻击自己。与此同时，我们还观察到了跟焦虑等量齐观并受到潜抑的攻击冲动，以及孩子的害怕与攻击倾向之间的因果联结。

儿童将自己内在的焦虑来源转移到外界，让他的外在客体转变成了危险客体，但是从本质上来说，这种危险仍然是他自己攻击本能的一部分。由于这个原因，他对于客体的恐惧往往和他自身施虐冲动的程度成正比。

然而，这个问题并不是像将一定数量的施虐冲动转换成相应数量的焦虑这样简单，我们还需要考虑到关系。儿童对客体的恐惧和想象中的攻击，会反过来伤害到他自己，而受害的细节则跟他对环境所持有的特定攻击冲动与幻想密切相关。虽然我们在任何一个案例中看到的父母，都具备不符合现实、令人害怕的特征，但通过上述的方式，儿童会各自创造出专属于自己的父母意象。

据我观察，儿童在最初用口腔内射他的客体的时候超我就已经开始形成了。而第一个形成的客体意象，拥有了在这个发展阶段中的强烈施虐冲动所具有的一切特质，因为这些特质会再次被投射到外在世界的物体上，因此，小小孩饱受着害怕自己受到无法想象的残酷攻击的煎熬，这些攻击同时来自他的真实客体和超我。焦虑会导致他的施虐冲动增强，想要将这些敌意客体毁灭，从而逃避它们的猛烈攻击。于是就形成了一个恶性循环：儿童的焦虑迫使他摧毁自己的客体，导致其焦虑更加强烈，而这些焦虑又迫使他不得不再对抗他的客体，最后形成一种心理防卫。我认为，这种防卫奠定了个体反社会和犯罪倾向的基础。因此我们必须假设，反社会和犯罪倾向产生的原因是，超我过于严厉且十分残忍，而并不是像一般推测的那样，是个人的弱点或需要。

而在之后的发展阶段里，对超我的恐惧会导致自我害怕面对那些引起焦虑的客体，这样的防卫机制将会造成儿童的客体关系出现残缺或者损害。

如我们所知，当儿童的性器期开始发展时，说明他已经克服了施虐本能，而他跟客体的关系也因此具有正向的性质。我认为，在儿童的发展中，这种进步会跟超我本质的改变同一时间发生，两者间存在非常密切的互动关系。随着儿童的施虐冲动逐渐缓解，他那些不真实的、令人害怕的意象所产生的影响就越小，从儿童自己的攻击倾向所产生的各种幻想退居到背景之中，这样的形象更加符合真实客体。随着性器冲动越来越强，儿童形成了良好而有益的父母意象，这样的意象建立在口腔吸吮期、儿童对于宽大而仁慈的母亲的固着上。原本超我是非常残暴且极具威胁力量的，它不断下达毫无意义且自相矛盾的命令，完全无法被自我所满足；而现在，超我开始用一种更加温和与令人信服的方式规范着儿童，并制定了一些合理的（能够被自我满足的）要求。事实上，当儿童可以真实地感受世界，超我就会转化成我们所谓的良心。

此外，由于超我性质的变化，它对自我的影响以及它运作所产生的防卫机制都会跟着改变。我们从弗洛伊德处了解到怜悯是相对于残忍的反应，但必须得等到儿童达到某种程度的正向客体关系时，这种反应才会出现，换句话说，要等到性器组织（genital organization）正式浮现之后，这种反应才会出现。如果将这种事实跟关于超我形成的事实并列，我们将可以得出以下结论：只要超我的主要作用是唤起焦虑，它就会如上述所讲那样，去启动那些自我的暴力防卫机制，而这些防卫机制的本质是反伦理和反社会的。但是，当儿童的施虐冲动降低、超我的本质和功能有了变化、引发的焦虑减少、罪疚感增多的时候，就会将奠定道德和伦理态度的那些防卫机制启动，这时候，儿童就会开始关心他的客体，并且愿意服从社会情感。

上述观点是在对不同年龄的儿童进行了无数分析之后得出的。通过游戏分析，我们密切观察到患者们在游戏和玩耍中呈现出的幻想，并在这些幻想跟他们的焦虑之间建立起联结。当我们分析到患者的焦虑内涵时，发现那些引起焦虑的攻击倾向和幻想逐渐浮现出来，然后变得越来越清晰，最后渐渐在数量和强度上占据巨大的比例。小小孩的自我时刻面临着危险，即随时可能被自己巨大的原始力量压倒。凭借原欲冲动的帮助，儿童通过压住这些力量、使它们平静下来并变得无害等方式，不停地抗衡着这些力量，从而维护自身的完整。

这样的意象刚好可以佐证弗洛伊德在论文中关于生之本能（性欲）和死亡本能之间的交战以及关于攻击本能的论述。但同时，我们还可以确认，无论何时何地，两股力量之间始终存在着非常紧密的联盟与互动，因此，精神分析一定要追溯到儿童攻击幻想的所有细节才算圆满，竭尽全力地追溯原欲幻想，揭示它们最早期的来源，从而减少它们所产生的影响。如果不能做到这样，就不能称为成功的分析。

第十五章 儿童良心的早期发展

在思考这些真实内涵以及锁定那些幻想时，我们从弗洛伊德和亚伯拉罕处了解到，在最早期、性器期之前的原欲组织，原欲与摧毁本能的融合在这样的组织中发生时，儿童的施虐冲动达到最高峰。对成人的分析表明，在口腔吸吮期之后出现的口腔施虐期中，小小孩经历了一个和大量食人幻想密切相关的食人阶段。虽然这些幻想的内容主要还是吞掉母亲的乳房或母亲整个人，但它们不仅仅跟希望被喂养、被满足的原始欲望有关，它们还可以满足儿童的摧毁冲动。而紧随其后出现的施虐期——肛门施虐期——其特征是对排泄过程（粪便和肛门）有着非常浓厚的兴趣；这个兴趣也跟非常强烈的摧毁倾向密切相关。

我们知道，排泄粪便象征着把原本跟自己合为一体的客体排放出去，敌意和残酷的感觉也随着产生，通过各种各样的摧毁欲望，臀部变成负责进行这些活动的重要客体。我的观点是，这些肛门施虐倾向同时包含了更多深深潜抑的目标和客体。从我从早期分析中搜集到的数据来看，在口腔施虐期跟肛门施虐期之间存在另一个阶段，在这个阶段中，个体通过尿道施虐感觉自己的存在，在口腔倾向之后，尿道和肛门倾向陆续出现，与特定的攻击目标和客体有关。儿童在口腔施虐幻想中，通过牙齿和下颚这两种手段对母亲的乳房发起攻击；在尿道和肛门幻想中，儿童企图通过自己的尿液和粪便来将母亲的身体内部摧毁掉。在这些后期产生的幻想中，排泄物象征着各种武器、野生动物或者用来焚毁和腐坏其他东西的物质等。因此当儿童进入某个时期的时候，他会将所有可以用来施虐的工具用来针对他唯一的目的，即摧毁母亲的身体以及其身体里的一切。

儿童的口腔施虐冲动仍然潜在影响着其对客体的选择，因此，儿童会将母亲的身体视为一个乳房，希望吸光、吃光母亲身体内里的所有东西。但这个冲动会因为儿童在这个时期所发展出的第一个性理论而得到延伸。我们知道，当儿童的性器本能被激发，他的潜意识就会开始对父母间怎么性交联结、小孩怎么出生等种种疑惑形成一些理论。但是早期阶段的分析表明，事实上，在比性器期更早的阶段中，儿童就已经发展出了这种潜意识理论。在比性器期更早的阶段中，即便儿童潜藏未露的性器冲动确实有着某些影响力，但是，前性器期冲动（pregenitalimpulses）仍然是整个局面的主导。这些理论的内涵大意是，在性交的过程中，母亲不断地通过口腔把父亲的阴茎吞入身体里，因此她的身体里充满了很多阴茎和婴儿。儿童希望吃光和摧毁这些阴茎和婴儿。

因此，当儿童在攻击母亲的身体内部时，同时也在攻击着很多客体，并展开了一段担心种种后果的过程。最初，子宫象征着世界；儿童原本就带着攻击和摧毁的欲望接触这个世界，他从一开始就认为这个真实的外在世界有着极大的威胁，这种威胁跟自己带有的敌意不相上下，在这个外在世界里充满了各种准备对自己发起攻击的客体。儿童攻击母亲身体的想法，会让他认为自己同时也在攻击自己的父亲和兄弟姐妹；广泛地说，儿童认为自己攻击的是整个世界。而根据我的经验，这便是造成儿童产生罪疚感，并且发展出社会和道德情感的潜在原因之一。当过于严厉的超我逐渐减弱，它在巡视自我幻想中的攻击时会激发罪疚感，从而激发儿童身上非常强烈的修复倾向，以弥补儿童在幻想中对所有客体产生的损害。这些摧毁幻想的内容和细节会因人而异，但都会帮助个体决定其升华作用的发展，也间接帮助儿童的修复倾向，或者甚至产生更加直接的助人欲望。

游戏分析表明，当儿童的攻击本能到达顶点时，他会不断地去撕裂、切断、破碎、弄湿或者焚烧一切物品，比如纸、火柴、盒子、小玩具等所有可以象征他的父母和兄弟姐妹以及母亲身体与乳房的物品。然而这种疯狂的摧毁会随着焦虑的出现和罪疚感的产生而改变。

但是在分析的过程中，当焦虑逐渐得到缓解，儿童的建设倾向也会开始浮现。比如，一个小男孩开始的时候只喜欢把木块切成碎屑，除此之外，什么也不愿意玩，但是现在他开始尝试将这些碎屑拼凑成一支铅笔。他把之前切碎的笔芯塞进木头里，再用一张纸把这个粗糙的木头包起来，让它看起来更加漂亮。这支手工做成的铅笔，象征着他在幻想中已经毁坏的父亲的阴茎，也象征着他自己的阴茎，因为他害怕自己因毁坏父亲的阴茎而遭到报复；从他使用和表现的这些材料的前后联系，以及对这些材料的自由联想中，我们可以清晰地看到这一点。

在儿童分析的过程中，当他开始通过各种各样的方法呈现出更强的建设倾向时，比如通过游戏或者各种具有升华作用的活动——绘画、书写等，而不像之前那样用灰烬把所有东西弄脏，或者重新缝补和设计他曾经切碎或撕成碎片的物品——这时，他跟父亲、母亲以及兄弟姐妹的关系也会发生变化；一般而言，这些改变标志着儿童客体关系的进步以及社会情感的更加成熟。但是，儿童到底可以学会通过什么途径来进行升华作用？他的修复冲动究竟有多强烈？他会采取什么形式来修复？要知道以上的问题的答案，除了要衡量儿童原始攻击倾向的程度之外，还要参照和其他诸多因素之间的交互作用，由于篇幅原因，我们在此先不详细探讨。然而我们可以根据已知的儿童分析知识得出以下结论：分析超我的最深层，可以让我们帮助儿童在很大程度上改善他的客体关系，增加他使用升华作用的本领，并增强他对社会的适应能力——意即分析本身既可以让儿童更快乐、更健康，还可以加强他的社会和伦理情操。

在此，我们还得思考一个可能会出现在儿童分析中的明显阻碍，有人会问：当超我被过度减少到低于某个期望值，变得不够严厉时，会不会产生反效果，使儿童怠惰而不去发展适当的社会和伦理情感？

要回答这个问题，首先，据我所知，事实上，超我并没有被过度减少；其次，有大量的理论依据使我们确信这种情况永远不会发生。根据真实的经验我们知道，在分析性器期之前的原欲固着时，就算是在非常理想的情况下，我们也只能成功地将一部分原欲转换成性器期的原欲，而那些剩下的无法被转换的原欲仍然会发挥影响力，持续以施虐及前性器期原欲的方式发挥作用。原因是此时性器层次的优势地位已经确立，自我有更强的能力通过种种方式应付超我，比如去获得满足、压制过度的超我，并且进行超我的转化和升华等。同样地，因为施虐的核心是前性器层次的主要产物，因此分析是永远无法将它从超我中彻底消除的；但是分析可以增加性器层次的力量，从而减轻施虐冲动，让已经茁壮的自我可以像处理本能冲动那样去应付超我，采取让个体自身与所处的世界都能两全其美的方法。

思考至今，我们确定了一个事实：一个人的社会与道德情感，源于性器层次主导下的一种较温和形态的超我。接下来，我们不得不考虑紧跟在这个事实之后的某些逻辑推论。分析越深入儿童的心灵层次越可以降低在早期发展阶段中产生的施虐成分的影响，并能够成功地减少超我的严厉性而产生效果。为了实现这一结果，分析会铺设一条道路，让接受分析的孩子在儿童时期可以更加适应社会，同时促进他在成人时期能够顺利发展道德与伦理标准。因为这种形式的发展，必须依赖超我和性特质同时在儿童期性生活阶段结束之前达到令人满意的性器层次，这样一来，超我应该已经从个人的罪疚感中发展出深具社会价值的特质和功能，比如个人的良心。

以往经验表明，弗洛伊德发明的精神分析原本是作为一种治疗心理疾病的方法，但是，它同时还发挥了第二个作用——纠正了性格形成（character-formation）过程中的扭曲和阻碍，尤其在儿童和青少年的身上，它可以引起非常大的改变和影响。可以说，儿童一旦接受分析之后，他的性格一定会发生根本性的变化。基于对事实的观察，我们不得不相信：性格分析（character-analysis）和神经官能症分析两者在治疗效果上的重要性是一样的。

　　基于这些事实，一些人不由得对精神分析产生疑惑，精神分析是不是难以超越对于独立个体的治疗范围从而对整个人类的生活产生影响？过去人类为改善人性而做的种种努力都以失败而告终，尤其是关于让人们更加爱好和平的努力，因为没有人可以真正了解每一个个体与生俱来的攻击本能完整的深度和力量。这些努力仅仅局限于鼓励人们正向的、有益的冲动，却否认或者压抑了他们的攻击冲动，因此这些努力从一开始就注定了前功尽弃的结果。但是针对这类问题，精神分析采用了不同的处理方式。不可否认，精神分析确实无法将人类的攻击本能彻底消除，但是它可以缓解这些本能运行时产生的焦虑，中断人们的恨与恐惧之间不断互相增强的恶性循环。在分析的工作中，我们始终思考着如下几个问题：怎么解决早期婴儿期的焦虑？这不仅仅是要减轻、修饰儿童的侵略冲动，还要从社会的观点把侵略冲动导向更有价值的活动并从中获得满足；儿童怎样才能不断成长以及拥有坚不可摧的被爱和爱人的欲望，并跟周围的世界和平共处？从满足这些需求当中，儿童可以收获多少快乐和益处，减轻多少焦虑？当我们可以看到总体时就能够准备好去相信：现在看起来像是一种理想国的境界，在未来是有可能实现的。当儿童分析能如我所愿，未来成为每个人成长经历的一部分，就好比现在这样，教育是每个人成长经历的一部分，那么即便每个人身上都多多少少潜伏着一些由害怕和怀疑所萌生的敌意态度，并随着每次摧毁冲动的出现而有所增强，但到了那个时候，这些敌意或许会让步，使个体更加信任和善待周围的人，让居住在世界上的人类可以更加和平共处、相濡以沫。

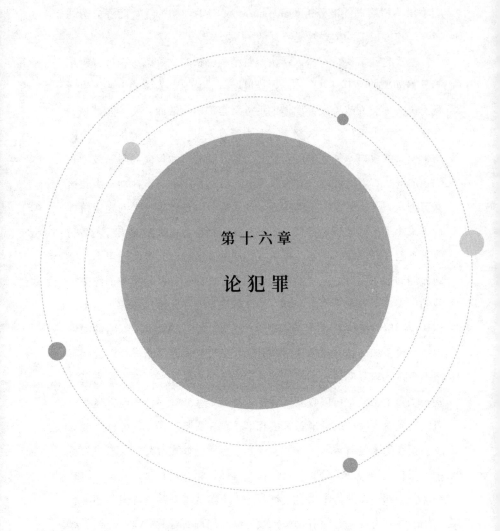

第十六章

论犯罪

第十六章 论犯罪

1927年，在我口头发表的一篇文章中，我努力证明，即便是正常的儿童，他们身上也存在着犯罪倾向，同时还提出了关于潜伏在自我中心与犯罪发展之下的影响因素。我发现，儿童会呈现出反社会和犯罪倾向，不断地通过实际行动来表明（当然是通过孩子的方式），尤其是他们非常害怕父母会以残酷的报复手段来惩罚他们针对父母的攻击幻想。在潜意识中，儿童预期自己会被千刀万剐、斩首、吞噬等。为了得到处罚，儿童会认为自己一定要表现得更顽皮一些，因为在现实生活中，无论惩罚有多严重，和他们持续从幻想中的残忍父母那里得到的凶残攻击相比，真实的处罚反而一次又一次地让他们放心。在那篇文章中，我做了如下结论：犯罪倾向不是一种弱点，也不是一种缺乏超我的现象（尽管外界常常这样认为）；换句话说，这并不代表他们没有良心，相反，过度严格而绝对的超我才是造成他们反社会和犯罪典型行为的主要原因。

儿童分析的进一步发展证实了这些观点，同时也帮助我们进一步理解，这种机制在这类个案身上是怎么运作的。最初，小小孩对他的父母怀有攻击冲动和幻想，接着全部投射到父母的身上，这样一来，他就会对周围的人形成一种幻想式的扭曲想象，但是同时，内射的机制也在运作，于是这些虚构的意象被内化，结果导致儿童认为自己被潜意识里危险而残酷的父母——他自己内在的超我——所支配。

每个人都会经历早期施虐阶段，在这个阶段中，儿童保护自己不受他的内射或者外在暴力客体威胁的方法，是在幻想中反复地更加强烈地攻击这些客体；他希望摆脱自己的客体的原因之一是想要减弱超我给他带来的无法忍受的威胁。这导致了一个恶性循环，儿童的焦虑让他不得不摧毁自己的客体，摧毁客体导致焦虑更加强烈，焦虑的上升再次驱使他反抗自己的客体；而这种恶性循环所构成的心理机制，也许就是个体形成反社会和犯罪倾向的基础。

当儿童处于施虐冲动和焦虑都渐渐减弱的正常发展过程中时，他可以找到更好、更社会化的手段和方式来熟练地处理这些焦虑。当儿童适应现实的能力增强之后，他便可以从和真实父母的关系中得到更多的支持和力量来对抗幻想意象。在最早期的发展阶段里，他对父母和兄弟姐妹的攻击幻想会引发焦虑，因为他深怕这些客体会反过来对付他。而现在，这种倾向却变成了罪疚感的基础，促使儿童想要修复他在幻想中造成的伤害；同样的变化也会因分析的进行而出现。

个体恢复的倾向和能力提升得越多，对周围人们的依赖和信任就越多，超我就会越温和，反之亦然。但是，如果影响个体的施虐冲动和焦虑非常强烈（在这里，我只简单地提及一些比较重要的因素），那么在他们身上，由恨、焦虑和摧毁倾向所构成的恶性循环是挣脱不了的，他仍然受到早期焦虑情境的压迫，仍然使用属于早期阶段中所使用的防卫机制。假设个体未来对于超我的恐惧超出了某条界线，不管是因为外在还是精神内在的原因，个体都会有被迫去摧毁他人的可能，这种无法抗拒的冲动可能会成为某种犯罪行为或者精神病的发展基础。

于是我们推测，妄想症和犯罪可能也出自这样的心理根源。而后面，某些因素可能促使罪犯想要压抑潜意识幻想的想法更加强烈，最终在现实中犯下罪行。被害幻想经常出现在这两种情况中，原因是罪犯认为自己即将摧毁他人，从而产生被害感。通常情况下，某些儿童不仅仅在幻想中，也会在现实中感受到一定程度的被害感，这种感觉也许来自严酷的父母和痛苦的环境，使得他的幻想受到很大程度的强化。当内在的心理困难（有一部分可能是环境造成的结果）不能被他人充分地察觉，个体往往会产生一种倾向，即过度重视那些不能让人满意的环境。因此仅仅改善孩子的环境能不能让孩子获益，还得视精神内在焦虑（intrapsychical anxiety）的程度而定。

罪犯有一大问题，也正是这个问题让他们不能被社会上的其他人理解，即在他们身上缺乏人类与生俱来的善念，哪怕这种缺乏只是表面上的。在分析中，当个体触及恨和焦虑的根源处产生的最强烈的冲突时，他会发现那里其实是有爱的。罪犯身上的爱并没有消失，而是通过这个方式被隐藏、埋葬起来，只有通过分析的方式，才能让他们心中的爱重见天日。既然个体所憎恨的迫害客体曾经是幼婴心中那个聚集了所有爱和原欲的客体，那么，现在罪犯其实是处在憎恨并迫害自己所爱的客体的位置上。因此，当罪犯处在这个位置上时，他忍受不了在所有记忆和意识中存在对任何客体怀有任何爱的感觉。"世界上只剩下敌人"——罪犯心里是这么想的，他也因此觉得自己的恨和摧毁具有绝对的正当性——这种态度能够让他潜意识中的某些罪疚感得以减轻。恨最常被用来当成爱的伪装。我们一定要铭记，对于身处持续的迫害压力下的人来说，他首先考虑的，也是唯一的考虑，那便是个人自我的安全。

我的结论如下：在个案身上，如果超我的主要作用是激发焦虑，那么这个焦虑就会触动自我的暴力式防卫机制，这些机制本质上是违反伦理道德和反社会的。不过，当儿童的施虐冲动有所降低，超我的性质和功能发生变化，就会引发较少的焦虑和很多罪疚感，此时防卫机制被激活，奠定了合乎道德和伦理的态度。儿童于是开始关心他的客体，并且愿意服从社会情感。

虽然我们不必过于悲观，但是我们也要知道，想要接触和治疗一个成年罪犯，并不是那么容易的；不过，经验让我们知道，接触和治疗具有犯罪倾向与精神病的儿童是可行的。因此，对出现犯罪倾向或者精神病异常征兆的儿童进行分析，也许是减少青少年犯罪的最佳办法。

第十七章

论躁郁状态的
心理成因

我曾做过一段关于施虐高峰期的说明。当儿童还未满一周岁的时候，他常常会经历这个阶段。儿童在婴儿时期最初的几个月里，他的施虐冲动不只针对母亲的乳房，还针对母亲身体的内部，比如掏、挖、吞噬、摧毁母亲身体里的物体。婴儿的发展取决于内射与投射机制，自我一开始内射了"好的客体"和"坏的客体"，但无论哪一种，都是以母亲的乳房为原型——当它让他满足时是好的客体，当它令他失望时是坏的客体，这是因为婴儿将自己本身的攻击性投射到这些客体上，因此感觉到它们是"坏"的。此外，对孩子来说，这些客体不仅让他们的渴望受到了挫败，而且还让他们感觉到危险——生怕它们是会吞噬自己、掏空自己的身体内部、切碎以及毒害自己的迫害者，换句话说，就是竭尽全力达到施虐、破坏的目的。这些意象是根据真实客体在幻想中被扭曲的样子，不仅被装置在外在世界中，也通过吞并（incorporation）的过程被装置于自我当中。因此，很大一部分儿童都无法通过焦虑情境（或者用防卫机制来反应），这种焦虑情境的内涵并不亚于成人精神病的内涵。

在早期的时候，精神盲点（scotomization），即否认精神现实这个方法被用于应付迫害者——无论是外在世界还是内化的——的恐惧。这可能造成了一个结果，那就是在一定程度上对内射和投射的机制产生的限制，并且否认了外在现实，为最严重的精神病奠定了基础。很快地，自我为了保护自己，想要借由排出和投射这个过程来抵御内化的迫害者。与此同时，由于对内化客体的恐惧并不会随着投射到外而消失，于是同样地，自我采用对付外在世界的迫害者的相同力

第十七章 论躁郁状态的心理成因

道来对付身体内部的迫害者。这些焦虑内容和防卫机制为妄想症奠定了基础。从婴儿对于魔术师、巫师以及恶兽等的恐惧中，我们察觉到了相同的焦虑，但是我们还发现，这些焦虑已经被进行了投射和修正。此外，我还有一个结论，那就是婴儿的精神病焦虑，尤其是偏执的焦虑，跟强迫的机制密切相关并受其影响的，在很早期的时候，这些机制就已经存在了。

在本书中，我想要讨论的问题是，忧郁状态跟妄想症的关系，以及它在另一方面跟躁动症的关系。在一些严重的神经官能症、边缘型的案例中，以及在某些表现出混合偏执与忧郁倾向的成人和儿童病例的分析工作中，我获得了一些材料，这些材料正是我得出的结论的依据。

曾经，我对各种不同程度和形式的躁动状态进行过研究，其中包括在正常人身上出现的属于轻微症状的轻躁症（hypomanic state）。而同时事实证明，我们对于正常儿童和成人身上的忧郁与躁动特质的分析也非常具有启发性。

弗洛伊德和亚伯拉罕认为，抑郁症（melancholia）的基本过程是失去了所爱的客体。失去一个真正的客体或者失去跟这个客体具有相同意义的类似情境，导致客体被放置在自我里面。随后，由于个体的食人冲动过于强烈而导致内射失败，最终造成了生病的结果。

对于抑郁症来说，内射为什么这么特殊呢？我认为，在吞并这个问题上，妄想症和抑郁症两者之间的相异之处是，个体和客体之间关系的变化，虽然这也是内射的自我在构造上发生变化的问题。爱德华·葛罗夫（1932）认为，在最开始的时候，自我仅仅是非常松散地被组织起来，其中包括了很多自我核心（egonuclei）。他还认为，在最开始的阶段，在这些核心中，口腔的自我核心占据主导地位，后来则变成肛门的自我核心占据主导地位。而在早期阶段中，口腔施虐扮演着重要角色——我认为这个阶段是精神分裂症形成的基础。这个时候，自我对客体的认同能力仍然较弱，原因之一是它本身尚未进行协调，原因之二则是被内射的客体仍然主要是一部分客体，而这一部分客体等同于粪便。

对于妄想症来说，典型的防卫目标主要是消灭"迫害者"，然而由自我产生的焦虑是非常明显的。随着自我越来越组织化，内化的意象就会越来越接近现实，自我便可以更加充分地认同"好的"客体。最初的时候，自我感受到的只有对迫害者的恐惧，而现在，自我也跟好的客体产生关联，因此，大家认为，保存好客体和自我生存的意义同样重大。

与此同时，还有一个非常重要的变化正在发生着，即从与"部分客体"的关系发展到与"完整客体"的关系。从此，自我成为被称为"失去所爱客体的处境"的基础。只有在将客体当成整体来爱的时候，失去它才会被感受到是完整的。

随着与客体关系的变化，出现了新的焦虑内涵，即防卫机制发生的变化也对原欲的发展产生决定性的影响。客体由于害怕受到施虐破坏，会让自身成为在个体身体内部的毒害和危险的来源。这种偏执焦虑造成了个体在吞并这些客体的同时（尽管其口腔施虐攻击正炽），对它们非常不信任。

这样一来，就降低了个体的口腔渴望，其表征我们常常可以在常见的幼儿进食困难上看到，我认为这些困难有偏执的根源。当一个儿童或者成人对好的客体的认同更进一步时，他的原欲冲动就会有所增强，并形成一种贪婪的爱，想要将这个客体吞并，因此，内射的机制又一次被增强。此外，他发现自己总是被驱使去重复吞并好的客体——也就是说，重复吞并好的客体，目的是检测其恐惧的现实性，并证明它们是假的——原因之一是他害怕会因为自己的食人性而失去

第十七章　论躁郁状态的心理成因

它，另一个原因是他对内化的迫害者感到恐惧，因此需要好的客体来帮助他对付这些迫害者。在这个阶段，自我从来没有感受到爱和想要内射客体的需求而被焦虑驱使着。

另外一个刺激其内射增加的幻想是这样的：所爱的客体可以被安全地保护在个体内部。在这种情况下，内在的危险被投射到外在世界中。

不过，如果对客体的关心和对精神现实的了解有所增加，那么正如亚伯拉罕所说的：害怕客体会在组合的过程中被摧毁的恐惧，对其内射功能造成了各种干扰。

根据我的经验，更确切地说，在自我内部，客体可能会遭遇一种非常危险的深度焦虑，它并不能被安全地保护在那里，原因是内在被认为是危险有毒的场所，所爱的客体在那里会死亡。在这里我们看到了我在上述内容中提到的一个情境，即内在是"失去所爱的客体"的基础情境；当自我对好的内在客体的认同更进一步时，便能觉察到这个情境本身是无法保护和保存好客体免受内化的迫害客体与本我的伤害的。在心理上，这种焦虑是可以被理解的。

对于自我而言，哪怕当它对于客体的认同足够充分的时候，它也没有放弃较早期的防卫机制。亚伯拉罕做了一个假设，消灭和排除客体（较早期肛门层次的典型过程）唤醒了忧郁机制。如果这个假设成立，它将让我更加确定妄想症和抑郁症之间起源上相关性的概念。我认为，通过种种源于口腔、尿道以及肛门施虐的方式来破坏客体（不管是在身体内部还是在外在世界中）的偏执机制是源源不断的，只不过是其破坏的程度较轻，并且因为个体跟其客体之间关系的改变而得到一些修正。正如我曾经说过的，害怕好的客体会跟着坏的客体一同被排出这种恐惧导致排出和投射的机制没有了价值。我们知道，在这个阶段中，自我更善于将内射好客体用来作为防卫机制，这跟修复客体的机制这种重要的防卫机制是息息相关的。我曾在几篇比较早的著作中,详细地讨论过复原(restoration)的概念,同时还说明了它不仅仅是反向作用(reaction-formation)。自我感觉到它被驱使(在此我补充一点,原因是它受到它认同于好客体的驱使)去对它曾经对客体做过的所有施虐攻击进行修复。当好的和坏的客体之间的裂痕非常明显的时候,个体尝试着去复原好的客体,并在复原中对它曾经施虐攻击过的每一个细节进行补偿。但是,自我对客体的善意和它自身的偿还能力还没有充分的信任;另一方面,自我通过对好客体的认同以及因为认同而促进的其他心智上的发展,迫使它对精神现实产生更充分的认识,这让它置身于猛烈的冲突之中。对于自我来说,它的某些客体(未定的数目)是迫害者,这些客体随时会吞噬它、侵犯它,并且从各个方面危及着自我和好的客体。儿童在想象中对父母发动的每一次攻击(主要原因是对父母的恨,其次是为了自我防卫),某一个客体对另一个客体的每一次暴力行动(尤其是双亲具有破坏性和施虐的交合,被儿童视为自身施虐愿望的另一种结果),这一切事情都在外在世界中进行着,并且随着自我将外在世界吸收到它自己里面,这些也被吸收进了自我当中。不过现在,这些过程全部被当作危及好客体跟坏客体的长期危险来源。

的确,由于好的客体和坏的客体之间的界限更加分明,个体的恨意被导向坏的客体,而其爱和努力修复则更加专注于好的客体。但是,其过度的施虐和焦虑阻碍了心智的发展和进步,任何一个内在或者外在刺激(比如,每一次真实的挫折)都是非常危险的:不只是坏的客体,好的客体也遭受本我的威胁,原因是每当触碰到恨和焦虑时,它们之间的这条界限都有可能被消除,从而导致"失去了所爱的客体"。原因不仅仅是个体无法控制的恨太过于强烈,同样地,当爱太过于强烈时也会危及客体,因为在发展的这个阶段中,爱一个客体

第十七章 论躁郁状态的心理成因

跟将它吞并是紧密联系的。一个幼儿在看不见母亲的时候，会认为是自己把她吃掉并且毁灭了（这种动机可能是来自爱，也可能来自恨）。幼儿饱受焦虑的折磨，不仅为了真实的母亲，同时也为了被他吞进身体内部的好母亲。

可以明确的是，在这个发展阶段中，自我会感觉到，自己因为不断地拥有内化的好客体而遭受它的威胁，从而产生了焦虑，担心这些客体会死亡。在儿童和成人都饱受的忧郁之苦中，我察觉到了对于个体内部隐藏了濒死或者死亡的客体（尤其是双亲）的恐惧，以及自我对这种状况的客体的认同。

从精神发展开始的那一刻起，在真实客体和那些被装置在自我内部的客体之间就已经有着某种相关性，由于这个原因，我上文描述的焦虑会让儿童对母亲或任何照顾者呈现出夸张的固着。母亲不在的情况激发了儿童的焦虑，害怕自己会被交给坏的客体——外在的和内化的——无论是因为她的死亡，还是因为她以坏母亲的形象回来。

对于儿童来说，这两种情况都是失去了所爱的母亲。我想要强调的是，对失去内化的"好"客体的恐惧，成了害怕真实的母亲死亡的焦虑来源；另一方面，暗示着失去真实的所爱的客体的任何一个经验，也都会引发害怕失去内化客体的恐惧。

正如我所说，我的经验让我得出以下结论：失去所爱的客体发生于自我从组合部分客体过渡到完整客体的发展过程中。在描述过这个阶段中自我所处的情境之后，在这一点上，我可以更明确地表达我的观点：那些在后来清楚地成为"失去所爱客体"的过程，都是由于个体保护不了其内化的好客体——也就是无法拥有它——的挫败感所决定的（在断奶以及断奶的前后阶段），失败的原因之一是，他克服不了对内化的迫害者产生的偏执式恐惧。

在这一点上还有一个重要问题，这个问题关系到整个理论。根据我自己以及许多英国同事的观察，我们得出了以下的结论：早年的内射过程对正常和病态发展的直接影响更加重要，而且从某些方面来说不同于之前在精神分析学界中被广泛认同的想法。

我们认为，形成超我基础的甚至还包括最早期被吞并的客体，并且这些客体进入了超我的结构中，这个观点绝非仅限于理论方面。当我们对早期婴儿的自我与其内化客体和本我之间的关系进行研究，并发现这些关系正在渐渐发生的变化时，我们对于自我经历的特殊焦虑情境以及它在更加组织化时发展起来的特殊防卫机制有了更进一步的认识。根据我们的经验，对于精神发展的最早期阶段、超我的结构以及精神病的病因学，我们都得到了更加深刻的了解。在讨论病因的时候，我们对原欲特质（libido-disposition）的考虑不应止于此，还应该将它和个体在最早期时与其内化和外在的客体之间的关系是怎样互相关联的这个问题考虑进去；这个考虑表明，我们了解到当自我在处理其所处的种种焦虑情境时，渐渐形成的防卫机制。

如果我们对关于超我形成的观点表示认同，那么就可以更好地理解为什么它在抑郁症病例中如此的冷酷无情了：源于内化坏客体的迫害和要求；所有客体之间的互相攻击（尤其是由父母施虐性交所代表的）；为让"好客体"非常严苛的要求得到满足，在自我内部保护和讨好它们的迫切性，结果导致了本我的恨意；对于好客体的"好"产生怀疑，导致了它随时可能变成坏的客体——以上这些所有的因素让自我产生了一种感觉，那就是成为那些来自内在矛盾和无法被满足的要求的牺牲品，这种状态被认为是坏良心（bad conscience）。换句话说：良心最早的发声跟被坏客体迫害息息相关，"良心的折磨"（Gewissensbisse）这种说法证实了良心无情的"迫害"，以及它在最初时是被想象成会吞并其受害者的。

我曾经说过，在形成抑郁症的严厉超我的种种内在要求中，个体急迫地渴望配合"好"客体十分严苛的要求。而这部分特性也是被一般精神分析观所认可的,即在抑郁症的严厉超我中,内在"好"客体(也就是所爱的客体)的残酷是清晰可见的。然而我认为,只有凭借观察自我与其想象中坏客体及与好客体的整体关系和内在情境的整体样貌,比如我在本文中试图阐述的,我们才可以了解:当自我在配合那已经装置在其内部的所爱客体提出的极度残酷的要求和训诫时,是怎么屈服于被支配的状况的。正如我前面提及的,自我试图将好的客体和坏的客体进行区分,也将真实的客体和幻想的客体区分开,结果导致形成了非常坏和非常完美的客体,也就是说,从很多方面来看,自我所爱的客体十分严厉。同时,由于婴儿不能从心智上将非常好和非常坏的客区分开,导致一些坏客体和本我的残酷附加到好客体上,这样一来又提高了好客体要求的严厉性。这些严厉的要求,在自我对抗其无法控制的恨意和正在发起攻击的坏客体时,起到了支持自我的作用,而自我也对这些客体形成"部分认同"。当失去所爱客体的焦虑更加强烈时,自我越是努力去挽救它们,再加上修复的工作越来越困难,于是和超我相关联的要求就更加严厉了。

我想要努力说明的是,由于自我的能力还不够强大,不能凭借新的防卫机制来处理发展进程中出现的新的焦虑内涵,因此它在吞并完整客体时经历的困难仍然持续着。

我知道,想要区别妄想症患者和忧郁症患者的感觉跟焦虑内容是十分不易的,因为它们是互相交织的,不过,这并不意味着它们是无法区别的,如果将其作为区分的准则,即我们思考被害焦虑主要是跟"保存自我"(这种情况是妄想症)还是跟保存内化的好客体相关,而"自我"认同此客体为完整的。忧郁症患者的焦虑和受苦的感觉本质是远远比妄想症患者更为复杂的。害怕好的客体和自我会同时被摧毁,或是处在去整合(disintegration)的状态,跟这种焦虑交织在一起的是不断努力挽救内化和外在的客体。

似乎只有当自我完成了完整客体的内射，并跟外在世界和真实的人们建立了更好的关系时，它才可以彻底了解通过其施虐所导致的灾祸（尤其是通过自我的食人欲望），并为此觉得痛苦。这种痛苦不仅仅关于过去，还关于当下，因为在早期发展阶段中，施虐正处在巅峰状态；只有对所爱的客体更加认同并且了解其价值，自我才会发现自己已化约至"去整合"的状态，并不断地化约其所爱的客体。于是，自我面临着这样的精神现实：所爱的客体正处在消解（dissolution）的状态，也就是碎裂的状态。而因此产生的绝望、懊悔和焦虑存在于大量焦虑的底层，在此我只举其中两个：其中一种焦虑是关于怎么运用正确的方式，在正确的时间将断断续续的客体放置在一起，以及怎么选择好的部分客体、摄取坏的部分客体，又怎么在客体被重组之后让它们复活；另一种焦虑是关于在做这个工作的时候，会遭到坏客体和自己的恨意的干扰等。

此外，我还发现这种焦虑情境并不只存在于忧郁症的底层，同时也是一切抑制的基础。想挽救、修补、复原所爱的客体的企图在忧郁状态中是感到绝望的，原因是"自我"怀疑这种企图的能力是否足以完成复原这项工作，因为这种能力决定着所有升华和整个自我的发展。在此，我只探讨将所爱客体化约成碎片的升华以及努力将它们重新组合的重要性。它是一个处于碎裂状态的"完美"客体，想要抵消其已被化约成的去整合状态，前提条件是让它变成美丽又"完美"客体。此外，想让它美丽又完整的要求是有一定依据的，因为它可以证明去整合不是真的。我在某些因为不喜欢、恨意或者运用其他机制离开母亲的病患的身上发现，他们的心智中仍然存留着母亲的美丽图像，只不过他们认为这个图像并不是真实的母亲，仅仅是她的图像罢了。他们认为真实的客体没有吸引力，因为这个真实的客体实际上是

第十七章 论躁郁状态的心理成因

一个受伤的、无法治愈的人,因此是恐怖的。而美丽的图像跟真实的客体无关,因此永远不会被放弃,并且在其升华的特殊方式中起到了非常重要的作用。

对完美的渴望似乎来自去整合的忧郁式焦虑中,因此对所有升华来说,这种渴望都是非常重要的。

正如我曾经说过的,"自我"实现了它对一个完整的、真实的好客体的爱,同时也对这个好客体产生了无法招架的罪恶感。基于原欲依附(libidinal attachment)——最开始是对乳房的,后来是对完整的人的——而对客体产生的完全认同以及对客体的焦虑(对于其去整合)、罪疚和懊悔,想要保护它,让它完整而不受迫害者和本我的伤害,以及预感到即将失去它而感到哀伤,以上这些情绪是同时发生的。而我认为,这些情绪无论是意识的还是潜意识的,都是属于我们称为"爱的感觉"的基本元素。

正如我们所熟悉的,忧郁症患者的自我责难表征的内容是对于内射客体的责难。但是,在这个阶段中,让忧郁症患者感觉不到价值存在并产生绝望感的主要原因是自我对本我的恨,而不是自我对客体的责难。我常常发现,这些对坏客体的责难和恨是次发增加的,比如某种防卫的目的是应付对本我的恨,因为这是更加无法忍受的。最终,自我会知道:在潜意识中,除了有爱的存在以外,也有恨的存在,而且恨随时可能会占领上风(自我害怕会受到本我的影响而摧毁了所爱的客体),于是产生了哀伤、罪疚和绝望感,这些感觉都是哀悼的基础。这种焦虑还会导致,自我对所爱客体的善良产生怀疑。正如弗洛伊德曾经提到的,怀疑是在现实中对自己所拥有的爱的怀疑,而且,"一个怀疑自己的爱的人,可能会,甚至是一定会,怀疑任何一件无足轻重的事情"。

我想表达的是,妄想症患者也内射了完整且真实的客体,但是无法对它产生完全的认同，或者，就算产生了完全的认同却无法维持下去。以下是几个导致这种失败的原因：被害焦虑过于强烈；具有幻想本质的怀疑和焦虑对完整而稳定地内射真实的好客体产生了阻碍，因此真实的好客体虽然被内射，但是个体却缺乏维持好客体状态的能力，因为很快地，种种怀疑会把所爱的客体重新转变成迫害者。因此，妄想症患者跟完整客体以及真实世界的关系，仍然受到早年跟内化的部分客体的关系以及跟迫害者（如粪便）的关系的影响，并且极有可能再次向迫害者让步。

我认为，妄想症患者具有以下特质，他因为被害焦虑和怀疑的缘故，对外界世界和真实客体发展出了十分优越且敏锐的观察力，但是，这种观察力和现实感是扭曲的，原因是他的被害焦虑促使他从观察别人是不是迫害者的角度来观察他人。而当自我的被害焦虑有所增强时，他就无法充分而稳定地了解、看待和认同另一个客体，也无法充分地产生爱的能力。

还有一个原因导致妄想症患者无法维持其"完整客体"的关系，那就是当被害焦虑和对自己的焦虑仍然非常强烈时，他负担不了所爱客体带来的额外的焦虑，以及伴随忧郁心理位置而产生的罪疚感和懊悔。此外，他在这个位置无法使用投射，一方面是因为他担心将好客体投射出去从而失去它们，另一方面则是担心这些从他内部投射出去的坏客体会伤害到外在的好客体。

于是我们看到了这个现象，个体被跟忧郁心理位置相关的痛苦推回到了偏执心理位置，但是，虽然他已经不在忧郁位置上了，但这仍然是他曾经到过的位置，因此，他的忧郁仍然随时有可能会发生。我认为这说明了一个事实，那就是我们常常碰到的，忧郁不仅仅伴随着较轻微的妄想症，对于严重的妄想症同样如此。

当我们将妄想症患者和忧郁患者对于去整合的感觉进行比较的时

候，我们会发现，忧郁患者对客体充满了哀伤和焦虑，他竭力想要把这个客体重新完整地组合起来，这是忧郁患者很典型的现象；然而，对于妄想症患者而言，去整合的客体主要是很多迫害者，原因是每一个碎片最终都会长成一个迫害者。我认为，客体被化约成危险碎片的概念，跟内射和粪便等同（亚伯拉罕的观点）的"部分客体"是一致的，也跟对于很多内在迫害者的焦虑是一致的，我也认为，这些迫害者是由于内射许多部分客体和危险粪便所形成的。

通过观察妄想症跟忧郁症患者与所爱客体的不同关系，我仔细思考了它们的区别。接下来我们将要讨论它们对于食物的抑制和焦虑问题。妄想症的特质是担心吸入的食物会破坏个体内在的危险物质；而忧郁症的特质是，担心咬和咀嚼食物会摧毁外在的好客体，或者害怕从外界引入的坏物质会危及内在的好客体。此外，忧郁症还有一个特质，即担心通过吞并的方式引入自己内部的外在的好客体会遭受危险。我曾在妄想症重症患者身上看到过引诱外在客体进入自己内部的幻想，他将自己的内部幻想成充满危险怪物的场所。我们可以从这些案例中，看到妄想症患者强化内射机制的理由。而就我们知道的，忧郁症患者如此典型地运用这些机制是为了重新组合好的客体。

同样的，我们再来比较妄想症和忧郁症患者的症状：妄想症的典型症状是，在幻想中，由于内在"迫害客体"对自我的攻击而导致了疼痛以及其他症状。忧郁症患者的典型症状是，好客体遭受来自内在坏客体和本我的攻击，换句话说，这是一场内在的斗争，在这场斗争中，自我认同了好客体所遭受的痛苦。

依我看，只要忧郁状态一直持续着，那么无论是正常、神经官能症、躁郁或者混合状态的患者，他们总是能感觉到这种特别的焦虑和痛苦，此外，还能感觉到种种变异的防卫机制。我将其称为忧郁心理位置。

如果上述观点能够被证明是正确的，我们将能更好地了解那些常见的既有偏执倾向又有忧郁倾向的案例，因为我们可以从中将组成这些案例的元素分离出来。

我在本书中提及的关于忧郁状态的思考，也许可以使我们更好地了解像谜一样的自杀反应。根据亚伯拉罕与詹姆士·葛罗大的观点，自杀指向的是被内射的客体。而在自杀时，自我尝试杀死它的坏客体，我认为，其目的是为了保护所爱的内在或者外在的客体。换句话说，一部分自杀案例背后所潜藏的幻想是，不仅要保护内化的好客体以及认同的好客体的部分自我之外，还要摧毁认同的坏客体的自我和本我，只有这样，自我才可以跟它所爱的客体相结合。

在其他的案例中，类似的幻想似乎也对自杀产生了决定性的影响，但是，它们是跟外在世界和真实的客体有关，其中一部分被视为内化客体的替代品。比如我之前提到的，个体不只怨恨他的"坏"客体，还怨恨他的本我，而且这种怨恨十分强烈。他也许是想通过自杀的方式将自己与外在世界的关系做个彻底的了断，因为他希望从本身或者自我认同的坏客体和本我的部分，将一些真实的客体，或者整个世界所代表的和自我所认同的"好"客体摆脱掉。事实上，在这个过程中，我们感受到了个体自身对他母亲身体的施虐攻击，因为对幼儿而言，母亲的身体最早就是外在世界的表征。在这个过程中，对真实（好）客体的怨恨和报复扮演着非常重要的角色，但是，尤其是那些无法控制并十分危险的恨意，在他身上累积得越来越多。重度抑郁患者想通过自杀的方式从这些恨意中多少保存一些真实客体。

弗洛伊德曾说过，躁症的基础和抑郁症两者的内涵是一样的，并且是逃避抑郁症的方式之一。而我认为，自我寻求躁症的庇护，并不单单是为了逃避抑郁症，同时也是为了逃避无法掌控的妄想症状态。一方面，自我对其所爱客体痛苦而危险的依赖迫使它去寻找自由，但

第十七章　论躁郁状态的心理成因

是它对这些客体强烈的认同又使它无法舍弃；另一方面，自我饱受对于坏客体和本我的恐惧之苦，为了逃离所有苦难，它向很多不同的机制求助，而他求助的这些机制当中，其中一些由于从属于不同的发展阶段，它们之间是无法兼容的。

我认为，躁症最初及最重要的特征是全能感，而且（海伦娜·朵伊契在1933年也曾提到过），躁症是建立在否认机制上的。不过，我和朵伊契的观点也有相异之处：她认为这种"否认"跟性蕾期和阉割情结有关（对女孩来说，是否认缺少阴茎）；而我通过观察认为，这种否认的机制源自最早的阶段，在这个早期阶段中，还没有完全发展的自我努力抵御着强烈又深切的焦虑，即自我对于内化的迫害者和本我的恐惧，也就是说，自我首先否认的是精神现实，接着才继续否认一定程度的外在现实。

我们知道，精神盲点可能会造成个体彻底跟现实隔绝，并导致其彻底失去活力。不过，躁症里的否认是伴随着过度活跃而发生的，虽然朵伊契曾说过，通常情况下，这种过度活跃是无法获得任何真正的成果的。我曾经指出，在躁症的状态中，冲突来自自我一边想像逃离坏客体那样努力逃离因依赖好客体而产生的危险，一边又舍不得放弃其内在的好客体。自我努力想要脱离一个客体，同时却又不想彻底放弃，自我强度的增加似乎起着决定性的影响。自我通过否认好客体的重要性以及受到坏客体和本我威胁的危险从而成功地实现了妥协。不过与此同时，自我还不断地努力想要驾驭和控制所有客体，其证据就是过度活跃。

我认为，跟躁症密切相关的是全能感的运用，目的是为了控制和驾驭客体。理由有以下两个：（一）为了否认曾经验到的对它们的恐惧；（二）可以修复客体的机制（在先前的忧郁心理位置时获得的）。躁症者通过驾驭客体想象自己不仅要防止这些客体伤害自己，还要防止它们之间互相伤害。他驾驭客体是为了防范自己所内化的父母之间危险的性交，以及他们在他的内部死亡。由于躁动防卫呈现出来的形式各种各样，并不适合假设地广泛概括成一个机制。但是，我相信确实存在这种可以驾驭内化的双亲的机制（虽然会变异成各种形式）虽然与此同时，内在世界的存在是被轻视和否认的。无论是在儿童还是成人身上我都发现了，当强迫式神经官能症占据主导地位时，这种驾驭代表强制性地将两个（或是多个）客体分开；反之，当躁症占据主导地位时，病患则采取暴力的方式。换句话说，个体自大地认为自己是全能的，他觉得客体虽然被杀死了，但是他可以立刻让它们重生，我曾经的一个病人将这个过程称为"将它们保持在假死的状态下"。杀戮跟破坏客体的防卫机制（从最早期的阶段中留存下来的）互相对应，复活跟对客体所做的修复互相对应。在这个位置上，自我和真实客体在关系上达成一致。对客体的渴望——呈现了躁症的独特特质——表明自我曾经保存了一个忧郁心理位置的防卫机制，即内射好的客体。躁症者否认了由内射引发的各种形式的焦虑（换句话说，对他而言，焦虑会内射坏的客体，或者会因为内射过程而摧毁其好的客体）。这种否认不只跟他的本我冲动有关，还跟他对于客体安全的顾虑有关，因此我们可以这样假设自我和自我理想（ego-ideal）成为相互一致的过程（正如弗洛伊德曾经指出的，它们在躁症中会有这样的表现）：自我通过食人的方式（弗洛伊德在对躁症的说明中称称之为"这顿'盛宴'"）结合了客体，但是否认自己感受到任何对客体的关心。自我辩解说："当然，就算这个客体被摧毁了，也无所谓，因为还会有那么多其他的客体被结合。"我认为，这种贬低和轻视客体的重要性正是躁症的特质。我们观察到，让自我实现部分脱离（detachment）和自我对客体的渴望是相随的。当自我处于忧郁心理位置时，是无法做到这种脱离的。这种脱离代表了进步，在自我和自

第十七章 论躁郁状态的心理成因

我客体的关系中使自我得到了强化。不过，这种进步受到我曾描述过的较早期的机制所反制，因为自我在躁动的状态下同时启动了这些机制。

在我继续提出关于偏执、忧郁及躁动心理位置在正常发展上所扮演角色的意见之前，我要谈谈两个梦，这两个梦是关于一个病人的，它们证明了我提出的一些关于精神病心理位置的论点。在这里，我只提及多种症状中的两种，即严重的忧郁状态和偏执焦虑跟虑病的焦虑，因为是这些症状促使病人C来我这里接受分析的。在他做这些梦的时候，分析进行得非常顺利。在病人C的梦中，他正和父母一起旅行，此时他们在火车的一节车厢中，这节车厢好像没有车顶，因为周围的环境是露天的。病人C感觉他正在"处理整件事情"——照顾他的父母。在他的梦中，父母比现实中更苍老，也更需要他的照顾。父亲和母亲分别在两张床上躺着，这两张床的床尾连接在一起，而不是常见的并排在一起。病人C发现想让父母暖和起来非常困难。紧接着，病人C当着父母的面，在一个中央有一个圆柱形物体的脸盆中小便。他感觉对着这个脸盆小便有点困难，因为他不得不小心翼翼地让自己的尿液不溅到圆柱形的物体上去。或者，如果可以精准地瞄准圆柱体，而不让尿液溅到周围其他地方的话，也是不错的。当他小便完之后，他发现脸盆满了并且溢出来了，他对此感到不满。而他在小便的时候，他还发现自己的阴茎非常巨大，大到让他感到不安，而且他觉得不应该让父亲看到他的阴茎，否则他可能会被父亲殴打，而且他也不想羞辱父亲。同时他还感觉到借由自己小便，可以让父亲免去起床小便的麻烦。病人C说到这里停了一下，然后说他真的感觉到父母好像是他的一部分。

在梦中，病人C认为那个有着圆柱形物体的盆子是中国式的花瓶，但好像又不是，因为花瓶的瓶颈不像正常的花瓶那样在瓶口底下,而是"在不对的地方",也就是在花瓶的瓶口上面,也有可能是在瓶口里面。病人C将花瓶的瓶口联想到玻璃碗,像是他祖母家的煤气灯,圆柱形的物体则让他联想到煤气灯的白炽罩。接着他联想到一条黑暗的通道,通道的尽头有一盏点燃的煤气灯,他说这个场景让他感到悲伤,因为这让他想到一间贫穷破烂的屋子,屋子里除了这盏点燃的煤气灯之外,似乎没有任何有生命的东西。事实上,只要有人去拉那条细绳,煤气灯就会完全燃烧。这又让他联想到他非常害怕瓦斯,因为他觉得瓦斯炉的火焰就像是狮子的头一样,可能会跳到他的身上咬他。他害怕瓦斯的另外一个原因是他害怕瓦斯释放时发出"砰"的爆裂声响。当我对他分析说,瓶口的圆柱体和煤气灯的白炽罩是同一个东西,他害怕小便在里头,原因是他因为某个原因不想让火焰熄灭,他对我说,当然不能用尿液浇灭火焰,因为那样会产生毒气,而不像蜡烛那样只需要吹灭就好。

接受分析的那天晚上,病人C又做了下面这个梦:他听到烤箱中烤东西时发出的滋滋的声音,他看不见烤箱里烤的是什么,但是让他联想到某种褐色的东西,也许是一个正在平底锅里煎炸的肾脏,也许是一个正在被煎煮的生物,而他听到的声音则像是一种轻微的滋滋声或者是哭泣声。他的母亲也在现场,他让母亲注意聆听这种声响,并试着让她明白不应该油炸活的生物,因为这种方式比用沸水烹煮更糟、更痛苦的,因为热油不能把活物整个炸透,以至于在被剥皮时它还是活的。但是他没有办法让母亲了解这些,而且她似乎也不在意,母亲的态度让病人C既感到担心又觉得放心,因为他想,如果母亲不在意的话,事情应该不会特别糟。在梦中,他并没有打开那个烤箱——他也没有在联想中感到肾脏和平底锅——不过他又想到了电冰箱。他在一个朋友的公寓中,常常将冰箱的门和烤箱的门弄混,他纳闷地想,是不是对他来说,热和冷在某些方面其实是一样的东西。平

第十七章 论躁郁状态的心理成因

底锅中滋滋响的折磨着他的热油,让他想起小时候曾经读过的一本关于酷刑的书,那时候,他对斩首以及用热油的酷刑非常感兴趣。斩首让他想到查尔斯国王,他一直对查尔斯国王被斩首的故事感到兴奋,后来兴奋渐渐发展成热爱。而用热油的酷刑,是他常常想象的,他想象自己正处在热油的酷刑中(尤其是自己的双腿被烧灼),并努力地想,如果这样的话,要怎么做才能尽可能将痛苦降低到最少。

在病人C跟我讲这个梦的那天,他首次提到我点烟时划火柴的方式,他说明显我划火柴的方式是不对的,原因是我在划火柴的时候有一小片火柴头碎屑弹到了他的身上,他的意思是我划火柴的角度不正确。接着他继续说:"就像我爸爸一样,他打网球的时候发球的方式不对。"他想知道在之前的分析中,这种火柴屑飞向他的事情是否经常发生(他曾经说我的火柴一定是愚蠢的,但是现在这种批评改成针对我划火柴的方式)。他不愿意说话,原因是他前两天得了重感冒,感觉头很重、耳朵被堵住了,鼻子里的黏液也比之前感冒时更黏稠。然后他跟我说了那个我之前提到的梦,在联想的过程中,他又一次提到了感冒,说感冒导致他不想做任何事。

通过对这些梦的分析,关于病人C在发展上的某些基本重点我获得了更多的发现。在之前对他的分析中,这些发现就已经浮现并且被修通了,但是现在又通过新的联结呈现出来,而且越来越清晰了,并且对他具有很强的说服力。下面我仅仅提及那些对本文所获致的结论有影响的重点;因为篇幅有限,无法将他的联想内容一一引用。

梦中的小便引向的是他早期针对父母的攻击幻想,尤其是针对他们的性交。病人C在潜意识中幻想咬他们、吃掉他们,此外,还幻想了其他的攻击方式,包括在父亲的阴茎上面和里头小便,想要剥它的皮、烧灼它,从而让父亲在跟母亲性交时让母亲的身体里着火(用热油的酷刑)。这些攻击幻想波及母亲身体里的许多婴儿,这些婴儿也会被杀死（烧死）。在平底锅里被活生生地煎炸的肾脏象征着父亲的阴茎和粪便，也象征着母亲身体里（那个他没有打开的烤箱）的许多婴儿。斩首象征着将父亲阉割，感觉到自己的阴茎非常巨大以及自己小便就可以免去父亲起床小便的麻烦是因为他占有了父亲的阴茎（在分析中，浮现了大量的在自己的阴茎里面拥有父亲的阴茎或者两者合二为一的幻想）。病人C在脸盆里小便也象征着他跟母亲的性交（借由梦中的脸盆和母亲，代表了她真实的和内化的形象）。病人C安排了他性无能和被阉割后的父亲观看他跟母亲的性交，这使得他在儿时幻想中所经历的处境得到了反转。他以不应该羞辱父亲的想法来表达出想要羞辱父亲的愿望。以上这些（以及其他的）施虐幻想引发了不同的焦虑内涵：没有办法让母亲了解她正受到自己体内的阴茎烧灼和咬嚼的危险（从正在燃烧且会咬人的狮子头和他点燃的瓦斯炉可以看出），还有她身体里的婴儿们有被烧灼的危险，同时对她自己也是个危险（烤箱中的肾脏）。病人C感觉花瓶的瓶颈"在不对的地方"（在瓶口上面或者里面，而不是在下面），既表达了他早期对于母亲将父亲的阴茎放入她的身体里的恨与嫉妒，还表达了他对于发生这种危险的焦虑。他关于想让受到折磨的肾脏和阴茎保持存活的幻想，表达了对父亲和母亲身体里的婴儿的破坏倾向，以及在一定程度上想要让他们存活的愿望。父母躺的床的位置和平常的不一样——表示的不仅仅是原初的攻击和嫉妒驱力，想在他们性交时将他们分开，也是害怕他们会被性交伤害或者杀害，因为病人C的幻想中，他安排的性交非常危险。针对父母的死亡愿望源自他对于父母死亡的巨大焦虑，这在他的梦中表现为点燃的煤气灯、上了年纪的父母（比实际年龄更老）、父母的无助以及病人C想要帮助他们保暖的联想和感觉。

病人C通过联想到我划火柴以及他父亲发球的错误方式来作为他应对罪疚感和对自己所导致的灾难负责的防卫方法。于是，他让父母

第十七章　论躁郁状态的心理成因

为他们错误而危险的性交负责，但是由于投射的被报复恐惧（我在烧灼他），他是通过他的批评表现出来的——他为在分析过程中，我的火柴飞向他的频率，以及所有其他跟对他的攻击（狮子头、燃烧的油）有关的焦虑内涵感到纳闷。

他通过以下方式表现出了内化（内射）了父母的事实：（一）火车厢——他在里面跟父母一起去旅行、一直照顾他们、"处理整件事情"——表征了他自己的身体；（二）敞开的车厢——跟他的感觉相比——表征了他们的内化，也就是他从他的内化客体那里得不到自由，但是车厢敞开否认了这个事实；（三）他必须替父母做一切事情，包括为他的父亲小便；（四）清楚地表达他感觉到父母是他自己的一部分。

但是，我也曾指出，通过内化父母，跟真实父母相关的所一切焦虑处境也会被内化，同时这种焦虑处境还会增多，并且更加强烈，不仅如此，有一部分焦虑处境的性质还会被改变。病人C的内部不仅容纳了燃烧的阴茎和濒临死亡的小孩的母亲，还有正在性交的父母，而由于性交很危险，他必须要将他们分开。分析发现，正是这种必要性形成了他强迫症的基础，同时也是他很多焦虑情境的来源。由于父母在任何时候都有可能进行危险的性交，互相烧灼并且吃掉对方，而他的自我正是这些危险情境发生的所场所，所以他担心，他们会将他一起摧毁。因此，他得同时承受巨大的来自父母和自己的焦虑。对于内化的父母即将死亡一事，他感到哀伤，但是他又不敢让他们彻底重生（他不敢拉那根瓦斯灯的细绳），原因是一旦他们重生后，将有可能会进行性交，而性交则会导致他们和他自己遭受毁灭。

除此之外，还有来源于本我的危险。如果由于受到某些真实挫折所激发的嫉妒和恨意在病人C的身上累积得越来越多，他将会在幻想中再次用滚烫的排泄物来攻击他内化的父亲，达到干扰父母性交的目的，而这些又引发了他更多新的焦虑。所以无论是内在的还是外在的刺激，都有增加他对于内化迫害者的偏执焦虑的可能。如果他杀死内化的父亲，死亡的父亲会变成一个特殊的迫害者。这我们可以从病人C的描述以及他后续的联想中发现端倪：担心瓦斯被液体浇灭后会产生毒物。此处偏执的心理位置浮现了，而内在的死亡客体等同于粪便与胀气。不过，在病人C的梦中，刚开始分析时非常强烈，接着逐渐减弱的偏执心理位置并没有显现。

在病人C的梦中，主要浮现的是跟他对于所爱客体的焦虑相关的痛苦感受，而且，正如我上述提及的，这种感受特征属于忧郁心理位置。在他的梦中，他采用了很多方式来克服忧郁心理位置。比如，为了阻止父母之间进行危险的性交，他采取施虐躁动控制了他的父母，并将他们分开。同时，他照顾他们的方式也体现了强迫的机制。不过，他主要通过修复的方式来克服忧郁心理位置的，在梦中，为了让父母保持活力与舒适，他将自己彻底献身给了父母。追溯到最初的儿童期，他对母亲的关心表现为，想要将母亲放在对的位置，让母亲和父亲复原，并且在他所有的升华中，让婴儿成长的驱力扮演了重要的角色。病人C身体内部发生的危险状况跟他虑病焦虑之间的关联，体现在他所说的做那些梦的那段时间他似乎患了感冒，他口中那些非常浓稠的黏液被似乎意味着脸盆中的尿液——也意味着炒锅中的油脂——还意味着他的精液。此外，他感到沉重的脑袋象征着炒锅，炒锅里的肾脏则象征着他的脑袋里装着父母的性器；浓稠的黏液的作用是在父母进行性交时，为他们的性器提供保护，同时，也表示和内在的母亲性交。他脑袋里感觉到的阻滞感觉跟他阻挡父母的性器互相接触是对应的，也因此分离了他的内在客体。刺激他做这些梦的一个因素是，在做这些梦之前的一段时间，他遇到了一个真实挫折，虽然这个挫折并没有导致他忧郁，但是在潜意识中影响了他的情绪平衡状

第十七章 论躁郁状态的心理成因

态,在梦中这一点是清晰可见的。在病人C的梦中,他的忧郁心理位置似乎加强了,而他强烈的防卫效果也在一定程度减弱了,但是在现实生活中并不是这样的。有趣的是,刺激他做这些梦的另外一个因素是与众不同的,它是在这个痛苦的经验之后才发生的:他非常享受跟父母一起进行的一次短期旅行。实际上,这个梦开始的方式让他联想到了和父母的这趟愉快的旅行,但是,紧随而来的忧郁的感觉推翻了他愉快的感觉。如同我曾经提及的,病人C曾经非常担心母亲,但是在分析中,他和父母的关系得到了很大的改善,目前他和父母的关系处于一种快乐无忧的状态。

我认为,我强调的那些关于病人C做的梦的论点,体现了在最初婴儿期就已经开始发生的内化过程,同时促成了精神病心理位置的进一步发展。我们看到,当父母被内化时,针对父母的早期攻击幻想是怎么造成对外在迫害产生偏执式的恐惧,以及对于内在的迫害产生关于结合的客体将要死亡的哀伤和痛苦以及虑病的焦虑,并导致个体企图通过全能的躁动方式来驾驭内在无法忍受的痛苦,而这些痛苦被强加于自我之上。我们还看到,当复原的倾向增强时,被内化的父母的专横和施虐控制是怎么得到缓解的。

由于篇幅原因,我不能将正常儿童修通忧郁和躁动心理位置的各种方式展开一一探讨,但我认为,这属于正常发展的一部分,因此,我决定做出几条一般性的评论。

我曾经在别的著作中以及本书开头的地方提出以下的观点:小孩子在生命最初的几个月里经历了偏执焦虑,这种焦虑跟他被"坏"乳房拒绝相关,而他认为,拒绝他的坏乳房是外在的和内化的迫害者。基于儿童跟部分客体的关系,以及部分客体等同于粪便的情况,在这个阶段里,儿童跟所有客体的关系形成了所幻想的和现实非常不符的特质——在儿童生命最初的阶段,他只能模糊地感受到自己身体的各个部位以及周围的人们和事物。可以说，在儿童生命最初的两到三个月里，儿童的客体，也就是世界是由充满敌意的、迫害的或者是满足的片断以及部分的真实世界所组成的。渐渐地，儿童越来越能够感受到完整的母亲，并且这种符合现实的感受慢慢地从母亲身上延伸到外在的世界中（跟母亲和外在世界有好的关系，有助儿童克服早期的偏执焦虑，这个事实让我们更加了解儿童最早期经验的重要性。分析从一开始就在强调儿童早期经验的重要性。不过我认为，似乎只有当我们对儿童早期焦虑的本质和内涵有了更多的认识，以及在其真实经验和幻想生活之间不停地互动时，我们才能深刻地理解外在因素如此重要的原因）。不过，当儿童处于这种状态时，他的施虐幻想和感觉正处于巅峰，尤其是食人的幻想。同时，儿童经验对母亲的情绪态度也有所变化，从原来对乳房的原欲固着变化到将她视为一个人的感觉，于是破坏和爱的感觉同时被经验到，并且指向同一个完整的客体，这点在儿童的心中引起了深刻而困扰的冲突。

在通常情况下，当儿童大概在四五个月大的时候，他的自我面临着对精神现实和外在现实的承认必须到达一定程度的现实。于是，自我意识到它不仅爱它所爱的客体同时也恨它，除此之外，无论从内在还是外在来说，真实的客体跟幻想中的人物，都是密切相关的。关于他的案例我曾说过，在幼童跟真实客体的关系中同时存在着跟非真实意象的关系——就比如在不同的层面上——两者都是非常好和非常坏的形象。而且，在发展的过程中，这两种客体关系互相交织和互相影响的程度越来越强。我认为，这个方向最开始的几个步骤，发生于儿童开始认识自己完整的母亲，并且将她当成一个完整的、真实的、被爱的人的时候，与此同时，忧郁心理位置（我已在前面的内容中描述了其特征）浮现了。当母亲的乳房被移开时，婴儿的忧郁心理位置受到"失去所爱的客体"的刺激和增强，而在婴儿断奶时，这种刺激和

第十七章　论躁郁状态的心理成因

失落达到了巅峰。1923年，桑多·雷多曾指出："在忧郁的性情中，可以在被威胁失去所爱的处境中找到最深处的固着点，当婴儿处于饥饿处境的时候最是如此。"弗洛伊德指出，在躁症中，自我再次和超我相结合。桑多·雷多得出以下结论："这个过程是在精神内部忠实地重复了吸吮母亲乳房喝奶时跟她融合的经验。"我认同他的这个观点，但是在几个重要的论点上，我的观点又有所不同，尤其是关于他认为罪疚感和这些早期经验发生关联的间接迂回方式。

我曾说过，我认为婴儿在吃奶的阶段，也就是当他认知到母亲是个完整的人，并且从内射部分客体发展到内射完整客体的时候，他就已经体验到一些罪疚、懊悔和痛苦的感觉，其中痛苦的感觉来自爱和无法控制的恨之间的冲突，另外一部分来自所爱的内化和外在客体即将死亡的焦虑，也就是如同在成人抑郁症中碰到的充分发展的痛苦和感觉，只不过和成人相比，婴儿身上的程度轻一些。当然，这些感觉是从不同的情境中被经验到的，在整体情境和防卫方面，婴儿跟成人抑郁症患者是大不相同的，在母亲的爱护下，婴儿多次获得保证。不过，重点是，在婴儿阶段，这些由自我和其内化客体之关系所造成的痛苦、冲突、罪疚以及悔恨的感觉就已经开始活跃。

正如我曾经提及的，同样地，这种情形也适用于偏执和躁动的心理位置，在婴儿的早期发展阶段中，如果婴儿建立其所爱的客体失败了，即内射"好"客体失败了，那么"失去所爱客体"的情境便已经形成，这跟在成人抑郁症中见到的情况具有相同的意义。婴儿在这个早期发展阶段中，如果无法在自我中建立所爱的客体，那么他在断奶前后失去乳房的经验，便会导致他第一次彻底地失去外在真实的所爱客体，这将会在未来导致忧郁的状态。我认为，躁动幻想在这个早期发展阶段中便已经发展了，刚开始是控制乳房，接着迅速发展成控制内化的和外在的父母；这个幻想被用来应对忧郁心理位置，它具有所有我曾描述过的躁动心理位置的特征。弗洛伊德曾指出，无论什么时候，只要孩子再次找到消失后的乳房，躁动过程便启动了——自我和自我理想借由这个过程，相互达成一致。婴儿由于被喂食而产生的满足，不仅被感觉为食人吞并了外在客体（弗洛伊德所说的躁症"大餐"），同时也启动了关于内化所爱客体的食人幻想，这又连结到对这些客体的控制。毋庸置疑地，在婴儿的早期发展阶段中，他越能跟真实的母亲发展出快乐的关系，便越能克服忧郁心理位置。不过，这一切都由婴儿怎么在爱和无法控制的恨以及施虐倾向的冲突中找到出路而决定。正如我曾经指出的，在最初的阶段中，孩子在心中将迫害客体和好客体（乳房）在进行了明显的区分，而随着内射了完整的真实客体，当它们互相接近时，自我便一再采用分裂的机制——这个机制对于客体关系的发展意义重大，也就是把其意象分裂为被爱的和被恨的，即好的和危险的。

可能有人会认为，对于客体关系的爱恨交织，也就是跟完整且真实的客体的关系其实是在这个时候，即意象的分裂中形成的。这种爱恨交织让幼儿更爱也更信任他的真实客体和内化的客体，并更能实现他复原所爱客体的幻想。与此同时，偏执焦虑和防卫则被导向"坏"客体；由于因逃离机制（flightmechanism）的原因，自我从真实的"好"客体处得到了更多的支持，这种机制在其外在和内在的好客体之间交替。

在这个阶段中，外在和内在的、被爱和被恨的，以及真实的和想象的客体似乎是这样完成统合的：每一个统合的步骤使意象再一次受到了分裂；不过，当适应外在世界的能力增强时，意向的分裂便会越来越接近现实，并一直持续到对于真实和内化客体的爱以及信任被妥善建立起来。因此，作为应付个体自己的恨以及所恨的恐怖客体的防护措施的部分爱恨交织将会在正常的发展中再次得到不同程度的

第十七章 论躁郁状态的心理成因

减弱。

伴随着对真实的好客体的爱的逐渐增加，对于个人爱的能力的信任也逐渐增强，以及对于坏客体的偏执焦虑得到了缓解，这些改变让施虐在一定程度上得以减轻，并且有更好的驾驭和发泄方式来应对攻击。通常情况下，在克服婴儿期忧郁心理位置的过程中扮演着重要角色的修复倾向将会受到种种不同方法启动，在此我将只提及其中的两种：躁动的与强迫症的防卫和机制。

儿童发展中最重要且关键的一步，似乎是由内射"部分客体"发展到内射完整的所爱客体以及其所有意涵，而真正的成功主要由自我在发展的前驱阶段中怎么处理其施虐和焦虑，以及它跟部分客体是不是已经发展出强烈的原欲关系而定。不过，一旦自我完成了这一步骤，它就会面临着新的转折，从此，决定整个心智构造的方式将往不同的方向发展。

在前面，我已经用了一定的篇幅来讨论当对内化的和真实的所爱客体的认同无法继续维持时，可能会导致忧郁状态、躁症或者妄想症等精神病的发生。

下面我将提出两个自我准备用来终止所有跟忧郁心理位置有关的痛苦的方式：（一）通过"逃往'好的'内化客体"，1930年，舒米登堡曾提及这个机制跟精神分裂有关。此时，自我已经内射了完整的所爱客体，但是因为它害怕内化的迫害者，于是将这些内在的迫害者投射到外在世界中，然后自我借由过度相信其内化客体的仁慈以寻求庇护，但是，这种逃避可能会造成精神和外在现实的否认，以及造成非常严重的精神病。（二）通过逃避到外在的"好"客体的方式来否认所有内在和外在的焦虑，这是神经官能症的特征，而且可能造成对客体的盲目依赖和自我的弱化。

正如我前面提及的，这些防卫机制在正常修通婴儿期忧郁心理位置中扮演了重要的角色，但是如果不能成功修通忧郁心理位置，则可能导致逃离机制占据优势，产生严重的精神病或者神经官能症。

我在前面曾强调过，我认为，在儿童的发展中，婴儿期的忧郁心理位置占据了非常重要的位置。儿童和其爱的能力能否正常发展，主要取决于自我怎么修通这个关键的心理位置。这点又依赖于最早期的机制（在正常人身上，这些机制仍然发挥着作用）所进行的修正，能符合自我和其客体之关系的改变，以及取决于忧郁的、躁动的和强迫的心理位置跟机制之间成功的互动。

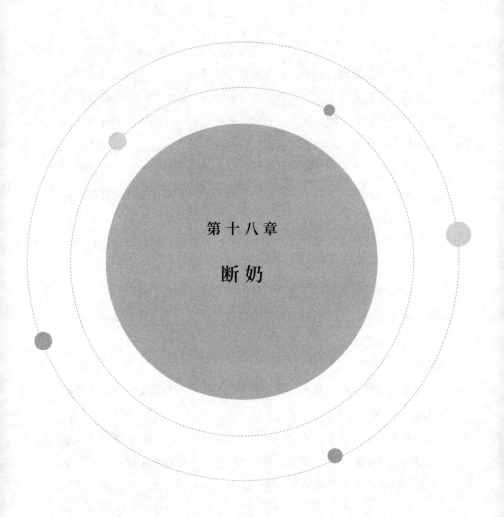

第十八章

断奶

弗洛伊德发现潜意识心智的存在以及其核心在最初的婴儿期就开始发展了，是人类历史上最重要且影响深远的发现之一。婴儿期的感觉和幻想仿佛在心智中留下了印记，这些印记不会随着时间推移而消失，而是会被储存起来，并始终保持活跃，然后持续并强烈地影响着个人的情绪以及智能生活。婴儿最初经验到的感觉跟外在和内在的刺激息息相关；分析表明，婴儿在被喂奶时经验到来自外在世界的最初满足，这种满足只有一部分是来自饥饿得到了缓解，而同时非常重要的另一部分，则来自婴儿因吸吮母亲的乳房获得刺激时所经验到的愉悦。这种满足是儿童性特质基础的一部分，也是它的最初表现；当温暖的乳汁注入喉咙而并填满了胃时，婴儿也经验到了愉悦。

婴儿对不愉快的刺激和愉快感觉受到挫折的表现是感受到恨和攻击，跟愉悦的感觉一样，这些恨的感觉也被导向同一个客体，即母亲的乳房。

分析表明：几个月大的婴儿确实沉浸于建构幻想中，我认为这是最原初的心理活动，而且从婴儿出生的那一刻起，幻想就已经存在于他的心智中。对于受到的每一个刺激，小孩子似乎都会立即通过幻想来反应：对于满足它的刺激，通过以愉快为主的幻想来回应；而对与不愉快的刺激，包括单纯的挫折，则以攻击的幻想来回应。

我之前曾指出，最开始的时候，所有这些幻想的客体都是母亲的乳房，也许你会感觉奇怪，为什么一个小孩的兴趣点不在整个人身上，而是只局限于一个人身体的一部分？我们一定要记住，在这个阶段中，孩子对身体和心理的认知能力还未得到完全发展，再加上另一个重要的事实,即婴儿只在意他是否立刻得到满足或者缺少了满足,这就是弗洛伊德所谓的"愉悦-痛苦原则",因此,母亲身上提供了满足或者拒绝的乳房被附加了好和邪恶的特质。现在,我们认为的"好"乳房,将会在未来的日子里永远成为所有被认为是好和有利事物的原型,而"坏"乳房则是所有邪恶和迫害的事物的代表。这点可以通过下面的事得以解释:当孩子的恨针对的是拒绝的或者"坏"乳房时,他赋予了乳房所有属于他自己对它的活跃恨意,这也就是投射的过程。

　　不过,与此同时进行的还有另外一个非常重要的过程,也就是内射的过程。内射意指儿童的心理活动,儿童通过这种活动,在幻想中将他在外在世界感知到的所有事物摄取到自己的内部。如我们所知,在这个阶段中,儿童主要是通过嘴来获得满足,因此,嘴便成为在幻想中摄取食物和外在世界的主要管道。不仅仅是嘴,从一定程度上来说,身体的所有感官和功能都进行着这种"摄入"过程,比如,儿童通过眼睛、耳朵和碰触等方式来吸入、摄入。一开始,母亲的乳房是他不断渴望的客体,因此是第一个被内射的客体。儿童通过幻想将乳房吸入体内,咀嚼并吞掉它,于是他感觉他真的获得了它。他的体内拥有母亲的乳房,而这乳房具有好的和坏的面向。

　　儿童早期发展阶段的特征是,聚焦和依附在一个人的某一部分上。这充分说明了儿童跟所有事物的关系都具有幻想和与现实不符的性质,包括他自己身体的某些部位以及其他人和无生命的物体——在最开始的时候,所有这些人和事物都只是隐约被感知到。可以这么说,在婴儿两三个月大的时候,他的客体世界包括了真实世界中让他得到或者是带有敌意和迫害性的某些部分。在这个阶段,他基本上开始把母亲和周围的人视为"完整的人",随着婴儿将母亲俯视他的脸庞和爱抚他的手跟让他获得满足的乳房连结在一起,他对母亲的感知能力也逐渐形成，而能感知"整体"的能力（当对"整体的人"的愉悦得到确认，并且对他们充满信心的时候），也包含了母亲之外的外在世界。

此时在孩子的身上，还存在着其他的改变。我们发现，在婴儿几周大的这个阶段，他开始在清醒的时候有一些愉悦的享受；从这个年纪的婴儿的表现来看，有些时候他会感觉很快乐，过强的局部刺激有所减弱（比如，最开始的时候，他在排便时通常感觉到的是不愉快），而且在各个身体功能的运作下，也开始建立起不错的协调，这不仅让他在身体上更加适应外在和内在的刺激，在心理上亦是如此。我们猜测，现在和最开始他感觉为痛苦的刺激已经不再一样了，当初某些痛苦的刺激现在很有可能已经变成了愉悦。现在缺乏刺激本身可以被感觉为一种享受，这个事实说明他已经不再那么容易受到因不悦的刺激而引起的痛苦感觉所动摇了，或者是对于哺乳提供的立即而完全的满足所带来的愉悦刺激不那么渴望了；他对于刺激的适应能力已经有所增强，这使得他获取立即而强烈满足的愿望已经不那么强烈了。

我已经指出了关于带有敌意的乳房的早期幻想和被害恐惧，也解释了它们和幼儿幻想中的客体关系怎么发生关联。儿童经历外在和内在痛苦刺激的最早期经验，为带有敌意的外在和内在客体的幻想奠定了基础，并促成了这些幻想的建立。

在婴儿心智发展的最早期阶段中，他幻想中的每一个不舒服的刺激明显都跟"敌意的"或者拒绝的乳房相关；而另一方面，每一个愉悦的刺激则都跟"好的"或者满足的乳房相关。因此，我们大概有了两个范畴，一个是仁慈的，另一个是邪恶的，两者都是基于外在或者环境因素跟内在精神因素之间的互动。因此，痛苦刺激的减弱，无论是在量还是强度上，以及调适它们的能力有所增强时，都能够让恐怖幻想的强度减弱，并能够让儿童更好地适应现实，这样一来，又有助于减弱恐怖幻想。

有一点很重要，在儿童心智发展的过程中，一定要受到上述我提到的仁慈范畴的影响。当儿童受到影响的时候，他在建立母亲为一个人的印象方面将会得到大量的支持和协助；当儿童感受到母亲为一个整体时，说明他无论是在智力方面，还是在情绪的发展方面，已经有了重大的变化。

我曾指出，具有满足的、情欲的以及攻击本质的幻想和感觉往往是融合为一体的（这种融合被称为施虐），而且，在儿童的早期生活中，这种融合扮演着重要的角色。最初，它们聚焦在母亲的乳房上，之后渐渐延伸到她的整个身体；贪婪的、情欲的以及破坏性的幻想和感觉以母亲的体内为其客体；儿童在幻想中攻击和掠夺这个客体的一切，并最终将它吃掉。

我们从一些儿童强而有力的吸吮方式上发现，最初，破坏性的幻想具有吸吮的性质，哪怕是乳汁充足的时候也是这样。儿童越是接近长牙时，他的幻想就越具有撕、咬、嚼碎以及摧毁其客体的性质。很多母亲发现，这些咬嚼的倾向其实在小孩子长牙之前就已经浮现了。正如我们在幼儿分析中见到的，所有这些具有破坏性质的施虐幻想和感觉在儿童开始感知到自己的母亲是完整的人时就已经达到了巅峰。

与此同时，儿童现在经验到对母亲的态度也有所变化，孩子从对母亲乳房愉悦的依附发展到对母亲整个人的依附，于是，在经验中，破坏的和爱的感觉指向的都是同一个人，因此，这在儿童的心中产生了深刻的冲突，这种冲突让儿童感到困扰。

我认为，从早期的被害恐惧和幻想的客体关系发展到跟母亲整个人及慈爱者的关系，这一点对于儿童的未来非常重要。不过，当儿童成功地做到这点时，由于担心这些破坏冲动会对他所爱的客体产生威胁，于是跟他自身的破坏冲动相关的罪疚感会增强。在这个发展阶段中，儿童控制不了其施虐倾向的事实，因为它会出现在遭遇任何挫折的时候，使得他对所爱客体的担心和冲突更加严重。同样还有一点非常重要，那就是儿童必须成功地处理好在新情境中被引发的冲突感觉，即爱、恨以及罪疚的感觉。如果确定了这种冲突是无法忍受的，那么儿童和母亲的快乐关系便没法建立起来，并且会在后续的发展中埋下很多失败的可能。我非常想探讨一下过度或者是不正常的忧郁，我的观点是，这些过度或者不正常的忧郁的根源在于儿童在早期无法有效地处理这些冲突。

接下来我们思考一下，当罪疚感和对于母亲死亡的恐惧感（因为潜意识中希望母亲死亡的愿望而感到惧怕）得到适当的处理后，会发生什么事情？我认为，在儿童未来的心理健康、爱的能力以及社会发展中，这些感觉具有重大意义。在儿童保全母亲以及种种修复的幻想中，我们看到了来自这些感觉的复原愿望。在幼儿的精神分析中，我发现这些修复倾向是他们建设性活动与兴趣以及社会发展的驱动力量；我还发现，在儿童最初的游戏活动中，即便是最简单的活动，比如将一块积木放到另一块积木上，或者在积木倒下后将其扶起来，这些修复倾向是他们满足于自身成就的基础。这些修复倾向一部分来自幻想中对他曾经伤害过的某人或者某事物进行修复。此外，更甚的是，我认为即便是婴儿在更早期的成就，比如玩弄自己的手指、寻找滚到旁边的东西、站立以及所有自主的动作等，也都跟原本就已经存在的修复元素的幻想相关。

近几年来，前来接受精神分析的患者中出现了一到两岁的幼儿，通过对他们的分析我发现，当他们几个月大的时候，他们将粪便和尿液跟幻想中的礼物联结在一起，这些粪便和尿液不仅仅是礼物，同时也是他们对母亲或者保姆爱的表现，此外，这些粪便和尿液也被视为有助于复原。另一方面，当破坏的感觉占据主导地位时，婴儿会在幻想中在愤怒和怨恨的状态下排便与撒尿，并将排泄物作为敌对的工具。而当友善的感觉占据主导地位时，婴儿在幻想中排泄的排泄物将被用来作为补偿在愤怒和怨恨时通过粪便与尿液等工具所导致的伤害。

在本书中，我无法非常详细地讨论攻击幻想、恐惧、罪疚感以及修复愿望之间的关联，即便如此，我还是提及了这个议题，因为我想要表达，攻击的感觉虽然给儿童的心智造成了很多困扰，但同时也对其发展具有重大意义。

我已经提及，儿童从心理上将其感受到的外在世界摄入（内射）自己内部；刚开始的时候，他内射的是好的和坏的乳房，渐渐地，他内射了母亲（同样也被认为是好的和坏的母亲）整个人。最后，父亲和周围的其他人也被他摄入了，最初的规模比较小，不过他此采用的方式跟他与母亲的关系是一样的。随着时间的推移，这些人物越来越重要，并且在儿童的心中具有了独立的地位。如果儿童能在心里建立起一个慈祥而善良的母亲，那么在他今后的人生中，这个内化的母亲将会对他产生积极的、有帮助的影响，虽然随着儿童心智的发展，这种影响的特质会有所改变，但是它仍然拥有绝对重要的地位，这种重要性与真实母亲对于幼儿生存的重要性不相上下。我并不是指儿童会在意识层面上感觉到"内化的"好父母，或是"内化的"好父母存在于他们的意识层面（即便是幼儿，在心中拥有父母的感觉也是在深度的潜意识中）。而是存在于人格中某个带有仁慈和智慧的部分会让儿童信心十足，并对自己充分信任，同时，还有助于儿童对抗和克服内在拥有坏人物及被无法控制的恨意主宰的恐惧感，此外，还有助于对家庭外的外在世界以及其他人的信任。

就像我在上文中提及的，儿童对于所有挫折的感觉都非常敏锐，虽然他在不断地适应着现实,但是他的情绪生活似乎一直被满足和挫折交替着主导。不过,挫折感的本质是很复杂的。琼斯医师曾指出,挫折往往被感觉成一种剥夺;比如,当儿童没有获得想要的东西,他会认为这个东西是被卑鄙的母亲收起来了,因为母亲具有控制他的力量。

我们继续探讨主要的问题:我们发现,当孩子需要乳房但是乳房正好不在时,会让孩子产生一种似乎永远失去了它的感觉;而又由于对乳房的概念延伸到对母亲的概念的原因,失去乳房的感觉让孩子产生了彻底失去所爱的母亲的恐惧感,这里失去的不只是真实的母亲,同时还有内在的好母亲。根据我的经验,这种对于彻底失去好客体(包括内在和外在)的恐惧,跟已经摧毁了好客体(把母亲吃掉了)的罪疚感交织在一起,而孩子认为失去好客体是对自己恐怖行为的惩罚,于是,最令人痛苦和冲突的感觉便跟挫折联结在一起,因为这个原因,导致单纯的挫折变得非常惨痛。断奶的真正经验不仅使得这些痛苦的感觉受到强化,还让这些恐惧更容易实质化。不过,由于婴儿不可能一直拥有乳房,而是会多次反复地失去它,因此从某个程度来说,他一直处于持续被断奶的状态中。而当他真正地断奶时,他则彻底失去乳房和奶瓶了。

在此,我想引用一个清晰地表现了与这种失落有关的感觉的案例。莉塔来接受分析的时候,刚好两岁零九个月大,她有很多恐惧而且非常神经质,所以很不好带。她身上的忧郁和罪疚感十分明显,而且看着不像是儿童应该有的;她爱并且依赖母亲,但是这种爱有时候会表现得非常夸张,有时候却又是对抗的。她来接受分析的时候还没有断奶,每个夜间仍然要喝一瓶奶,她的妈妈告诉我,每当不让莉塔喝奶的时候,她会表现得非常痛苦,因此想让她断奶非常困难。莉塔曾有几个月的时间吃的是母乳,后来改用奶瓶喂奶,刚开始时她是

第十八章 断奶

拒绝的，不过慢慢地就习惯了。但是，当后来用一般食物替代奶瓶喂奶时，她再次表现得无法接受。在分析她的过程中，她因为彻底的断奶因感到非常绝望。她没有食欲、拒绝食物，和之前相比，对妈妈的依赖更大，不停地问她的妈妈爱不爱她、她会不会太调皮或者不听话之类的。我认为，这种问题应该不是由于食物本身造成的，因为奶水只是她食物的一部分，而且给她的奶水跟之前是一样多的，只是换成了用杯子喝而已。我建议莉塔的妈妈坐在莉塔的床边或者将她抱在腿上，亲自喂她喝奶，并添加一两块饼干，但是效果并不大，莉塔仍然拒绝喝奶。分析表明，莉塔绝望的原因是她担心妈妈会死掉，或者害怕妈妈会因为她很坏而残酷地惩罚她。而实际上，她所感觉到自己的坏，是她在潜意识中希望妈妈在现在和过去死亡的愿望。莉塔由于摧毁了妈妈，尤其是把妈妈吃掉了，而失去奶瓶正是她做了这些事情的证明，因此，她被焦虑包围着。而即便是当着妈妈的面，也无法证明这些恐惧不是真的，直到被分析消除为止。在莉塔的案例中，早期的被害恐惧还没有得到彻底克服，而且她跟母亲的关系从未被良好地建立起来。导致这种失败的原因一方面是孩子无法处理自己过于强烈的冲突，另一方面则是母亲真正的行为所致。加上莉塔是个非常神经质的人，因此这也成为其内在冲突的一部分。

很明显地，当这些基本冲突开始发生并大量被疏通的时候，在孩子和母亲之间存在所谓好的人际关系是非常重要的。我们一定要记住，孩子在断奶的阶段就仿佛失去了他的"好"客体，也就是失去了他的最爱。因此，所有能够减少失去外在好客体的痛苦和被惩罚的恐惧的事情，都可以帮助孩子保持对自己内在好客体的信念，同时也有助于孩子和真实的母亲保持愉快的关系，虽然会有一些挫折，但是仍然可以跟父母以外的其他人建立愉快的关系。于是，他将可以得到很多愉快的满足，而这些满足将替代他即将失去的那个最为重要的满足。

那么，我们可以为处于这种困难情境中的孩子做些什么呢？我认为，在孩子刚出生的时候，就应该做好准备工作，即母亲必须在最初的时候竭尽全力地帮助孩子与自己建立起愉快的关系。我们常常看到，为了小孩的生理需求，母亲做了所有她能做的事，她在这方面的付出，就仿佛孩子是一个需要不断维护的物体，比如一台珍贵的机器，而不是一个人；同时，这种态度也存在于很多小儿科医师身上，他们关心的对象主要是孩子身体方面的发展，而只有当孩子的情绪反应显示了某些关于身体或者智能的状态时，他们才会开始关注孩子的情绪反应。母亲们常常不明白一个道理，哪怕是再小的婴儿也是一个人，他的情绪发展也是非常重要的。

一般情况下，母亲跟孩子之间良好的接触受损于第一次或者是最初几次喂奶的时候，原因是刚开始的时候，母亲并不知道怎么诱使孩子吸吮乳头，她们可能缺乏耐心处理遇到的困难，而是将乳头粗鲁地塞进婴儿的嘴里，从而导致婴儿无法对乳头和乳房形成强烈的依附关系，最终成为一个难喂养的婴儿。此外，在耐心的帮助下，我们也能够看到患有此种困难的婴儿如何发展成为好喂养的婴儿，甚至表现得跟那些一点没有最初困难的婴儿一样。

除了乳房以外，婴儿还会在很多其他的处境中感觉到妈妈对他的爱、耐心和了解——或者是相反的一面，并在潜意识中将它们记录下来。如同我之前说过的，婴儿最初是在跟内在和外在那些愉悦或者不愉悦的刺激有关的情况下经验到感觉，并且和幻想联结，哪怕是他刚刚出生时被对待的方式，也一定会在他的心中留下印象。

在发展的最早期阶段，婴儿虽然不能将母亲的关心和耐心所唤起的愉悦感跟母亲是一个"完整的人"联结起来，但是这些愉悦的感觉和信任感应该要被经验到，这一点非常重要。所有让婴儿感到周围都是友善客体的事物——虽然这些客体中的大部分在最开始的时候被认为是"好乳房"——这个基础也使得婴儿和母亲以及未来和周围的其他人建立起愉快的关系。

事实证明，平等对待身体需要和精神需要，并且规律地喂食对婴儿的身体健康具有重大作用，而且这还会对婴儿精神的发展具有积极的影响。不过，对于大部分孩子来说，刚开始的时候，他们都无法忍受两次喂食之间的间隔时间太长，因此，对这些孩子来说，最好不要死板地局限于每三到四个小时才喂食一次的规则，如果需要的话，可以在两次喂食之间增加一些莳萝水（dill-water）或者糖水。

我认为，让孩子吸吮奶嘴虽然确实有缺点，但这个缺点并不是卫生方面的问题（卫生方面的问题反而更容易解决），而是心理方面的问题，即当婴儿吸吮时没有得到想要的奶汁而感到的失望；不过，使用奶嘴同时也是有帮助的，可以让婴儿在吸吮方面得到部分满足。因为如果不让因婴儿吸吮奶嘴的话，他可能会吸吮自己的指头；而跟吸吮指头相比，使用奶嘴可以更好地被调节控制，因此奶嘴更容易戒除。在戒除奶嘴的问题上，可以采用渐渐戒除的方法，比如只有在孩子准备好要睡觉或者是不舒服的时候才给他们奶嘴。

米德尔摩尔医师（Middlemore,1936）在关于戒除吸吮指头的问题上指出：总的来说，不该要孩子戒除吸吮指头。支持这个说法的观点认为，能够避免的挫折不应该加在孩子的身上，而且一定要考虑到一个事实，当口腔遭遇的挫折太过强烈，可能会导致对于补偿性的性器愉悦的需求受到强化，比如强迫式的自慰，而且一些在口腔经验到的挫折会被移转到性器上。

此外，我们还要考虑到其他方面，任由孩子吸吮指头或者奶嘴，可能会导致产生过强的口腔固着的危险（我所指的是会阻碍原欲从口腔自然移动到性器），不过对口腔轻微的挫折，将对感官冲动的分布产生积极的影响。

持续吸吮可能会阻碍语言的发展，而且，过度吸吮拇指还有一个缺点，那就是孩子常常会伤到自己，而且，他们经验到的不仅仅是身体的痛苦，吸吮快感和手指疼痛之间产生的关联，也会对他们的心理不利。

另外，我还想强调一点，过早地让孩子适应好的排泄习惯是不对的。一些母亲会因为孩子尽早养成这个习惯而骄傲，却不知这样做可能会对孩子产生不良的心理影响。在此，我并不是指不时地抱着婴儿到便盆上、然后温柔地让他适应等方法会导致什么伤害，而是想说母亲不应该太过焦虑，也不应该试图阻止婴儿弄脏或者尿湿自己。否则婴儿会感觉对排泄物的态度受到了干扰，因为他从排泄功能上感觉到了强烈的性愉悦，而且他对排泄物的喜好程度跟对自己身体的一部分或者自己的产物一样。此外，如同我上述提到的，当婴儿带着愤怒排便时，会感觉到自己的粪便和尿液都是邪恶和带有敌意的物体，如果母亲焦虑想阻止他碰触到排泄物，婴儿便会认为母亲的行为证实了他关于排泄物是邪恶和带有敌意的物体的想法，并且母亲是害怕这些排泄物的，因此，母亲的焦虑也导致了婴儿焦虑的增加。对于心理而言，这种对待自己排泄物的态度是不利的，同时，这种态度也在很多神经官能症中扮演了非常重要的角色。

当然，我也并不是说要任由婴儿脏污，而是尽量不要把保持清洁看得过于重要，否则，婴儿会感觉到母亲对于这件事情的强烈焦虑。对于让孩子保持清洁这件事，我们应该坦然以对，在帮婴儿清理脏污时不要表现出嫌恶或者不赞同的表情。我认为，适合进行清洁方面系统化的训练的时间是断奶之后，原因是这样的训练肯定会对婴儿的心理和身体造成一定的压力，而当他在他应付断奶的困难时，不应该再把这种压力加之于他身上，即便是在日后的训练中，实施起来也不应该太过于严格，正如艾萨克博士在她《习惯》的论文中所论述的（1936）。

如果母亲不仅仅给婴儿喂食，还对他进行了悉心的照料，这将会非常有助于未来母子关系的发展。如果现实不允许，只要她能洞识婴儿的心智状态，她仍然可以在自己和孩子之间建立起牢固的联结。对于婴儿来说，他可以通过很多方式享受来自母亲的安抚，比如，喝完奶之后，他常常会玩弄一会儿母亲的乳房，享受母亲看着他、对他笑以及跟他玩，如果母亲在他懂得字意之前很早就跟他说话，他也会逐渐记得并且喜欢母亲的声音，与此同时，母亲的歌声还会持续存在于婴儿的潜意识中，并成为愉悦而刺激的记忆。母亲通过这些安抚婴儿的方式，往往可以防止婴儿有压力以及不快乐的心智状态产生，并且当让婴儿睡觉时，他也不会因为哭泣耗尽了精力才入睡！只有当母亲不把照顾和哺育婴儿仅仅当成一种责任，而是视为真正快乐的事时，母亲和婴儿之间才能够建立起快乐的关系。如果母亲能够完全享受自己和孩子之间的关系，孩子会在潜意识中感受到她的愉悦，而这种互相对应的快乐关系将有助于对彼此情绪的充分了解。另一方面，母亲一定要明白，婴儿并不是她的所有物，虽然他非常幼小并且完全依赖她的帮助，但是，他仍然一个分离的个体，因此必须把他当成一个独立的人来对待。她不应该将婴儿跟自己绑得太过紧密，而应该帮助他让他独立成长；母亲采取这种态度的时间越早越好，因为这不仅可以帮助孩子，也可以让她避免在未来感到失望。母亲应该用享受和了解来观察孩子的身心发展，允许他用自己的方式慢慢地成长，而不是不当地去干预他，让他加速发展。正如艾尔拉·夏普（1936）说的，想要对小孩揠苗助长，让他顺着预先安排好的计划发展，无论对于孩子还是母子关系来说，都是有害无利的。母亲常常因为焦虑想要加快孩子进步的速度，但也正是因为这样的焦虑对双方的关系造成了重大的干扰。

还有一件事,这件事和儿童的性发展有关,而且在这件事上,母亲的态度非常重要,即儿童经验到的身体上性的感觉以及伴随而来的渴望和感觉。还没有被大家普遍了解的是,婴儿从一出生就有强烈的性感觉,这种感觉一开始表现在他的口腔活动和排泄功能所经验到的愉悦中,不过,这些感觉很快就跟性器联结在了一起(自慰)。同样地,还有一点也还未被大家普遍了解,即对于儿童的正常发展来说,这些性的感觉是非常必要的,而且他的人格和性格以及让人满意的成人性特质(adult sexuality),也依赖于在儿童期建立的性特质。

我说过,母亲不应该干扰儿童的自慰,也不应该给儿童施加压力让他戒掉吸吮手指的习惯,而且还要对他从排泄功能和排泄物上获得的愉悦有所了解。当然,仅仅做到这些是不够的,母亲还必须用真正友善的态度对待儿童性特质的表现。然而,事实上,很多母亲常常对其表现出嫌恶、严峻或者责备的态度,对于儿童来说,母亲的这些态度都是羞辱和有害的。在最初的时候,儿童的所有情欲倾向(erotic trends)针对的都是父母,因此,父母的反应将会影响儿童在这些事情上的整体发展。此外,还需要考虑一个问题,即过分地纵容。虽然母亲不应该干扰儿童的性特质,但如果孩子对母亲过于放肆,母亲必须用友善的方式对他进行约束,而且尽可能地不要让自己涉入孩子的性行为中。真正友善地接纳孩子的性特质,构成了母亲角色的限制。凡是跟孩子有关的情况,母亲便需要适当地控制自己的情欲;比如当她在照顾孩子的时候,无论在什么活动中都不应该受到热情的刺激;当她在帮孩子清洗、擦拭身子或给他扑粉时,必须要克制自己,尤其是在跟性器部位有关时。如果母亲无法克制自己,孩子可能会认为这是诱惑,这将会在其发展上导致不良的并发症。然而,这并不意味着

第十八章 断奶

可以剥夺孩子的爱,母亲可以也应该要亲吻、爱抚他,把他抱在大腿上等,对他而言,这些都是必要的,也是对他有益的。

这又让我想到另一个重要的论点:总的来说,不应该让婴儿和父母同睡一间卧室,尤其当父母性交时,更不应该让孩子在场。一些人可能会认为,这样对婴儿不会产生影响。那是因为他们不知道,由于这种经验,儿童的性的感觉、攻击性以及恐惧都会受到很大的刺激;此外,他们还忽略了这个事实,那就是婴儿会在潜意识中摄取他在理智上理解不了的事物。一般情况下,当父母以为婴儿已经熟睡时,他其实是醒着或者半醒着的,而且,哪怕是在他看似睡着的时候,他仍然可以感知到周围发生的事情。即便这种感知是模糊的,但是在他的潜意识中,这种鲜明但是被扭曲的记忆始终保持着活跃的状态,这种状态将对他的发展产生糟糕的影响。其中特别糟的一个影响是,当这种经验和其他会让孩子产生压力的经验同时发生时,比如生病、手术或者是——我本文的主题——断奶这件事。

接下来,我将要讨论一些关于真正断除母乳的过程。我认为,温和而缓慢地断奶是非常重要的。如果想要在我们认为的合适的时候,即在婴儿八到九个月大时,用五到六个月的时间进行断奶的话,则一开始应该每天用一瓶奶来代替一次哺乳,紧接着每个月用一次哺乳代替奶瓶,同时加入其他适合的辅食,等孩子习惯了之后,就可以逐渐停止用奶瓶喂奶,取而代之的一部分是其他的食物,另一部分是用杯子喝奶。如果母亲耐心并且温柔地让孩子适应新的食物,那么断奶的过程将会顺利很多。另外,不应该喂食孩子超过他所需要的以及他不喜欢的食物,而应该充分地喂食他所喜欢的,而且在这段时间,也不应该强调任何餐桌礼仪。

直到现在,我还没讨论到非母乳喂奶的婴儿的养育问题,我希望对于母亲哺乳孩子在心理上的重要性这个问题,我已经描述清楚了。

接下来我们将要讨论一下母亲无法哺乳孩子的后果。

奶瓶替代了母亲的乳房,它能够让婴儿获得吸吮的愉悦。因此,从一定程度上来说,也可以通过母亲或者保姆提供的奶瓶来建立乳房-母亲关系。

经验表明,没有吃过母乳的儿童仍然能够有很好的发展。不过,通过对他们的分析我发现,即便乳房-母亲的关系已经建立到了某种程度,他们仍然对从未拥有过的乳房有非常强烈的渴望。对于精神发展来说,从替代品和真实的乳房那里获得的最早期、最基本的满足是完全不一样的。也许可以说,儿童即便没有获得过乳房喂奶也可以发展得好,但如果他们曾经有过圆满的吃奶经验,其发展可能会更好一些。另一方面,我根据自身的经验推论,对于那些获得了母乳喂养却有发展障碍的儿童来说,如果没有母乳喂养,他们的病情可能会更加严重。

总的来说,成功的哺乳是儿童顺利发展的重要条件,当然,一些错过这个重要条件的儿童仍然发展得很好。

我在本文中探讨了一些有助于吸吮期和断奶的方法,但是,我还要告诉大家一个事实:看起来的成功未必是真正的成功。有些儿童表面上看起来非常顺利地度过了断奶期,有时甚至进行得十分令人满意,但是本质上,他们仍然无法解决来自这个处境的困难,而仅仅是适应了外在环境。孩子适应这种外在环境的原因是他迫切地想要取悦周围的人,因为他对周围人们的依赖非常大,并且想要跟他们保持良好的关系。在儿童早期的断奶阶段,这种驱力就已经呈现了,而且我相信,儿童拥有的智能远远高于一般所认为的。此外,对于外在环境的适应,还有一个理由可以解释,那就是它具有逃离内在深层冲突的功能,而这些深层冲突是儿童处理不了的。在一些案例中,无法真正适应外在环境的迹象非常明显,比如形成嫉妒、贪婪以及愤恨等很多

第十八章　断奶

性格缺陷等。因此我要提到亚伯拉罕医师关于早期困难与性格形成的关系的著作。

我们常常看到，有些人在生活中总是抱着愤恨和怨怼的态度，甚至连天气不好他们都生气，仿佛天气不好是怀有敌意的命运故意加诸于他们身上的一样。还有一些人，如果他们想要什么而没有立刻得到，便会对所有满足都置之不理；几年前曾有一首流行歌曲的歌词是这样的："我想要我想要的——而且要在我想要的时候，不然我就都不要。"

我已经竭尽全力地说明了：对于婴儿来说，忍受挫折是非常困难的，因为挫折和那些深层之处的冲突有关。而真正成功的断奶则是婴儿不仅仅习惯了新的食物，也在处理其内在冲突和恐惧方面有了进一步的进展，并且真正找到了调整和适应挫折的方式。

如果这种适应已经成功的话，那么在这里，断奶的古早字意是适用的，weaning的意思不仅仅是"戒除"（wean from），还有"戒向"（wean to）。套用这两种意思，我们可以说当个体真正适应了挫折的时候，他不仅仅是"戒除"了母亲的乳房，同时也是"戒向"了替代物——一切带给他喜悦和满足的事物，这对于建构充实、丰富而快乐的生活来说是必要的。

通过对幼儿（通常情况下指两岁以上）的分析，我们获得了关于生命第一年的理论，从这个理论中我们发现，同时也在较大的孩子和成人的分析中被证实了，它们被应用在婴儿的行为观察上的次数越来越多，并且被应用到越来越幼小的婴儿身上。在这本书出版以后，人们可以更普遍地观察和了解幼儿的忧郁感觉，甚至可以从一定程度上观察到三或四个月的婴儿身上出现的典型现象，比如，婴儿通过退缩状态来切断自己和情绪的联结，意味着对环境缺乏反应，在这样的状态中，婴儿可能会表现得淡漠、对环境缺乏兴趣，而跟过分哭泣、不安和拒绝进食等其他困扰相比，这种状态往往更容易被忽略。

照顾婴儿的人越了解婴儿所经验到的焦虑，就越容易找到解决这些困难的办法。在某些时间段，挫折总是难以避免的，而无论怎样，我所描述的根本焦虑都是无法被排除的。不过，对于婴儿的情绪需求了解得越多，对于我们对待这些问题的态度越有好处，从而越可以帮助他走向稳定之路。我在此对目前研究的主要目标进行了总结，并借此来表达这个愿望。

第十九章

爱、罪疚与修复

我在本书中，通过两个部分分别探讨了关于人的情绪中两个截然不同的面向，其一，探讨了"恨、贪婪和攻击"中关于恨的强烈冲动，这是人性基本的一部分；其二，探讨的是同样强烈的爱的作用力和修复的驱力，这部分跟第一部分属于互补关系。事实上，隐藏于这种呈现方式中的截然划分并不会真正存在于人的心智当中。也许，当我们把这两种主题区别开来讨论时，便不能清楚地传达在爱和恨之间持续不断的互动，但是，不得不这么做，因为只有讨论清楚破坏冲动在恨和爱的互动中所扮演的角色，才有可能说明即便存在着攻击冲动，在和攻击互相关联的情况下，爱的感觉和修复的驱向是能够凭借什么方式发展的。

琼·里维埃在她的文章中清楚地说明了这些情绪最早出现于婴儿和母亲乳房的早期关系中，而且基本上是在和渴望的他人关系中被经验到。为了对所有构成人类最复杂的情绪——我们称为爱的情绪——中不同作用力之间的互动进行研究，我们必须要回溯到婴儿的心智生活中去展开探讨。

婴儿的情绪处境

母亲是婴儿最初的又爱又恨的客体，婴儿既强烈地渴望着母亲，又强烈地怨恨着她，而这种强烈的程度是婴儿早期冲动的特质。最初的时候，当母亲给予了他需要的营养、解除了他的饥饿感，并且让他的感官感觉到愉悦时——当他的嘴因为吸吮妈妈的乳房而经验到刺激时，他爱母亲；这种满足是儿童性特质中非常基本的一部分，同时也是性特质的最初表现。相反，当婴儿处于饥饿状态、欲望没有得到满足，或者是身体疼痛以及不舒服的时候，整个情境就不一样了，恨意和攻击的感觉被激发出来，破坏冲动主导着婴儿，让他想要摧毁一个人，这个人正是他所有渴望所向的客体，在婴儿的心中，这个客体跟他经验到的所有事情都有关联，无论是好还是坏。此外，正如琼·里维埃详细指出的，恨意和攻击的感觉会激发婴儿最痛苦的状态，比如噎住、呼吸困难以及其他类似的感觉，这些都被认为是对身体有破坏性的，于是攻击、不快乐、恐惧等感受再次被提升了。

要想减轻婴儿饥饿、怨恨、紧张以及恐惧等这些痛苦的状态，有一个重要且可以立即实行的方式，那就是由母亲来满足他的欲望。因获得满足而产生的短暂的安全感使得满足感本身受到很大的强化，因此，每当儿童感受到爱的时候，安全感便成为满足的要素之一。这一点既对婴儿适用，也对成人适用；无论是单纯形式的爱还是复杂的爱，都是一样的。原因是最初的时候，母亲给予了婴儿安全感，满足了他一切自我保存的需求和感官的欲望，母亲这个角色在儿童心中具有重要且永恒的位置，虽然母亲对儿童的影响通过各种不同的方式和表现形式作用着，但是在日后并不一定会清晰地表现出来。比如，一个女孩表面上看起来跟母亲的关系有所疏远，但是在潜意识中，她仍然会从跟丈夫或者她爱的男人之间的关系中寻找某些早期关系的面貌。对于儿童的情绪生活，父亲扮演的角色也非常重要，这将对他未来所有爱的关系以及其他人际关系具有重大影响。婴儿和父亲的早期关系有部分是以和母亲的关系作为原型的。

母亲对于婴儿来说，就如早期时只是一个好乳房一样，基本上只是一个满足他所有欲望的客体。不过很快，他就会对来自母亲的满足和照顾做出反应，对母亲产生爱的感觉，并把她当成一个完整的人。但是，婴儿对母亲的这种最初的爱在源头上就受到了破坏冲动的干扰，在婴儿的心中，爱和恨的感觉互相对抗着，从一定程度上来说，这种对抗可能存在于生命的整个过程中，并且可能成为他日后人际关系中危险的来源之一。

婴儿的冲动和感觉伴随着一种心智活动，即幻想建构，也就是想象思考。比如，当婴儿想要母亲乳房的时候，母亲的乳房刚好不在，于是他可能就会想象乳房在那里，换句话说，他可能会通过想象的方式从乳房那里获得满足。而我认为，这种心智活动是最原始的。同时，这种原始的幻想是想象功能的最早期形式，未来还会发展成更加复杂的想象功能。

伴随着婴儿的感觉会产生各种各样的幻想。上述内容中提到的幻想是由于缺乏满足而生，以此类推，伴随着真实的满足会产生愉悦的幻想，伴随着挫折和挫折引发的怨恨则会产生破坏的幻想。当婴儿从母亲的乳房那里遭受挫折时，他会在幻想中攻击这个乳房。在他的攻击幻想中，他想要通过撕咬以及其他方式来摧毁母亲以及她的乳房。而当婴儿从母亲的乳房那里获得满足时，他便会爱它，对它产生愉快的幻想。

婴儿破坏性的幻想（类似于死之愿望）具有一个非常重要的特点，即婴儿感觉到他在幻想中渴望的事情真的发生了，换句话说，他认为他真的摧毁了破坏冲动针对的客体，并且还在持续破坏它，这点对于他的心智发展具有非常重要的影响。同样的，婴儿为了对抗这些恐惧，从具有复原性质的全能幻想中寻求支持，这点对于他的心智发展也具有非常重要的影响。如果婴儿在攻击幻想中已经用撕咬摧毁了母亲，他可能很快就会建构出这样的幻想：他将母亲的碎片重新拼凑起来，并且将她修复。不过，这样做并不能彻底将他对于破坏了客体的恐惧感消除。如我们所知，他非常爱、渴望以及依赖这个客体。因此，我认为这些基本的冲突对成人情绪生活的进展和驱动力产生了重大的影响。

潜意识的罪疚感

当我们发现自己对所爱的人产生恨的冲动的时候，我们常常会感到不安或者产生罪疚感。正如柯尔律治（Coleridge）曾说过的：对我们所爱的人生气，就像是脑子里发生了错乱。

由于这些罪疚感会带来痛苦的原因，我们很容易把它们置于幕后，不过，它们常常会通过改头换面的方式再次出现，成为困扰我们人际关系的来源。比如，有些人非常容易因为别人没有赞美他而感觉到痛苦，即便对方对他来说，并不是很重要的人，原因是他们在潜意识中感觉自己不值得被人尊重，因此别人对待他的冷淡态度正好让他对于自己没有价值的怀疑得到了确认。还有一些人会对自己的各方面表现出不满意（并不是客观地认为），比如，他们会对自己的长相、工作或是其他的能力感到不满意。在现实中，这种现象是非常普遍的，我们将其称之为"自卑情结"。

精神分析表明这种感觉来自比一般想象更加深层的地方，而且往往跟潜意识的罪疚感相关。那些强烈需要广泛赞美和赞同的人是因为他们想要通过这些赞美和赞同来证明自己是值得被爱和赞美的。这种感觉来自源于潜意识中不能真正或者充分地爱他人的恐惧，尤其是对于无法掌控对他人的攻击冲动的恐惧：他们担心自己会伤害所爱的人，对他们造成危险。

亲子关系中的爱与冲突

我努力地表明了：在早期婴儿期，爱和恨的对抗以及它所引发的所有冲突就已经开始了，并且永远活跃着。这种对抗开始于小孩和父母的关系中；在婴儿和母亲的关系中，感官的感觉已经存在了，这些感觉表现于伴随吸吮过程而获得的口腔愉悦感。紧接着，出现了性器官的感觉，儿童对母亲乳房的渴望有所减弱，不过并没有彻底消失，而是继续活跃于潜意识以及一部分意识中。在小女孩的潜意识中，她的注意力会从母亲的乳房转移到父亲的性器上，父亲的性器将成为她的原欲愿望和幻想的客体。随着进一步的发展，小女孩对父亲的渴望超过了母亲，她在意识和幻想中渴望赢得父亲，并取代母亲成为父亲的妻子；她还十分嫉妒母亲拥有其他小孩，渴望父亲也能够给予她属于自己的小孩。这些感觉、愿望和幻想，跟她对母亲的竞争、攻击以及恨意同时发生，此外，小女孩的身上还存在着因最早期在母亲乳房那里遭受的挫折而产生的不满情绪；不过即便如此，小女孩在心中仍然对母亲保持着活跃的性幻想和欲望。由于上述种种因素的影响，在父亲和母亲的关系中，小女孩渴望取代父亲的位置。在一些案例中，这种渴望取代父亲的欲望和幻想的强度可能超过渴望取代母亲的欲望和幻想的强度。因此，小女孩对于父母的感觉，除了爱以外，还有竞争，而且这些感觉被她进一步带到她和兄弟姐妹的关系中。关于母亲和姐妹的欲望和幻想是她日后建立同性恋关系的基础，也是间接在女性朋友的情谊中表现出同性恋感觉的基础。通常情况下，在日后的发展中，这些同性恋的欲望会退隐到幕后，转而为升华，于是对异性的吸引力占据了主导地位。

同样地，这种发展在小男孩身上，他会迅速经验到对母亲的性器欲望，然后把父亲当成竞争对手并对他产生恨意。不过，他也会对父

第十九章 爱、罪疚与修复

亲产生性器的欲望，这就是男同性恋的根源。这些处境激发了很多冲突，对小女孩来说，她虽然恨母亲，但同时也爱母亲；对于小男孩来说，他爱父亲，让父亲免受他的攻击冲动所带来的危险。此外，对于女孩来说，她所有性欲望的主要客体是父亲，对于男孩来说，他所有性欲望的主要客体是母亲。而由于这些欲望遭遇挫折，最终引起恨意和报复。

由于兄弟姐妹分走了一部分父母的爱的缘故，儿童往往也对兄弟姐妹产生强烈的妒意。不过，他也爱他们，因此同样地，在攻击冲动和爱的感觉之间形成了强烈的冲突，最终导致他产生罪疚感以及渴望修复的愿望：这种感觉非常复杂，不仅跟儿童与兄弟姐妹的关系有关，而且儿童与其他人的关系也是以这个模式为原型，此外，还关乎儿童日后的社会态度、爱与罪疚的感觉，以及渴望补偿的愿望。

爱、罪疚与修复

我曾提及，婴儿对于母亲的爱和照顾会产生爱和感恩的感觉，这是自然反应。跟破坏冲动一样，爱的力量——这是一种保存生命的驱动力的表现——也存在于婴儿身上。爱的力量最基本的表现之一是婴儿对于母亲乳房的依附，随着进一步发展，这种依附会转变为对母亲整个人的爱。基于我的精神分析工作我相信，当婴儿心中产生了爱和恨的冲突出现失去所爱的恐惧时，便达成了发展上十分重要的一步；此时这些罪疚和痛苦的感觉就像是新元素一样加入了爱的情绪中，成为爱的一部分，并且对爱的质和量方面产生重要的影响。

即便是在幼儿身上，我们也能够看到他对于所爱对象的在意，这种在意并不像一些人认为的，仅仅是一种对一个友善且帮助者的依赖的表现。在儿童和成人的潜意识中,还有一种非常强烈的想要牺牲自己的冲动跟破坏冲动同时存在,这种想要牺牲自己的冲动是为了帮助所爱的人并将其摆在正确的位置,因为这个所爱的人在幻想中已经遭受到了伤害和摧毁。幼儿内心中想要让人快乐的冲动、强烈的责任感以及对他人的关心是联结在一起的,它们表现在对他人真正的同情心以及可以了解他人真正的样子和感觉上。

认同与修复

真诚地体谅他人的意思是指我们能够站在他人的立场上,"认同"他们。在普通的人际关系中,这种认同他人的能力最重要的元素之一,同时也是具有真实且强烈的爱的感觉的条件。我们只有在认同我们所爱的人的时候,才会将所爱的人的利益和情绪放在首位,暂时能够忽视或者在一定程度上牺牲自己的感觉和欲望。原因是我们在认同所爱的人的时候,分享了提供给他们的帮助或者满足,从某些方面又再次获得了我们为他所牺牲的东西。最终,在为所爱的人牺牲自己并认同他的时候,我们既扮演了好父母的角色,即对所爱的人付出了如同我们曾经感受到父母对我们付出的,或者如同我们曾经希望他们付出的;同时我们又扮演了好小孩对父母的角色,即这是我们曾经想要做的事情,现在我们将它付诸行动了。于是,借由情境的反转,即借由仿佛自己是好父母一般对待他人,我们在幻想中再创造且享受到我们曾经所渴望的来自父母的爱和善。此外,如同自己是好父母一般对待他人,也可能是处理过去的挫折和痛苦的方式之一;由于从父母那里受到挫折,我们对他们产生了抱怨,这些抱怨又在心中激发了恨意和报复,这些恨意和报复又萌发了罪疚感与绝望感(因为我们已经伤害了所爱的父母）。所有在幻想中的这些，都能借由既扮演慈爱的父母又扮演贴心小孩的角色，通过回溯的方式互相抵销（拿走某些恨意的基础）。同时，我们在潜意识幻想中对在幻想中造成的伤害进行了补偿，不过这些伤害仍然让我们在潜意识中感到强烈的罪疚感。我认为，这样的修复是爱和人类关系的基本元素，我将在下文中详细探讨。

快乐的爱的关系

请大家谨记我上述内容中提到的关于爱的起源的论述，接下来我们要讨论一些特别的成人关系。举个例子：就像我们在一段快乐的婚姻关系中所见到的，男人和女人之间拥有一段稳定且让人满意的爱的关系，这种关系意味着一种彼此之间深层次的依附，彼此对对方的能力感到满意，一起分享快乐、哀伤、兴趣以及性的欢悦等。这样的关系为爱提供了多种多样的表现方式。在这段关系中，如果女人用母性的态度来对待男人，让男人从她这里获得了他最早期时渴望从母亲那里得到的东西；在早期的时候，男人的这些渴望从未充分地得到过满足，但是他也从来没有真正地放弃过。因此，男人就如同拥有自己的母亲一样，不会感觉到罪疚感（稍后我将对其缘由展开详细地讨论）。如果女人具有充分发展的情绪生活，那么除了具有母性的感觉以外，她还会保留一些孩子对父亲的态度，而她和父亲关系的某些特质会进入她跟丈夫之间的关系，比如，对她来说，丈夫就像她的父亲一样，保护和帮助她，她也会信任并赞赏她的丈夫。

这些感觉将成为夫妻关系的基础，在这段关系当中，女人想要作为一个成人的愿望和需要能够得到充分的满足。并且，女人的这种态度也能给予男人机会，让他可以通过各种方式表现出对女人的保护和帮助，换句话说，他可以在他的潜意识心智中，扮演一个对母亲来说是一个好丈夫的角色。如果一个女人对她的爱人和孩子们都充满了深深的爱意，那我们可以推断，这个女人很可能在孩童时期时跟父母和兄弟姐妹之间的关系都很好，也就是说，她能够妥善地处理早期对他们的恨意和报复的感觉。我曾提及小女孩渴望从父亲那里获得孩子的潜意识愿望以及跟这个愿望有关的对父亲的性欲望两者的重要性。孩子的性器欲望从父亲那里遭受了挫折，在孩子的心中引起了强烈的攻击幻想，这一点跟能不能在成人生活中获得性满足有非常重要的关联。于是，小女孩的性幻想跟恨意联结起来，这种恨意针对的是父亲的阴茎，原因是小女孩认为父亲的阴茎拒绝满足她，却能满足她的母亲；在嫉妒和恨意中，她希望阴茎是一个危险和邪恶的物体，希望它也无法满足她的母亲，因此在她的幻想中，阴茎便有了破坏的性质。由于这些聚焦在父母性满足上的潜意识愿望，导致了在小女孩的某些幻想中，性器官和性满足拥有了坏的、危险的性质。紧随这些攻击性的幻想之后，在儿童心智中又产生了渴望补偿的愿望，更确切地说，是渴望治愈在她心智中已经被伤害和摧毁的父亲阴茎。这种带有治愈性质的幻想也跟性的感觉和欲望有关，所有这些潜意识幻想都对女人对她丈夫的感觉具有重大影响，如果丈夫爱她并让她获得性方面的满足，那么她的潜意识施虐幻想将会有所减轻。但是，因为这些幻想并没有彻底消失（虽然对一个正常的女人来说，它们并没有达到会抑制"混合正向或友善的情欲冲动"的倾向的程度），而且还激发了复原性（restoring nature）幻想，于是，修复的驱力又发生作用了。性的满足不仅让她感觉到欢愉，还给予了她抵抗恐惧和罪疚感的保证和支持，这些恐惧和罪疚感是她早年施虐愿望的结果。这种保证和支持让性的满足得以增强，而且在女人心智中激发了感恩、温柔以及更多爱

第十九章 爱、罪疚与修复

的感觉。正是由于在她的心智深处的某个地方感觉到她的性器是危险的,而且可能会对她丈夫的性器造成伤害的原因——这衍生自她对父亲的攻击幻想之———她所得到的一部分满足是来源于一个事实,那就是她可以让她的丈夫感觉到欢愉和与快乐,因此她的性器被证明是好的。

小女孩幻想父亲的阴茎是危险的,这始终在一定程度上影响着女人的潜意识心智。不过,如果女人跟丈夫的关系是快乐的,也能在性方面得到满足,丈夫的性器官就会给她带来好的感觉,于是她对坏性器官的恐惧就会得以消除。因此,性的满足具有双重再保证的作用:不仅能保证她自己的好,也能保证丈夫的好,而因此得到的安全感也为她带来了新的实际上的性愉悦,因此,被提供的再保证的范围就更广了。在早期,女人对母亲的嫉妒和恨——原因是女人从母亲那里争夺了父亲的爱——在女人的攻击幻想中扮演着重要的角色。由于性的满足以及跟丈夫有快乐且相爱的关系为两人提供了快乐,这点仿佛是一个指标,表示她对母亲的施虐愿望并没有实现,或者是已经进行了修复。

男人的过去也会对他在跟妻子关系中的情绪态度以及性特质产生影响。男人在儿童期时的性器欲望从母亲那里遭受挫折后激发了这样的幻想:他的阴茎变成了一种工具,这种工具能够给母亲带去疼痛或者伤害。同时,由于父亲抢走了母亲的爱,因此他对父亲的嫉妒和恨意也激发了对父亲的施虐幻想。在跟爱人的关系中,男人早期潜意识的攻击幻想(这种幻想导致他害怕自己的阴茎具有破坏力)在一定程度上运行着,而且经过如上述中女人的演变方式,施虐的冲动——在还能被处理的数量上——引发了修复的幻想,于是阴茎被感觉是一个具有疗愈作用,可以治愈女人并给她带来愉悦的好的性器官,并且可以在她的体内创造婴儿。男人在跟女人的快乐关系中获得了性满足，证明了他拥有"好阴茎"的事实，也在潜意识中让他感觉到渴望修复女人的愿望实现了，这不仅使得他的性快感更加强烈，他对女人的爱和亲切感也会有所增加，同时还会获得更多安全感，懂得感恩。此外，这些感觉可能会通过其他方式使得他的创造力得到提高，让他的工作和其他活动上的能力增强。如果男人的妻子可以分享他的兴趣（就如同在性和爱方面获得满足一样），便可以为他的工作价值提供证明。通过这些方式，他早年的愿望，即渴望替代父亲跟母亲做性以及其他方面的事，并获得父亲曾经从母亲那里获得的，都可以在他跟妻子的关系中获得满足。他跟妻子的快乐关系还可以减弱他对父亲的攻击性——这种攻击性来自他无法将母亲当作妻子的刺激——并且向他再保证他一直以来对父亲的施虐倾向并没有真正发生过。一段快乐满足的、有爱的关系能够改变男人由于对父亲的怨恨而影响到的他对象征自己父亲的男人的感觉，也能改变他由于对母亲的怨恨而影响到的他与象征母亲的女人的关系，同时还能改变他对生活的看法以及对人和一般活动的态度。由于妻子的爱和欣赏，让他感觉到自己彻底长大了并且和父亲相等，于是，他对父亲的敌意和攻击对抗有所减弱，取而代之的是跟父亲或者是被他赞赏的"父亲形象"在有成效的功能以及成就方面较为友善的竞争，而这点很可能使得他的生产力得到强化。

同样地，当一个女人在和一个男人的快乐关系中获得了一个位置，就如同早期她的母亲在跟她的爸爸的关系中获得的位置一样，并在这段关系中享受到母亲在早期所享受到的满足（当她还是小孩子时，这种满足对她而言是被拒绝的），她才可以感觉到和母亲平等、享受到跟母亲同样的快乐和特权，因此不会再去伤害或者掠夺母亲。这些对女人的态度与人格发展的影响，类似于当男人发现自己在快乐的婚姻生活中跟他的父亲等同时所发生的变化。

第十九章 爱、罪疚与修复

因此，对于伴侣双方来说，都能在性和爱方面互相感到满足，这如同让他们早期的家庭生活再一次得到了快乐的创造。在儿童期，很多愿望和幻想是永远无法被满足的，原因不仅是这些愿望和幻想不切实际，还因为在潜意识心智中同时存在着互相冲突的愿望。这种看似矛盾的事实是，从某种程度上来说，很多婴儿期的愿望只有在个体长大以后才有可能得到满足。当成人拥有快乐关系的时候，在他们的潜意识里，早年渴望完全拥有母亲或者父亲的愿望仍然活跃着。当然，真实生活并不允许一个人变成母亲的丈夫或者是父亲的妻子，而且，就算在过去这有可能实现，但是对他人的罪疚感也会让获得的满足受到干扰。不过，只有当一个人可以在潜意识幻想中和父母发展这种关系，并在一定程度上克服因这些幻想而产生的罪疚感，逐渐脱离父母的同时又保持对他们的依附，他才能把这些愿望转移到其他人的身上；被转移的这些人象征其过去所欲望的客体，虽然他们之间有所不同。也就是说，只有当一个人长大了，婴儿期的幻想和愿望才能够以成人的状态被满足。甚至，正是由于婴儿期的幻想在此刻成为可以被允许的事实，证明了个体在婴儿期时幻想的跟此情境有关的种种伤害并未真正发生，这些由婴儿期的幻想而产生的罪疚才能得以缓解。

如同我曾经所说的，我在上述中描述的快乐的成人关系，指的是通过男人和女人以及他们的孩子的关系，再创造了早期的家庭情境，而且这会是比较完整的，因此整体的再保证和安全感也会更加广泛。这一点接着将我们带往亲职的主题。

亲职：身为人母

首先，我们看看母亲对婴儿强烈的爱的关系，当女人的母性人格完整以后，这种关系也会随之发展。很多线索会将母亲和婴儿的关系以及母亲在儿童期时和自己母亲的关系联系起来。幼儿在意识和潜意识中强烈渴望拥有婴儿，在她的幻想中，母亲的身体里充满了很多婴儿，这些婴儿是被父亲的阴茎放进来的。对小女孩来说，父亲的阴茎象征着所有创造、力量以及好的质量，她欣赏父亲以及他的性器官，将父亲视为创造的、给予生命的，而伴随这种态度而来的是，小女孩想要拥有自己的小孩以及在身体里拥有婴儿的强烈愿望，仿佛这些婴儿是她们非常珍贵的资产一样。

我们常常看到，当小女孩在玩洋娃娃时，就仿佛这些洋娃娃是她们的孩子一样，她们对这些洋娃娃会表现得非常热情。其实对小女孩来说，这些婴儿就是活生生的真实婴儿，它们是小女孩的伙伴、朋友，也是她生活的一部分，她不仅时刻将它们带在身边，心里也时刻惦记着它们，并在它们的陪伴下开始每天的新生活，除了万不得已的情况，否则她是不会愿意和它们分开的。当小女孩成年后，这些儿童期经验到的愿望仍然继续存在着，并且大力地促成女人在怀孕时以及生产后对于孩子所感觉到的爱的强度。小女孩因拥有玩具而获得的满足感，让她儿时因无法从父亲那里得到婴儿所经验到的痛苦得以缓解。这种被长期延宕满足的重要愿望让她的攻击性逐渐减弱，并让她爱自己小孩的能力得到增强。此外，婴儿的无助以及急需母亲的照顾的需要唤起了她的爱，这种爱超越了她所能够给予其他任何人的，于是，此时母亲一切关于爱和建设性的天分便有了发挥的机会。如我们所知，一些母亲利用这种关系来让自己的愿望得到满足，即她们渴望占有以及让他人依赖自己的愿望，这种母亲往往希望孩子黏着她，甚至不希望小孩长大、发展出他们自己的个性。对于其他母亲来说，儿童的无助感激发了她们强烈的渴望修复的愿望，这些愿望有很多来源，而现在则是跟这个非常期待的婴儿相关，这个婴儿是她早期渴望

第十九章 爱、罪疚与修复

的满足。因为婴儿为母亲提供了可以去爱的满足，对小孩的感恩使得这些感觉得以增强，而且导致母亲首要考虑的都是为了婴儿好，她自身的满足也将和婴儿的幸福密切相关。

当然，母亲和孩子的关系也会随着孩子的长大而变化，母亲过去对自己兄弟姐妹以及堂表手足的态度多多少少会影响到她对比较年长的孩子的态度，她在过去关系中遭遇的某些困难可能会导致她对自己孩子的感觉受到干扰，特别是婴儿发展出来的反应和特质很容易刺激到她内在的困难。母亲对兄弟姐妹的嫉妒和竞争激发了死亡愿望和攻击的幻想，在这些攻击幻想中，她伤害并且摧毁了她的兄弟姐妹。如果因这些攻击幻想产生的罪疚感和冲突没有十分强烈的话，那么修复的可能性就会比较大，她呈现出来的母性感觉也会更加完整。

在这种母性态度里，似乎有个元素能够让母亲将自己放在孩子的位置上，以孩子的角度和观点来看待当时的情境；我们知道，母亲能够带着爱和同情来做这件事情的能力跟罪疚感和修复的驱力密切相关。但是，如果罪疚感过于强烈的，这种认同可能会造成自我彻底牺牲，这对于孩子来说非常不好。如我们所知，当母亲给予孩子非常多的爱却不求任何回报，这样教育出来的孩子往往会变得非常自私。而从某个程度来说，小孩缺乏爱和关心的能力掩饰了他太过强烈的罪疚感。母亲过度的爱可能会导致罪疚感的增加，甚至不能为孩子展现其修复、偶尔的牺牲以及发展出对他人真正关怀的可能性提供足够的空间。

不过，如果母亲没有被孩子的情绪过分影响，也没有过于认同孩子，她就可以运用智慧的方法来帮助和引导孩子，同时她也将能够从促进孩子发展的可能性上获得完全的满足。她的幻想还能增强这种满足，也就是她会为孩子做一些她的母亲在过去曾为她做的事，或者是她曾经希望母亲为她做的事。她凭借做的这些事，既报答了她的母亲，又在幻想中对自己曾经对母亲的孩子们造成的伤害进行了补偿，从而减轻自己的罪疚感。

在孩子青春期的时候，母亲爱孩子、了解孩子的能力将会受到特别大的考验。在这段时期，孩子们往往会在一定程度上让自己从对父母原来的依附中释放出来，离开父母而去寻找新的爱的客体，导致父母陷入十分痛苦的处境。这个时候，如果母亲有强烈的母性感觉，她可以一如既往地保持这份爱，丝毫不受动摇，而且还会有耐性、善解，适时地给孩子提供协助和忠告，同时容许孩子独立解决自己的问题，她也许可以做到上述所有这些事情而不求回报。不过，母亲能够做到上述这些有一个前提条件，那就是当她的爱的能力已经发展到一定程度，对孩子以及自己保存在心智中那有智慧的母亲形成了强烈的认同。

当孩子们长大成人、独自谋生、脱离旧的联结时，母亲和他们的关系将会再次发生改变，她的爱可能会通过其他方式表现出来。母亲可能会发现，对孩子来说，她所扮演的角色已经不如之前那么重要，但是，她可能会继续保持着对孩子们的爱，以备他们的不时之需，并借此获得一些满足感。母亲因此在潜意识中感觉到，她给予孩子们的安全感永远和早年一样，就如同她的乳房给予孩子们充分的满足，她满足了孩子们的需要和渴望。在这种处境中，母亲充分认同了那位对自己有帮助的母亲，而且，在她的心智中，母亲保护性的影响从来没有停止过运作。同时，她也认同了自己的孩子：在她的幻想中，她又成为一个小孩子，如同过去一样，并且，她还和自己的孩子分享了她所拥有的"有帮助的好母亲"。孩子们的潜意识心智常常和母亲的潜意识相符合，无论他们有没有使用到这些为他们所准备的"爱的资源"（store of love），借由认知到存在着这样的爱，他们常常会获得很大的内在支持和安慰。

第十九章 爱、罪疚与修复

亲职：身为人父

通常情况下，和女人相比，孩子对于男人来说并没有那么重要，但是在男人的生命中，孩子仍然占据重要部分，尤其是当男人和妻子的关系非常融洽的时候。回溯到这段关系的深层源头，我曾指出，男人从给予妻子婴儿中得到的满足感，其意义是对他曾经对母亲的施虐愿望进行补偿并且修复她，而这又增加了创造婴儿和实现妻子愿望的满足感。此外，他还有一个愉悦来源，即借由分享妻子的母性愉悦（maternal pleasure）来满足自己的女性愿望；当男人还是小男孩的时候，他曾经有一个强烈的愿望，那就是渴望像妈妈一样怀有孩子，而这些愿望使得他想要抢夺母亲孩子的倾向有所加强。作为男人，他可以给予妻子孩子，看到妻子和孩子快乐地相处，而且可以没有一点罪疚感，认同生育与哺育孩子的妻子，也在她跟较大孩子的关系上认同她。

不过，男人获得的很多满足是来自可以当好爸爸这件事。当男人当了爸爸之后，他所有保护性的感觉都得到了充分的表达，这些感觉来自当他还是小孩子时受到的跟早期家庭生活相关的罪疚感的刺激。同样地，这里存在着对好父亲的认同，也就是对真正的父亲或者是理想的父亲的认同。在父亲和孩子们的关系中包含着另一个元素，即父亲对孩子们强烈的认同。原因是父亲从内心深处分享了孩子们的欢乐，甚至在帮助孩子们度过困境并促进他们的发展当中，父亲通过更加令人满意的方式使得自己的儿童期得到了再次创造。

在父亲和孩子的关系上，我曾提过的在孩子不同发展阶段上，跟母亲和孩子的关系有关的事宜，大部分也适用。对于孩子来说，父亲和母亲分别扮演者着不同的角色，并且他们之间的态度是互补的；而且如果（如同在全篇讨论中所假设的一般）他们的婚姻生活是建立在爱和了解的基础上,丈夫便会享受妻子和孩子之间的关系,而妻子则以丈夫的理解和帮忙为乐。

家庭关系的困难

如我们所知,在现实生活中,我所描述的那种完全和谐的家庭生活并非每天如此。因为这种完全和谐的生活不仅仰赖某些情境和心理因素的巧妙配合,还有一点非常重要,那就是夫妻双方都得拥有发展良好的爱的能力。否则,在夫妻之间和亲子之间常常会发生各种困难,下面我将列举一些。

孩子的个性可能跟父母的期望不符,父母中的任何一方都有可能在潜意识中希望孩子像自己过去的某个兄弟或者姐妹,但是对于他们来说,这样的愿望显然不可能都得以实现,甚至可能两人都无法得到实现。再次提及的是,如果父母中的任何一方或是父母两人在过去与兄弟姐妹的关系中都曾有过竞争和嫉妒,那么这种情况可能会在他们自己的孩子获得发展或者有所成就时再次发生。还有另外一种困难的情境,那就是当父母存在过度的野心和期许的时候,他们可能会利用孩子的成就来获取他们对自己的肯定并减轻恐惧。此外,有一些母亲不能去爱并享受拥有孩子,原因是她们在潜意识中因为抢夺了母亲的位置而产生强烈的罪疚感;这些人可能不能亲自照顾孩子,而不得不将孩子们交由保姆或者其他人来照顾——照顾孩子们这些人在她们的潜意识心智中象征着母亲,这种情景代表着她将曾经渴望从母亲那里抢夺的孩子还给了母亲。因此,这种对于爱孩子的惧怕不仅影响她跟孩子的关系,也影响着她和丈夫的关系。

我曾说过,罪疚感和修复的驱力跟爱的情绪是密切结合的,不

第十九章 爱、罪疚与修复

过,如果无法妥善地处理早期关于爱和恨之间的冲突,或者因为罪疚感太过强烈,则可能导致厌烦或者排斥所爱的人。究其原因是在幻想中伤害了所爱的人——首先受伤的是母亲——害怕她可能会死亡的恐惧感导致了无法忍受对她的依赖。我们可以看到幼儿从早年的成就以及所有让他们的独立能力得到提升的事情中所得到的满足感。不过基于我的经验看来,我认为有一个非常重要的理由,那就是孩子被驱使去降低对"绝对重要"的人(他的母亲)的依附关系。起初,母亲维持了孩子的生命,给予他需要的一切,并保护他给他带去安全,于是,母亲被感觉是一切"好"的和生命的来源;在孩子的潜意识幻想中,母亲是孩子不可分离的一部分,因此母亲的死亡意指了孩子自己的死亡。只要这些感觉和幻想十分强烈,对所爱的人的依附就可能变成难以承受的负担。

大部分人通过减少、否认或者压抑自己的爱的能力以及逃避所有强烈的情绪的方法来解决这些困难;有些人为了逃避爱的危险,则将对人的爱转移到对非人的客体的爱。通常情况下,这种将对人的爱转移到事物和兴趣上的方式(我曾在关于探险家和寻求严酷挑战大自然的人们身上做过探讨),是正常成长的一部分,但是对于某些人来说,这种方式成为他们处理或者逃避冲突的主要方式。我们常常看到某些爱护动物者、狂热的收藏家、科学家、艺术家……他们对自己关注的事物或者从事的工作充满强烈的爱的能力,并且可以达到牺牲自我的程度,但是,对于其他人,他们缺乏兴致和爱。

有些人的发展则与众不同,他们变得过度依赖那些他们强烈依附的人,原因是他们在潜意识中害怕所爱的人会死亡的恐惧造成了这种过度依赖。这种态度的元素之一是由于这种恐惧而增长的贪婪,这种贪婪则表现在竭尽所能地利用他所依赖的人上。组成这种过度依赖态度的另一个要素是逃避责任:别人为他承担了行动的责任,有时甚至还要为他的意见和思想负责（这就是为什么人们会无异议地接受一个领导者的观点，并盲目地服从他的要求行事的理由之一）。对于这种过度依赖的人来说，他们非常需要爱来帮助自己对抗罪疚感以及各种恐惧感；而且他们所爱的人必须通过爱意表达来反复证明自己不是坏人且不具有攻击性，而且没有遭受他们的破坏冲动的影响。

受到这些过度强烈的联结影响最大的是母婴的关系，如我曾经指出的，母亲对自己孩子的态度跟她曾经作为孩子时对自己母亲的感觉有非常多相似的地方。我们知道，这种早期关系的特质是爱和恨之间的冲突。当孩子成为母亲之后，她潜意识中对母亲抱持的死亡愿望会继续存在于自己的孩子身上，而且，这种感觉还会因为她儿童期时对手足的种种冲突情绪而有所增强。如果由于母亲在儿童期的冲突没有得到解决，导致了她在跟孩子的关系中感觉到很多罪疚感的话，她可能会极其需要孩子的爱，并通过各种方法将孩子和自己紧紧地绑在一起，让孩子依赖她；要么，她可能会对孩子过于专注，让孩子成为她的生活重心。

现在我们来思考一下——虽然仅仅是从一个基本的向度——一种与众不同的心智态度：不贞（infidelity）。在不贞的种种表现之间（这是各种极度分歧发展方式的结果，对于一些人来说是表达了爱，而对于另外一些人来说则是表达了恨，两者之间有着各种程度的变异）存在着一种共同之处：反复离弃（所爱的）人，原因之一是由对依赖的恐惧感导致。我发现：在典型的"天下第一大情圣唐璜"（Don Juan）的心智深处，受到了害怕所爱的人死亡的恐惧的困扰，所以如果他没有形成这种特别的防卫，即用自己的不贞来对付它们的话，这种恐惧可能会突破重围，并通过忧郁以及心智上极度痛苦的感觉表达出来。通过这种防卫，他一再向自己证明：他非常爱恋的那一个客体（最初是他的母亲，他担心她会死亡，因为他感觉他对她的爱

第十九章 爱、罪疚与修复

是贪婪且具有破坏性的)并不是缺她不可的,因为他永远可以找到另外一个代替她的女人;他虽然对她有热情,但这种热情仅仅是肤浅的感觉。而有些人则恰恰相反,他们由于非常害怕所爱的人死亡,于是驱使自己去排斥她,或者是遏止、否认对她的爱。不过,他通过对女人的态度,让潜意识中的妥协得到了表达,并借由否认和排斥这些女人,他在潜意识中离弃了母亲,保住了她,让她免受自己危险的欲望的伤害,并且将他自己从对母亲痛苦的依赖中释放出来;而借由将欢愉和爱转移到其他女人身上,他在潜意识心智中保存了所爱的母亲,并且再创造了她。

在现实中,他被迫从一个人转向另一个人,不同的人们迅速地替代着她的母亲,因此他原始的爱恋客体(即他的母亲)被一群不同的人替换着。在他的潜意识幻想中,他凭借性的满足(实际上这种满足被他给了其他的女人)再创造或者修复了他的母亲,因为只有在其中的一方面,其性特质才会被感觉是危险的,而在另一方面,性特质则被感觉是具有疗愈作用的,而且还能让她快乐。这种双重的态度是潜意识妥协的一部分,造成了他的不贞,同时也是特别发展方式的一个条件。

这促使我想到在爱的关系中存在的另一种困难,男人可能会遏制他对一个女人(这个女人可能是他的妻子)的深情、温柔以及保护的感觉,他无法在跟这个女人的关系中获得性的欢愉,最终他可能会潜抑他的性欲望或者是将它们转向其他的女人。正如作为竞争对手的父亲以及伴随而来的罪疚感一样,恐惧性特质的破坏性和害怕是导致温柔的感觉和特定的性的感觉不得不分离的重要理由。他深爱并且高度珍视的女人——代表他的母亲——必须从他的性欲中被拯救出来,原因是在他的幻想中,他感觉到性欲具有危险性。

选择爱侣

　　精神分析表明，非常深层的潜意识动机促使了爱侣的选择，让两个特定的人在性方面互相吸引并获得满足。在男人的潜意识中，早年间他对母亲的依附常常影响着他对女人的感觉，不过，他可能会通过伪装的方式表现出来。男人可能会选择一些跟母亲的特质完全不一样的女人来当爱侣，比如这个女人的外貌跟他母亲的完全不同，但是她的声音或者某些特征跟男人早年对母亲的印象相符，因此这个女人对他来说，也具有特别的吸引力。此外，或者仅仅是因为男人渴望脱离对母亲的强烈的依附，他也可能会选择一位跟母亲不同的爱侣。

　　通常情况下，在发展的过程中，在男孩的性幻想以及爱恋的感觉里，母亲的位置会被姐妹或者堂表姐妹取而代之。有一点非常明显，那就是男人以这种感觉为基础的态度跟寻找具有母亲特质的女性的态度是截然不同的；当然，一个受到对姐妹的感觉而影响选择的男人，也有可能寻找一个具有很多母亲特质的爱侣。男人由于受到早年间周围各种人物，比如保姆、阿姨、祖母等的影响，而产生了多种多样的可能性。当然，在思考早年关系跟日后选择爱侣的关联时，我们还应该记得，男人在日后爱的关系中想要寻找的，是他在儿童时期对所爱的人的印象以及跟这个人有关的幻想。甚至，潜意识心智确实在意识觉察不到的基础上联结事物，由于这个原因，被完全忘记——潜抑——的各种印象，让某个人比另外一个人在性和其他方面更具有吸引力。

　　同样地，女性在选择爱侣方面也受到类似因素的影响，她对父亲的印象和感觉，比如仰慕、信赖等可能在她选择爱的伴侣的过程中扮演着重要的角色。不过，她早年对父亲的爱可能会迅速动摇，她也许会因为冲突太激烈而离开他，也可能因为他让她大失所望，于是某个兄弟、堂表兄弟或者玩伴便可能取代他成为对于她来说十分重要的人；加上母性的感觉，她可能对他抱有性的欲望和幻想。因此，她可能会寻找符合这种兄弟意象的爱人或者是丈夫，而非具有较多父亲特质的人。在圆满的爱的关系中，在潜意识心智方面，两位爱侣是互相一致的。举个例子，一个主要拥有母性感觉的女人想寻找拥有兄弟特质的伴侣，如果她的男伴想要寻找的是一个以母性特质为主的女人，那么他的幻想和欲望便会跟这位女性的相符合。如果这名女性跟父亲的联结非常强烈，那么她在潜意识中选择的男人，便会想要寻找一个可以让自己扮演好父亲角色的男人。

虽然成人的爱的关系是建立在早期跟父母以及兄弟姐妹有关的情绪情境上，但是新的关系并不仅仅是早期家庭情境的重复。潜意识中的记忆、感觉以及幻想会通过乔装打扮的方式进入新的爱恋关系或者友谊中。不过，在建立爱的关系或者友谊这个复杂的过程中，除了早期的影响之外，还存在很多其他的因素。正常的成人关系往往包含了新的元素，这些元素来自新的情境、新的环境以及跟我们所接触到的各种人的人格，同时也来自他们对作为成人的我们在情绪需求以及实际兴趣方面的反应。

获得独立

截止到现在，我们探讨的主要是人们之间的亲密关系，接下来我们将探讨关于爱的更加广泛的表现，以及爱进入各种活动和兴趣的方式。孩子早期对母亲乳房以及母乳的依附是生命中一切爱的关系的基础，但是，如果我们认为母乳仅仅是一种健康和合适的食物，那我们也许会得出一个结论，即其他同样合适的食物也能够将母乳取而代之。但是，婴儿越来越爱的乳房给予了他乳汁，并让他缓解了饥饿之苦，这让他获得了极其重要的情绪价值。乳房和乳汁首先满足了婴儿自我保存的本能以及性的欲望，这使得在他的心智中，它们代表了爱、愉悦以及安全；因此，他可以在心理层面将这最初的食物置换为其他的食物是一件非常重要的事情。母亲虽然在遭遇了各种困难之后，终于成功地帮助孩子转换到其他食物，但是，即便这样，婴儿可能仍然保持着对最初食物的强烈欲望，也可能并没有真正地克服被剥夺这些食物的怨恨，更没有在实际层面去适应这样的挫折。因此，在日后的生活中，他可能无法真正适应所有挫折。

如果我们通过探索婴儿的潜意识心智，了解了他最初对母亲以及食物的依附强度和深度，以及这种依附在成人的潜意识心智中持续存在的强度，我们便会对一个孩子是怎么逐渐脱离母亲而获得独立这个问题感到好奇。事实上，婴儿会对周围的事物产生强烈的兴趣以及日益增强的好奇心，愿意认识新的人和事物，并为自己的成就感到高兴等，这些事实似乎都可以让孩子找到新的兴趣和爱的客体。但是，这并不足以彻底解释儿童脱离母亲的能力，因为在儿童的潜意识心智中，他跟母亲是紧密连结在一起的。不过，这种非常强烈的依附本质容易导致他离开母亲，原因是（受到挫折的贪欲和怨恨是避免不了的）这种过度的依附导致他害怕失去这位绝对重要的人，结果形成了依赖她的恐惧感。于是，儿童在潜意识心智中更加倾向于离开她，这种倾向受到了渴望永远保存她的急迫愿望的抗衡，这些矛盾冲突的感觉，加上在情绪和智能方面的成长——让他可以找到其他感兴趣并能给他带来快乐的客体，他因此而获得转移爱的能力，换句话说，就是用其他的人和事物来代替最初所爱的人。孩子正是由于从跟母亲的关系中经验到了这么丰富的爱，在未来的依附关系上他也会汲取这么多。甚至是整体文明和文化的发展来说，这种置换爱的过程都是非常重要的。

第十九章 爱、罪疚与修复

除了将对母亲的爱（或者恨）转移到其他的人或者事物上，从而将这些情绪转移到更广阔的世界中，还有一种处理早期冲动的方式。幼儿在跟母亲的乳房相联结时所经验到的肉体上的感觉，逐渐发展为对母亲整个人的爱；而从一开始，爱的感觉就跟性欲望融合在一起。我们从精神分析中发现，对父母、手足的性感觉不仅仅存在于幼童身上，甚至在某个程度上也可以被观察到，只有通过探索潜意识心智，才能够了解这些性感觉的强度以及根本重要性。正如我们所知，性欲望跟攻击的冲动和幻想、罪疚感以及害怕所爱的人死亡是紧紧联系在一起的，这些感觉会驱使孩子对双亲的依附有所减轻。孩子也会倾向于潜抑这些性的感觉，换句话说就是让它们变成潜意识的感觉，埋在心智深处。孩子性的冲动也会从最初所爱的人身上脱离下来，从而获得可以用热情的方式去爱其他人的能力。

我在上述描述的心理过程，即把对所爱的人的爱转移到其他人身上，让其他人来代替所爱的人，在一定程度上将性从温柔的感觉中区分开来，并潜抑了性冲动和欲望——是孩子在建立更广泛关系的能力上非常重要的一部分。不过，如果想要成功地全面发展，有一点非常重要，那就是不应该过于潜抑对跟最初所爱的人有关的性感觉，而且儿童的感觉从父母身上转移到其他人身上的过程不应该太完整。如果儿童能够从他所爱的人那里得到充分的爱，并且跟他们有关的性欲望没有被严重潜抑，那么在未来的日子里，儿童爱和性的欲望便可以被唤醒并聚合在一起，在快乐的爱的关系中，这些欲望占据着非常重要的位置。在一个发展完善、非常成功的人格中，既保存着某些对父母的爱，又附带有对其他人和事物的爱。不过，如同我曾经强调的，这并不仅仅是爱的延伸，同时也是情绪的扩散（diffusion），它让儿童对最初所爱的人在依附和依赖关系上的冲突与罪疚得到了缓解。

借由将爱转移到其他人身上，儿童的冲突并没有得到完全化解，因为他通过不太强烈的方式将这些冲突从最初所爱的客体转移到新的爱（或者恨）的客体——这些新客体中的一部分代表的是原来的客体。正是由于他对这些"新客体"的感觉不是非常强烈，在这种情况下，他想修复的驱力能够更加充分地运作，因为在罪疚感太强烈时，这种修复的驱力可能会受到阻碍。

我们都知道，拥有兄弟姐妹对儿童的发展有帮助，跟兄弟姐妹一起成长能够让儿童更加容易脱离父母，并跟兄弟姐妹建立起一种新的关系。不过，我们也知道，儿童不仅仅会爱他的兄弟姐妹，也会对他们产生非常强烈的竞争感、恨意以及嫉妒心。因此，跟堂表兄弟姐妹、玩伴以及比近亲更远的其他孩子的关系，能够让一个儿童从兄弟姐妹的关系中分离出来，这是未来社会关系非常重要的基础。

学校生活中的关系

儿童已经获得的人际关系经验在学校生活中获得了发展的机会，同时，学校生活也成为新实验进行的场所。儿童也许可以从学校众多的孩子中找到一两个或者几个人，这些人对他的气质做出的反应比他的兄弟姐妹做出的反应更好。此外，儿童还能获得其他的满足，比如从这些新友谊中获得机会去修正和改善早期自己与兄弟姐妹之间不那么令人愉悦的关系。早期的时候，儿童可能真的欺负过比自己年幼的弟弟，或者是在潜意识中因恨和嫉妒干扰了他们之间的关系而产生了罪疚感，这种干扰很可能会一直持续到长大成人之后。而且，这种令人不满意的状态可能会对他日后对其他人的态度产生重大的影响。我们经常看到一些孩子在学校里交不到朋友，原因是他们带着早期的冲突进入了新的环境，即学校生活；而在那些可以彻底脱离最初的情绪纠葛并跟同学交往的人身上，我们常常可以看到，他们跟兄弟姐妹的关系也跟着得到了改善。跟新同伴之间的关系向孩子证明了，他可以去爱，并且是可爱的，爱和善也是存在的，同时，这在潜意识中也被感觉为证明了他可以修复曾在幻想或者现实中对他人造成的伤害。因此，新的关系能够让早年的情绪困境得以解决，虽然当事人可能并不了解那些早期困难的确切本质或者它们被解决的方式。通过所有这些方式，修复的倾向得以开展，罪疚感得到减弱，对自己和他人的信任也会增强。

跟小家庭的生活范畴相比，学校生活也为儿童提供了机会，让他可以将爱和恨做个清晰的区分。在学校里，儿童可能会恨或者讨厌某些小孩，而去爱另外一些小孩。在这种情况下，儿童被潜抑的爱和恨的情绪——原因是恨所爱的人导致了冲突——可以通过较为社会所接受的方向获得更加充分的表达。儿童会通过各种方式结盟，而且对于向他人表达恨意和厌恶到什么程度发展出一定的规矩，游戏和随之形成的团队精神便是这些结盟和展现攻击性的调节手段。

儿童嫉妒和竞争老师的爱与欣赏虽然可能会十分强烈，但是，它们是在不同的家庭生活环境中被经验到的。通常情况下，和父母相比，儿童对老师的感觉更加疏离，老师引起儿童的情绪也会比较少，因为老师的感觉会被分给很多小孩。

青春期的人际关系

在孩子的青春期阶段，还有一个区分爱和恨的例子，那就是他英雄崇拜的倾向常常会表现在跟某些老师的关系上，因此，他可能会讨厌、怨恨或者诋毁其他的老师，这个过程提供了释放的功能，因为

"好的"人不至于被伤害,又可以满足于怨恨某个被认为是本该被这样对待的人。如同我前面说的,被爱和被恨的父亲与母亲是最初被赞赏、怨恨以及贬低的客体,但是对于幼儿的心智来说,这些混杂的感觉过于冲突和沉重,因此容易受到阻碍或者被埋藏,而在与其他人,比如保姆、叔伯、姨妈以及亲戚等的关系中找到部分表达。大部分青春期的孩子会表现出脱离父母的倾向,主要原因是在这个阶段,跟父母有关的性欲望和冲突会再次增强。孩子早期对父亲或者母亲(因个案而有不同的对象)的竞争和怨恨的感觉开始苏醒并被强烈地体验到,虽然他的性动机仍然存在于潜意识中。青少年往往容易对自己的父母以及其他人,比如用人、软弱的老师或者讨厌的同学等表现出强烈的攻击性以及不悦的样子。但是,当恨意非常强烈的时候,渴望保存内在和外在的好质量与爱的必要性就变得更加迫切了,于是具有攻击性的青少年便会倾向于去寻找他理想中可以仰望的人物,这个时候,备受崇拜的老师们便是能够满足青少年这种需求的最佳人选;而青少年内在的安全感是来自对这些老师的爱、赞赏以及信任感,原因是在潜意识心智中,这些感觉似乎确认了好父母以及跟他们之间的爱的关系,也因此驳斥了在这个阶段变得强烈的恨、焦虑以及罪疚感。当然,个别孩子在经历这些困难时,仍然可以保持对父母的爱和赞许,但是这种案例并不多见。我认为,我在上面内容中所描述的对解释某些理想化人物在一般人心中的特殊位置有一定作用,比如某些名人、作家、运动员、探险家、文学作品中的想象人物等,人们将爱和赞赏转移到了这些人身上,因为如果不这样的话,所有的事物将会因为恨和缺少爱而毫无生气,这种状态将被感觉到会危及自己与他人。

跟理想化某些人同时发生的是对其他人的恨,尤其是对某些想象中的人物,比如影视剧和文学作品中的某些坏人或者离自己非常远的人物,比如某个对立政党的政治领袖等。原因是跟和自己比较亲近的人相比，恨这些不真实的或者离自己很远的人是比较安全的，无论是对对方还是自己来说都是。同样地，这点也适用于对某些师长的怨恨，和父子之间相比，一般的校规和整体情境更容易在学生和老师之间形成更大的屏障。

像这种将对人们的爱和恨区分开来以免靠自己太近，还有一个作用，那就是无论是在现实中还是在心智中，都能让所爱的人更加安全。他们不仅仅在生理上远离自己，而且区分开爱和恨的态度还让这种感觉，即自我可以将爱保存起来免受破坏的感觉得以增强。因此，由于拥有爱的能力而产生的安全感与在潜意识心智中将所爱的人保存起来不受伤害的状态是紧密相关的。潜意识里的信念似乎发出了这样的声明：我可以把我所爱的人完整地保存起来，因此我真的没有对我所爱的人进行过任何伤害，而是将他们永远保存在我的心中。最终，所爱的父母意象被当成非常珍贵的所有物，保存于潜意识心智中，因为它护卫了其拥有者不受孤寂之苦。

友谊的发展

在青春期阶段，儿童的早期友谊在特质上发生了变化，这个阶段特有的感觉和冲动的强度给少年之间，尤其是同性少年之间带来了十分深厚的友谊。同性恋倾向和感觉成为这些关系的基础，同时，也往往造成真正的同性恋活动。这种关系有一部分是为了逃避对异性的驱力，在这个阶段，这种驱力常常由于种种内在和外在的因素而不好处理。下面我将用一个男孩的例子来探讨一些内在的因素：他的欲望和幻想仍然跟母亲和姐妹密切联结着，因此，由于离开她们去找寻新的爱的客体而产生的挣扎正处于巅峰时期。对于这个阶段的男孩和女孩来说，对异性的冲动往往被认为充满了无数的危险，于是导致对同性的驱力受到了强化，而如我之前所指出的，被放入这些友谊关系中的爱、赞赏以及讨好都是对抗恨意的防卫。由于上述各种原因，青少年们对这些关系抓得越来越紧了。在这个发展阶段中，在意识或者潜意识中增强的同性恋倾向，也在讨好同性老师方面扮演了重要的角色。正如我们知道的，青春期的友谊往往不那么稳定，一个原因是这种友谊关系受到了强烈的性感觉（意识的或潜意识的）的干扰。而且，青少年还没有从婴儿期的强烈情绪联结中解放出来，仍然受到它们的支配，并且受支配的程度远远超过他的认知范围。

成人生活中的友谊

在成人的生活中，虽然在同性朋友之间的友谊中，潜意识的同性恋占据了一部分位置，但是他们的友谊有一个特色，同时也是跟同性恋爱的关系的不同之处，那就是温情的感觉有一部分是跟性的感觉区隔开来的；性的感觉虽然退居到背后，不过仍然活跃在潜意识心智中。此外，男人跟女人之间的友谊也适用这种将性和温柔的感觉区隔开来。不过，由于友谊这个题目非常广泛，并且也仅仅是我探讨的主题中的一部分，所以我在这里仅限于讨论同性之间的友谊，并在接下来的内容中做几点一般性的评论。

我将举一个关于两个女性之间的友谊的例子，在她们这段关系中，彼此之间并没有过度依赖，但是，两人之间互相保护和帮助却是被需要的，根据具体情况，有时候是这一位需要，有时候则是另外一位需要。真实友谊的基本条件是在情绪层面的给予与获取。在这段关系中，通过成人的方式将早期处境的元素表达出来，在最早的时候，

第十九章 爱、罪疚与修复

保护、帮助以及建议是由我们的母亲提供的，但如果我们在情绪方面有一定进步并可以自立自足的话，我们对母亲的支持和安慰的依赖就能够大大减小。但是，当遇到困难或者遭受痛苦时，这种渴望获得支持和安慰的愿望将会永远保持着。在我们跟朋友的关系中，偶尔可能会接收到或者给予一些母亲的照顾和爱，而将母亲和女儿的态度融合在一起似乎是充分发展的女性人格和交友能力所必备的众多条件之一（充分发展的女性人格意味着跟男人友好的关系，兼具柔情和性的感觉；不过，我所说的在女人的友谊方面，指的是升华的同性恋倾向和感觉）。在我们跟姐妹的关系中，可能曾有机会去经验和表现母性般的照顾以及女儿的反应，并能够轻易地将它们带进成人的友谊中。不过，有些人可能并没有姐妹，或者没有可以让她经验这些感觉的对象，在这种情况下，如果我们跟一个女人发展友谊的话，我们儿时强烈且重要的愿望将会在经过成人的需求修正之下实现。

我们和朋友一起分享兴趣和欢乐，同时也可以享受到她的快乐和成功，哪怕这些是我们自己欠缺或者不曾拥有的。如果我们对她的能力感到认同，从而分享她的快乐，那么嫉羡和嫉妒的感觉也许便会退隐到背景中去。

在这种认同中，罪疚感和修复的元素是从不缺乏的，而只有当我们很好地处理了对母亲的恨意、嫉妒、不满以及埋怨，看到她快乐时能够感觉到快乐，感觉到我们并没有伤害到她或者能够对在想象中导致的伤害进行修复，我们才可以真正地认同另外一个女人。干扰友谊的元素是占有和不满导致了过度的要求，实际上，过于强烈的情绪可能会侵蚀友谊的基础。在精神分析的研究中我们发现，只要发生了这种情况，早年间没有获得的满足、不满、贪婪或者嫉妒的情境就会突破重围。换句话说就是，虽然当前的事件可能造成了一定的困难，但是在友谊的破裂中，扮演着重要角色的实际上是婴儿期时没有得到圆满解决的冲突。稳定的情绪状态（可能包含了感觉的强度）是成功友谊的基础。但是如果我们怀抱的期待过高，即期待朋友能够补偿我们早期的不足，那么这段友谊便不太可能成功。通常情况下，这种不合时宜的要求往往存在于潜意识里，这也是我们不能理性地加以处理的原因，因此，它们必然会让我们感觉到失望、痛苦以及怨恨。如果友谊受到了这些过分的潜意识要求的干扰，那么无论外在环境有多大的差异，早年间的情境也会丝毫不差地再次重现。在早年的时候，我们对父母的爱受到了强烈的贪婪和恨意的干扰，导致我们陷入不满和孤单的感觉。而当目前的处境不再受到过去的情境的强烈压迫时，我们便可以正确地选择朋友，并从他们的给予中获得满足。

虽然男人和女人在心理学方面有所不同，并存在重大差异，但我所提及的关于女人之间的友谊，大部分也适用于男人之间友谊的发展。比如将柔情和性的感觉区分开来、升华同性恋倾向和认同等，这些也都是男人之间友谊的基础。虽然在男人之间的友谊中进入了跟成人人格相符的元素以及新的满足，即便它们是崭新的，他也会或多或少地寻找他跟父亲或者兄弟关系的重复版本，或者能够满足过去欲望的新关系，或者能够改善跟曾经最亲近的人们令人不满意的关系。

爱的更广面向

我们将爱从最初所爱的人身上转移到其他人身上，从最早的儿童期开始，这个过程就扩展到了一般事物上。我们因此发展了兴趣和活动，并将之前对所爱的人的爱投到这些兴趣和活动上。在婴儿的心智中，身体的一个部分能够代表另一个部分，同样地，一个物体也可以代表身体的某些部分或者某些人。通过这种象征的方式，在儿童的

第十九章 爱、罪疚与修复

潜意识心智中，任何一个圆形的物体都可能代表母亲的乳房。借由这种渐进的过程，所有在身体上或者更广泛的层面上被感觉到可以散发善和美并能够带来愉悦和满足的事物，都可以在潜意识心智中代替永远丰满的乳房以及整个母亲的位置。于是我们将自己的国家称为"母国"，原因是在潜意识心智中，国家可以代表我们的母亲，而从本质上来说，国家可以被爱的感觉来自跟母亲的关系。

下面我将通过探险家的例子来探讨最初的关系是怎么进入看似相距甚远的许多兴趣中的。在新的探险活动中，探险家们面临着非常严峻的物资缺乏、极大的危险，甚至是死亡。而形成这种兴趣和追求探险活动基础的，除了刺激的外在环境，还有许多心理上的元素。在此，我只能提及一到两个特定的潜意识因素：在贪婪中，小男孩想要攻击母亲的身体，这个身体被感觉是母亲好乳房的延伸；他还在幻想中渴望夺取母亲身体内部的物体，其中包含了婴儿，他认为这些婴儿是珍贵的所有物，并且由于嫉妒的原因，他也对这些婴儿发起攻击。很快，这些渴望穿透母亲身体的攻击性幻想便跟渴望和母亲交合的性器欲望联结在一起。我们在精神分析工作中发现：儿童渴望探索母亲身体的幻想，源自他攻击性的性欲望、贪婪、好奇以及爱，这激发了男人想要探索新环境的兴趣。

我曾在讨论到幼儿的情绪发展时指出，他的攻击冲动会激发强烈的罪疚感以及害怕自己所爱的人死亡的恐惧，以上这些形成了部分爱的感觉，而且使得它们受到了强化。在探险家的潜意识心智中，新的探索环境代表了新的母亲，代替了失去了的真正的母亲，他在找寻"应许之地"——"流奶和蜜糖之地"。我们知道，由于害怕所爱的人死亡，导致小孩会在一定程度上逃离她，不过，与此同时，这又驱使小孩在他所做事情中再创造她并重新找到她，这样一来，逃离和再找到她都得到了充分的表现。儿童的早期攻击性激发了他修复和补偿的驱力,希望将他早先在想象中从母亲那里抢夺的好东西还回去,而这些想要修复和补偿的愿望融合为未来探索的驱力,因为探险家通过找到新的领地来给予整个世界以及很多特定的人们某些东西,事实上,在这种追求中,探险家表现了攻击性和修复的驱力。如我们所知,当发现一个新国度的时候,攻击往往被用于各种争斗以及克服种种困难上。不过,有时候攻击性会通过更加开放的方式被表现出来,特别是在以前的时代,人们不仅仅进行探索,还进行了征服和殖民。在新的情境中,探险家在早期幻想中对母亲身体里婴儿的攻击以及对刚刚出生的弟弟或者妹妹真实的恨意,借由无情和残酷地对待原住民的态度表现出来。而他所渴望的复原,则通过在新的国度里繁衍自己的同胞这件事情充分地表现出来。我们能够观察到,探险家通过探索的兴趣(不论攻击性是否公开地表现出来),他的各种冲动和情绪,比如攻击性、罪疚感、爱以及修复的驱力等,都远离了最初的那个人,被转移到其他的领域中。

探索的驱力并不一定表现为真正身体力行地去探索世界,也可能会延伸到其他领域,比如任何种类的科学发现。举个例子,天文学家早年间渴望探索母亲身体的幻想和欲望成为他从工作中获得的满足感的一部分;渴望再次探索早年的母亲的欲望——这个早年的母亲事实上或者在个人的感觉中已经不存在了——在创造性的艺术以及人们享受和欣赏艺术的方式上,也是非常重要的。

下面我将引用一段济慈(Keats)所写的十四行诗——《初读查普曼译荷马有感》(*On First Looking into Chapman's Homer*)来说明我刚才讨论的某些过程。

虽然大家都耳熟能详,但是方便起见,我决定还是引用全诗:

我曾遨游过许多黄金的地域,

第十九章 爱、罪疚与修复

造访了许多美好的城邦和国度;
我已踏遍了西边的岛屿,
那里的歌者皆效忠于阿波罗。
如此广袤之地——我曾被多次告知,
是眉宇深锁的荷马所统治的领地;
然而,我未曾呼吸到它的纯静,
直到此刻聆听查普曼朗声而无畏地说出来。
我感觉如同一浩浩太空的凝望者
当一颗全新的星球游移进入他的视野中;
或者就像那果敢的戈奥迭(Cortez),以他
苍鹰之眼注视太平洋——当所有水手
都面面相觑,带着荒诞的臆测——
屏息于大雷岩(Darien)之巅。

济慈是从一个欣赏艺术作品者的角度来写诗的。这首诗被比拟为"美好的城邦和国度"以及"黄金的地域"。当济慈在阅读查普曼译荷马时,最开始是从观察天象的天文学家的角度——当"一个新的行星游移进入他的视野中"。随后济慈变成了探险家——"带着荒诞的臆测",他发现了一片新的土地和海洋。在济慈的诗词中,世界代表了艺术。有一点很清楚,那就是对于济慈来说,科学和艺术的欣赏跟探索具有相同的源头,即对美好土地的爱——"黄金的地域"。正如我曾经提及的,对潜意识心智的探索(顺便提一下,这是弗洛伊德发现的一片未知领域),表明美好的土地代表的是所爱的母亲,而想要追寻这些土地的欲望则源自对母亲的欲望。回到济慈的这首十四行诗中,也许可以这么说(我没有对它进行过任何仔细的分析),那位统治着诗的国度的"眉宇深锁的荷马",代表的是被欣赏和强壮有

力的父亲,当儿子(济慈)也进入了欲望的国度之后(艺术、美和世界——最终是他的母亲),他追随了父亲的典范。

同样地,雕刻家在艺术品中注入生命,无论这个艺术品是不是代表一个人,在潜意识中他都恢复且再创造了最初所爱的人,即那个他在幻想中摧毁的人。

我一直在努力地说明罪疚感是创造力和广泛而言的工作(甚至是最简单的工作)的基本动力,但是,如果它们过于强烈,则可能起到相反的效果,即抑制创造活动和兴趣,而在对幼童的精神分析中,这些复杂的关联性第一次得到了澄清。对于儿童来说,当精神分析使得他们的各种恐惧得以减弱之后,其沉睡多时的创造冲动便会通过画画、模仿、堆积东西以及言语等活动苏醒并表现出来。曾经,这些恐惧导致了破坏冲动的增强,因此,当恐惧减弱时,破坏的冲动也会跟着降低。在这个过程中,罪疚感和因害怕所爱的人死亡而产生的焦虑——这些罪疚感和焦虑的强烈程度不是儿童的心智能够应付得了的——得以逐渐减弱,并且变得不再如此强烈而可以加以处理。对于儿童来说,这激发了他对他人的关心、怜爱以及认同,总的来说,儿童的爱增加了。渴望修复的愿望跟关心所爱的人以及害怕其死亡的焦虑非常紧密地结合在一起,直到现在终于通过创造性和建设性的方式表现出来。我们在成人的精神分析中,也可以看到这些过程和变化。

我曾说过,在潜意识心智中,所有欢乐、美以及丰富的来源(包括内在的和外在的)都被感觉为慈爱的母亲给予的乳房和父亲具有创造力的阴茎,在幻想的过程中,它们具有相似的特质——最终来说,就是慈爱又慷慨的父亲和母亲。我们跟引发这么强烈的爱、欣赏、赞美以及奉献等感觉的大自然的关系和跟母亲的关系有很多相异之处,这点诗人们早就看出来了。大自然的馈赠的礼物等同于所有我们在早年从母亲那里获得的东西。不过,她并不是每一次都能令我们满意,有的时候,我

第十九章 爱、罪疚与修复

们也会感觉到她吝啬或者从她那里受到挫折；在跟大自然的关系中，我们对她的这些感觉慢慢苏醒，因为大自然往往是不愿意给予的。

自我保存需求和渴望爱的满足两者永远是紧密结合的，原因是它们最初的来源是相同的。首先，我们的安全感来自母亲，她不仅让我们饥饿的痛苦得到解除，也让我们的情绪需要得到满足，此外还让我们的焦虑得以缓解。于是，由于满足我们的基本所需而产生的安全感跟情绪的安全感是息息相关的，且两者都非常被需要，因为它们能够对抗早期担心失去所爱的母亲的恐惧感。我并不是低估了实际上源于匮乏的直接或者间接的痛苦，但是事实上，由于最早期的情绪情境的悲痛和绝望，痛苦的处境会更加惨烈，儿童当时不仅由于母亲没有满足他的需要而感觉到自己的食物被剥夺了，还感觉到失去了母亲以及母亲的爱和保护。同时，这些失去也使他表现建设性能力的机会受到了剥夺，这种建设性能力是处理他潜意识里的恐惧和罪疚感最重要的方法，即修复的能力。环境的严酷（虽然部分可能是因为未如人意的社会系统，让处境悲惨的人有真实基础而将此痛苦怪罪于他人）以及坏父母的残酷无情——处于焦虑压力之下的儿童认为的——有一些相似之处。相反地，给贫穷或者失业者提供的无论是物质还是心智上的帮助，不仅具有实际的价值，还在潜意识中被感觉到证实了慈爱父母的存在。

我们回到跟自然的关系上，在世界上的某些地方，自然是残酷且具有破坏性的，但是，即便如此，当地的居民仍然愿意冒着种种危险，比如干旱、洪水、严寒、酷热、地震或者瘟疫等，也不愿离开他们的土地。其中，外在环境起着一定的作用，因为这些坚忍的人们不愿意离开成长的地方的原因之一可能是因为没有工具能够让他们搬离，不过我认为，这并不是他们宁愿忍受诸多艰辛也要守住家乡的土地的主要原因。这些身处艰难自然环境中的人，他们为了生存而奋斗还拥有其他的（潜意识）目的。对他来说，自然象征着他吝啬且严厉的母亲，他必须高度赞扬来自母亲的恩赐，因此早期的暴力幻想被重演且行动化了（虽然是通过升华与适应社会的方式）；他在潜意识中由于对母亲的攻击冲动而产生了罪疚感，他希望（目前在他跟自然的关系中，仍然是在潜意识中期待着）母亲严苛地对待他，这种罪疚感如同动力一般促成了修复。因此和自然的搏斗一部分被认为是想要保存自然的奋斗，因为它也表现出渴望修复她（母亲）的愿望。跟严峻的自然环境奋斗的人们不仅仅是服务于自己，他们也为自然本身服务；他们由于没有跟母亲切断关系，因此活生生地保留了早年母亲的影像，在幻想中，借由靠近她而保存了自己与她——实际上是借由不离开他们的家乡。探险家则不同，他们在幻想中寻找的是新的母亲，目的是想要取代真实的母亲，因为他感觉到跟她疏远了，或者是在潜意识中担心会失去她。

与我们自己，以及与他人的关系

在本章的内容中，我们讨论了所有人的爱，以及跟他人之间的关系的某些方面，不过，在我还没有深入地讨论所有关系中最复杂的一种，即我们与自己的关系之前，我还不能做出总结。那么，什么是我们自己呢？从我们出生的那一刻起，我们所经历的所有好的或者坏的事情，所有从外在世界和内在世界中接收到的以及感受到的事物，所有感受到的快乐的和不快乐的经验，以及跟他人的关系、活动、兴趣和种种想法，换句话说就是，所有我们经历过的事形成了我们自己并建构了我们的人格。如果突然间，我们过去的某些关系和跟其有关的记忆以及由它们唤醒的种种丰富感觉从生活中被抹灭了，那我们将会

第十九章 爱、罪疚与修复

感到无比的贫乏和空虚,并且还会失去很多经验到以及回应的爱、信任、满足、安慰以及感恩!很多人甚至不愿意失去某些痛苦的经验,原因是这些痛苦的经验促进了我们人格的丰富内涵。在本文中,我曾多次提到我们早年的关系和日后的种种关系之间有着重要的联系,接下来,我想讨论的是,这些最早期的情绪和情境对我们和我们自己的关系产生根本性的影响。我们将心爱的人们珍藏在我们的心智当中,当我们遭遇某些困难的时候,可能会感受到他们的指引。此外,我们的自我也会猜测这些我们心爱的人将会怎么应对、他们是否赞成我们的做法。我们可以做出这样的结论:我们非常尊敬的这些人,最终代表的是我们所欣赏和爱的父母。

如我们所知,孩子想要跟父母建立和谐的关系是非常困难的,而且,早年爱的感觉受到恨意的冲动和这些冲动在潜意识里所激发的罪疚感严重的抑制及干扰;确实,父母本身欠缺爱和谅解也容易导致整体的困难增加。即便身处非常顺利的环境中,在幼儿的心智里仍然一定程度地活跃着破坏的冲动和幻想、恐惧和怀疑等,而且还会因为艰难的环境和不舒服的经验而有所增加。另外有一点也非常重要,那就是如果孩子在早年生活中过得不那么快乐,那么将会对他发展充满希望的态度以及爱和信任他人的能力产生干扰。不过,这并不是说孩子发展的爱和快乐的能力等同于他获得的爱的量。确实,一些孩子会在心智中发展出非常严厉和苛刻的父母形象,并对他跟真实父母和其他人的关系造成影响,哪怕他真实的父母其实对他非常慈爱。从另一方面来说,通常情况下,儿童心智上的困难并不会等同于他所接收到的不当对待;如果从一开始就为着因人而异的内在因素,导致孩子忍受挫折的能力非常有限,攻击、恐惧和罪疚感却十分强烈,那么在孩子的心智中,父母真正的短处,尤其是他们做错事的动机可能会被过度地夸大和扭曲,而且,父母跟周围的其他人可能被感觉是十分严厉和苛刻的,因为我们自己的恨意、恐惧以及怀疑容易在潜意识心智中创造出严厉和苛刻的父母形象。现在,在我们每个人的身上,这种过程仍然多多少少还在活跃着,因为我们都不得不通某种方法来对抗恨和恐惧。我们因此知道了攻击冲动、恐惧和罪疚感(有部分是来自内在的原因)的量跟我们所发展的主要心智态度有着非常紧密的关联。

有些孩子由于受到不良的对待,在潜意识心智中发展出非常严厉和苛刻的父母形象,从而严重地影响到他的整体心智态度。相反地,大部分孩子受到父母因为疏失或者缺乏了解而产生的负面的影响比较少;由于某些内在的原因,从一开始他们忍受挫折(不论是否可以避免)的能力就较强,换句话说就是,他们能够做到不受自己的恨和怀疑冲动所主导。这类孩子往往更能忍受父母在照顾他们时所犯的错误,也更能够对自己人善的感觉产生依赖,不容易被来自外界的事物动摇,因此也更加对自己有安全感。没有哪个儿童可以免于恐惧和怀疑,但是,如果儿童和父母的关系主要是建立在爱和信任之上,那么在儿童的心智中,将能够稳固地建立起引导和有帮助的父母形象,这不仅是安慰跟和谐的来源,同时也是未来所有友谊关系的原型。

我努力地描述着某些成人关系,比如我们对待某些人的方式就跟父母曾经对待我们的一样——当他们爱着我们,或我们希望他们这么做的时候——我们其实是将早期的情境进行了反转。换句话说,我们对待某些人的态度,就如同爱着父母的孩子,这种互相替换的亲子关系不仅仅在我们对待他人的态度中表现出来,我们也可以在自己的内在经验到这些我们保存在心智中的有帮助的、引导的以及形象的态度。我们在潜意识中感觉到,爱我们、保护我们的父母是形成我们部分内在世界的人,而我们则通过感觉到自己如同是他们的父母来回馈他们给予我们的爱。这些幻想关系建立在真实经验和记忆的基础上,构成了感觉和想象的一部分,同时还促成了快乐的情绪和心智的健

第十九章 爱、罪疚与修复

康。但是，如果保存在感觉和潜意识心智中的父母是严厉的形象，我们则就会感到忐忑不安。如我们所知，过度严苛的良知会激发担忧和痛苦；但是很少有人知道一点，同时也是被精神分析发现所证实的：这所有的内在交战的幻想和跟它有关的恐惧，是我们所谓的坏良心的基础。顺便提一句，这些压力和恐惧会深深地困扰着心智，甚至可能导致自杀。

我在上述中使用了一个很古怪的词语——和我们自己的关系，现在我要对它进行补充，"和我们自己的关系"是一种跟在我们自己之中一切珍爱部分的关系以及跟一切憎恨的部分的关系。我已经努力地阐述了我们自己之中所珍视的一部分，是通过我们跟外界的人们的关系所累积起来的资源，因为这些关系和跟其有关的各种情绪已经成为内在所拥有的。我们对自己之中严厉和苛刻的形象产生恨意，这些形象大部分是我们对父母的攻击导致的，但它们也是我们内在世界的一部分。不过，通常情况下，最强烈的恨往往是朝向我们自己内心的恨，由于我们非常害怕这些恨意，因此被驱使采用非常强烈的防卫方式，即将它置于其他人身上，也就是将它投射。不过，我们同时也将爱投射到外在世界中去了，而想要真正做到这点，除非我们能够和心中友善的人物形象建立起良好的关系。这是一个良性的循环，因为，首先我们从跟父母的关系中得到了信任和爱，接着得到了他们以及他们所有的爱和信任，如同早年一样，我们将它们收到我们自己之中。然后，我们通过这些爱的感觉的资源，再将爱转移到外在世界中去。在恨的方面，也有一个相似的循环，我们知道，恨意使得我们在心中发展出了恐怖的形象，于是容易觉得别人是不好的、不友善的。顺便提一句，这种不好和不友善的心智态度能够产生让他人不愉快并怀疑我们的实际效果，而我友善和信任的态度则容易唤起他人身上的信任和善意。

我们常常看到，有些人随着年纪的增长变得越来越刻薄，而有些人则随着年纪的增长变得越来越温和，越来越善解人意和宽容，导致这种差别的原因主要是态度和人格上的不同，而不一定跟生命中遭遇的有利或者不利经验相符。基于我所陈述的，下面做出总结：无论是对人还是对命运的刻薄感——这种刻薄感往往跟人和命运都有关系——在儿童期时基本上就已经建立了，而且可能在未来的生活中受到强化。

在儿童的心智中，如果爱没有被怨恨所扼杀，而是建立起牢固的根基，那么对他人的信任和对自己良好特质的信念就会跟磐石一样稳固，能够对抗来自环境的打击。当遵循这种路线的人遭遇痛苦的时候，他们可以在自己心中保持那些好的父母，对他来说，父母的爱是一种永不衰竭的帮助，而且他们可以通过外在世界再一次找到能够在心中代表他们的人。具有反转幻想情境和认同他人的能力的人——这种能力是人类非常伟大的特质——可以帮助他人并给予这些人爱，而这些帮助和爱都是他自己所需要的，他可以通过这种方式为自己找到安慰和满足。

从一开始，我讨论了婴儿的情绪处境以及跟母亲的关系，母亲是他从外在世界中接收到的好质量的爱最原始和最主要的来源。接着我讨论到，对于婴儿来说，如果严重得不到被母亲喂食的满足，他将会感觉非常痛苦，不过，如果他受到的挫折和怨恨不是非常强烈的话，就可以渐渐脱离母亲并从其他来源获得满足。在他的潜意识心智中，给予他欢愉的新客体跟最初从母亲那里获得的满足是紧密联结的，这也是他能够接受新的客体带来的欢愉的原因。这个过程不仅仅将最初的善替换了，同时也保存了它，而且这个过程度过得越顺利，在婴儿心中留给贪婪和恨的空间就越少。不过，正如我经常强调的，潜意识的罪疚感——幻想中对所爱之人的攻击破坏导致其发生——在这些

第十九章 爱、罪疚与修复

过程中扮演了非常重要的角色。我们已经知道,婴儿的罪疚感和悲伤感来源于他在贪婪和恨意中想要摧毁母亲的幻想,并启动了想要修复这些他在幻想中导致的伤害的驱力,从而修复她。现在,这些情绪跟婴儿的愿望以及接受母亲替代品的能力有着非常重要的关系,罪疚感激发了对于依赖所爱的人的恐惧感——孩子担心会失去这个人——因为当他具有攻击的想法时,他认为自己已经伤害了她。这种对于依赖所爱的人的恐惧感,成为他离开母亲的动力——转向其他的人或者事物,同时扩大兴趣范围。通常情况下,修复驱力可以对抗罪疚感所引起的绝望,接着希望占了主导。在这种情况下,在婴儿的潜意识中,其爱和修复的欲望被带入新的所爱的客体和兴趣中。正如我们所知,在婴儿的潜意识心智中,这些跟最初所爱的人是互相联结的,他通过跟新的人们的关系以及建设性的兴趣,再次发现并创造了这个人。于是,修复——是最基本的爱的能力部分——的范畴得到了扩展,而小孩接受爱的能力以及通过种种方式将善从外在世界中摄入自己内在的能力也得到了稳定的提升。想要获得更多快乐的主要条件便是能够平衡这种"施"和"取"之间的关系。

在最早期的发展中,如果我们将兴趣和爱从母亲身上转移到其他人或者其他满足的来源,也只有这样,在未来的生活中,我们才能从其他的来源处获得快乐,并且我们可以凭借跟其他人建立友谊来补偿从某个人那里遭遇的挫折或者失望,并且接受我们没有得到或者无法保存的物品的替代品。如果我们跟外在世界的关系并未受到内在受挫的贪婪、憎恶以及怨恨的干扰,便能够有无数的方式可以从外界摄取美、善以及爱。凭着这种方式,我们快乐的回忆和逐渐积累的价值越来越多,通过它们,我们获得了牢固的安全感以及能够防止痛苦的满足感。而且,这所有的满足除了可以提供快乐之外,还可以减弱过去和现在的挫折——回溯到最早期、最根本的挫折。我们越是经验到满足，就越不会憎恨匮乏，也就越不会被自己的贪婪和恨意动摇，然后才能够从心底接受来自他人的爱和善，同时也将爱和善给予他人，然后再接受更多的回馈，如此不断循环。也就是说，在我们的内在，基本的"施和取"的能力已经建立起来了，这种能力确保了我们可以获得满足，并且能够促进他人的愉悦、安适或者快乐。

总的来说，和我们自己保持良好的关系，是爱、容忍以及理解他人的必要条件之一。正如我努力想要阐明的，这种跟自我的良好关系，有一部分发展为对他人友善、关爱以及谅解的态度，即对于那些曾经对我们来说非常重要的人们，跟他们的关系已经成为我们心智和人格的一部分。如果我们在潜意识心智的深处，能够将对父母的怨恨减轻到一定程度，原谅他们曾经让我们遭遇挫折，那么我们将能够跟自己发展良好的关系，并和自己和睦相处，最终可以真正地去爱他人。

第二十章

哀悼及其与躁郁状态的关系

在弗洛伊德的《哀悼与抑郁》（*Mourning and Melancholia*）一文中，他曾指出，现实考验（testing of reality）是哀悼工作中不可缺少的一部分。他认为，"在哀悼中，我们应该花一定时间来详细地进行现实考验的工作。当这项工作完成之后，自我便可以让它的原欲成功地脱离已失落的客体"。同样地，"原欲加诸在客体上的所有记忆和期望都会被带出来，并受到极度重视，借此完成脱离。而进行现实考验时的妥协为什么会这么痛苦，从能量的角度来说，确实很难解释。而让人惊讶的是，我们竟然将这种痛苦所带来的不愉快视为理所应当的。"在另一段中，他还这样写道："我们甚至对进行哀悼工作时所借助的能量流动路径一无所知。但是也许下面的推论可以帮助了解这个现象：每个显示原欲跟已失落的客体的依附的记忆与预期，都会遭遇一个现实的判决，即客体已经消失不在。而犹如过去那样，此时自我会疑惑自己是否也会遭遇这样的命运。但因为自己还活着而产生的自恋满足（narcissistic satisfaction），便可以说服自我中止跟已失落的客体之间的联结。也许我们可以假设，这种中止工作非常耗时，因此，等到工作终于完成时，所需要的能量可能也已经被耗光。"

我认为，正常哀悼里的现实考验和我们早期的心理历程息息相关。对此，我得出一个论点，即儿童会经历一种心理状态，这种心理状态和成人的哀悼非常相似，或者说，成人在生命中每经历一次哀悼，其童年早期的哀悼就会重演一次。我认为，现实考验是儿童克服哀悼状态最重要的一个方法；因为正如弗洛伊德强调的，这项历程也是哀悼工作不可或缺的一部分。

第二十章　哀悼及其与躁郁状态的关系

我曾在《论躁郁状态的心理成因》中提出了"婴儿期忧郁心理位置"的概念，并解释了这种心理位置跟躁郁状态之间的联系。现在，我将论及我在《论躁郁状态的心理成因》中的一些陈述，并以此为基础进行延伸，以弄清婴儿期忧郁心理位置跟正常哀悼之间的关联。当然，我也希望我在这个过程中做出一些贡献，帮助我们在日后对正常哀悼和非正常哀悼跟躁郁心理状态的关联更加了解。

我曾经说过，婴儿经历的忧郁感觉在断奶之前、之间以及之后都会到达巅峰状态。婴儿的这种心理状态被我称为"忧郁心理位置"，同时我还提出这是一种"原生状态"（statu nascendi）的忧郁。受到哀悼的客体是母亲的乳房以及乳房和乳汁在婴儿心里代表的一切，也就是爱、美好和安全。婴儿会感觉到自己失去了所有，而失去的原因，则是自己对母亲的乳房无限的贪婪、摧毁幻想和冲动。对于即将面临的因失去（这次失去的是父母两人）而产生的很多痛苦，则来自俄狄浦斯情景。俄狄浦斯情景跟断奶的挫折密切相关，在很早的时候就出现了，因此俄狄浦斯情景从一开始就被口腔欲望和恐惧所主宰。在幻想中攻击所爱的客体，并因此担心失去客体，这种循环也会延伸到幼儿跟兄弟姐妹爱恨交织的关系上。由于在幻想中攻击了母亲身体里的兄弟姐妹，幼儿因此产生罪疚感和失落感。我认为，害怕失去"好"客体的哀伤和担忧就是忧郁心理位置，同时也是造成俄狄浦斯情景的冲突以及儿童跟他人之爱恨交织关系的主要原因。在正常的发展里，这些哀悼和恐惧的感觉会通过各种方式被克服。

我曾在我的著作中反复强调，儿童在最初跟母亲，以及之后迅速跟父亲和他人产生关系时，也在同一时间开始了内化的历程。当婴儿吞并了父母之后，他会详细地感受到深刻的潜意识幻想，认为父母是他体内的活生生的人。因此在他的心中，父母就是如我所称的，"内在的"（internal）或者"内部的"（inner）客体。于是在儿童的潜意识心智中便会建立起一个内在世界，这个内在世界反映了他从别人以及外在世界中获得的实际经验和印象，但是这种经验和印象又被他自己的幻想和冲动进行了修改。如果内在世界中的人和人之间以及他们和自我之间可以融洽相处，那么，内在的和谐、安全以及整合就会紧随而来。

跟"内在"母亲相对应的，我称之为"外在"母亲。幼儿跟"外在"母亲和"内在"母亲有关的焦虑，彼此之间会互相作用，因此，自我处理这两种焦虑的方式之间也是紧密相连。在婴儿的心中，"内在"母亲和"外在"母亲是密切联系的，因为"内在"母亲是"外在"母亲的"替身"，虽然在内化的过程中，这个替身已经发生变化。也就是说，这个替身的形象已经受到了他的幻想、内在的刺激以及种种内在经验的影响。我的观点是，在生命刚开始的时候，儿童就已经开始将他所经历的外在情境内化了，而当他在内化外在情境时，同样也会遵循这个模式，即成为真实情境的"替身"，并且会因为相同的原因而改变。可是，对于幼儿来说，想要精确地观察和判断被内化的人、事物、情境以及事件（可以说是整个内在世界），则变得非常困难。对于可以运用于明确有形的世界里的感官媒介，幼儿无法将之用于确认内在世界的人和事物，这也是导致内在世界的幻想本质的主要原因。而伴随而来的怀疑、不确定以及焦虑则成为持续的诱因，促使幼儿不断地对外在客体的世界进行观察和确认。儿童因此衍生出内在世界，并借此增加对内在世界的了解。而现实中真实的母亲不断提供的证据，呈现了"内在"母亲的样貌，比如慈爱的或者愤怒的，有帮助的或者会报复的。外在现实能够将内在现实引发的焦虑和哀伤驳斥到何种程度，这是因人而异的，但同时，这也可以作为衡量个人是不是正常的标准。如果是内在世界主宰着儿童，导致他的焦虑无法被他跟别人关系中的愉快面向完全抵消，那么他将可能产生严重的心理问题。相反，一定量的不愉快经验在现实考验过程中也是不可或缺的，当儿童在克服这些经验的时候，只要他的心中仍然保存着客体以及他们对彼此的爱，并能在遭遇危险时，仍然可以保存或者重建内在的生命和谐。

婴儿在跟母亲的关系中感受到的许多愉悦，充分证明了他所爱的客体——无论是"内在"还是"外在"的——都没有受伤，也没有变成想要对他进行复仇的人。快乐的经验让爱和信任有所增加，恐惧得以减少，帮助婴儿逐渐克服忧郁与失落感（哀悼），同时他也可以借助外界现实考验自己的内在现实。借由被爱以及从跟他人的关系中得到的快乐和安慰，他对自己和他人的信任越来越深。而当他认为外在世界可能毁灭的矛盾情绪以及极度恐惧减少时，他也会越来越认为他心中的"好"客体跟自己的自我可以同时被拯救和保存。

对于幼儿来说，不愉快的经验以及缺乏愉快的经验，特别是跟所爱的人缺乏快乐与密切的接触，都会导致其矛盾情绪增加，信任和希望减少，并使他对内在毁灭与外在迫害的恐惧受到强化，从而产生焦虑。此外，还会导致儿童追求长期内在安全感的良性历程减缓甚至永远停止。

在获取知识的过程中，所有新的经验都必须跟当时主导的精神现实所提供的模式相符。但是，儿童则不一样，在他获取知识的过程中，他的精神现实同时也会被他日益增长的、跟外在现实相关的知识所影响。而随着他的知识不断增长，他便会越来越坚定地建立他内在的"好的"客体，同时，他的自我还会通过这些知识克服忧郁心理位置。

我曾在其他著作中提出过，我认为所有婴儿都会经历精神病式的焦虑，而且婴儿期神经官能症其实是处理与修正这些焦虑的正常方法。

现在我对这个结论更加确认了,因为我对婴儿期忧郁心理位置的研究工作更加确认了这个结果,同时,这项研究工作还使我相信这是儿童发展中最主要的心理位置。早期忧郁心理位置通过婴儿期神经官能症表现出来,于是得到处理并被渐渐克服。这是构成和整合历程中非常重要的部分,而跟性发展一样,这项历程也是婴儿刚出生那几年中的重要工作。一般情况下,儿童都会经历这种婴儿期神经官能症,然后逐渐跟他人以及现实建立起良好的关系,并达成其他发展成就。我认为,儿童只有彻底克服了内心的混乱(忧郁心理位置),安稳地建立"好"的内在客体,才能够达到这种满意的关系。

接下来,我们将进一步仔细地探讨这项发展进行的方式与心理机制。

在婴儿身上,互相强化的攻击与焦虑主导着他投射与内射的历程,并引起被可怕的客体伤害的恐惧。除了这些恐惧以外,婴儿还担心会失去所爱的客体,于是便产生了忧郁心理位置。在我第一次提出忧郁心理位置这个概念时,还提出了假设婴儿将整个所爱的客体内射后,会害怕哀伤客体被摧毁(被"坏的"客体与本我摧毁),而这些痛苦的感受和恐惧跟偏执的恐惧和防卫机制加在一起,就形成了忧郁心理位置。因此,便有了两组不同的恐惧、感受以及防卫机制,它们虽然各不相同,却又紧密联系。而我认为,想要在理论上进行清晰的分析,将这两者各自独立出来是可行的。构成忧郁心理位置的第一组感受是被害的感受以及幻想,害怕自我遭到外在迫害者的摧毁是其主要特征。对抗这类恐惧的防卫机制主要是通过暴力的、秘密的或者狡猾的方式来毁灭迫害者。我曾在其他著作中详细讨论过这类恐惧以及防卫机制。而构成忧郁心理位置的第二组感受,我曾经也阐述过,只是没有提出专用词汇。现在我建议,用一个日常生活中常用的简单词汇,比如,对所爱客体的"渴慕"来描述担心失去所爱的客体以及希望再次找回对方等这类哀伤担忧的感觉。总之，"坏的"客体的迫害加上与其对抗的特定的防卫机制，再加上对所爱的（"好的"）客体的渴慕，就形成了忧郁心理位置。

当出现忧郁心理位置时，自我为了对抗所爱的客体的"渴慕"，不得不在原有的防卫机制之外发展出更多防卫方式。这是整体自我组织（egoorganization）中必不可少的。而因为其中的某些方式跟躁郁症相关，因此我之前曾将它称为躁动防卫（manic defences），或者躁动心理位置（manic position）。

在正常的发展中，来回在忧郁心理位置和躁动心理位置之间徘徊是非常重要的一部分。忧郁型焦虑（害怕自身和所爱的客体遭受摧毁的焦虑）驱动自我建立全能与暴力的幻想，目的之一是想要控制与掌握"坏的"、危险的客体，另一个目的则是拯救与修复所爱的客体。当全能幻想（包括毁灭和补救）出现以后，就会刺激并进入儿童的一切活动、兴趣以及升华之中。婴儿具有施虐幻想和建造幻想这两个非常极端的特质的原因是他的迫害者十分恐怖，同时在相反的另一端，他的"好"的客体非常完美。理想化是躁动心理位置中不可缺少的一部分，而且跟同处于该位置中的另一个不可缺少的元素——否认，密切相关。当忧郁心理位置达到巅峰时，如果没有部分暂时的对精神现实的否认，自我则承受不了他感觉到的对他有威胁的灾难。跟矛盾情绪息息相关的全能、否认以及理想化让早期的自我可以在一定程度上与它内在的迫害者进行对抗，以及不再像奴隶一样岌岌可危地依赖其所爱的客体，而能进一步地有所发展。下面，我将引述一部分我在之前的论文中的陈述：

"……在最初的阶段中，孩子在心里将迫害客体和好客体（乳房）远远地区隔开，随着完整的真实客体得到了内射，它们接近彼此时，自我再一次诉诸分裂的机制——这个机制对于客体关系的发展非常重要，也就是将其在意象中分为被爱的和被恨的，即将好的和危险的区隔开。

"也许有人会认为，对于客体关系的爱恨交织，也就是跟完整且真实的客体的关系，实际上是在这个时候开始的。在意象的分裂中发展的爱恨交织，让幼儿能更加信任和更爱其真实客体以及内化的客体，并更能让儿童渴望复原所爱的客体的幻想得以实现。与此同时，偏执焦虑和防卫则被导向'坏'的客体；由于逃离机制，自我从真实的'好'客体那里获得的支持更多了，这样的机制在其外在和内在的好客体之间轮换着。

"在这个阶段中，外在和内在的、被爱的和被恨的以及真实的和幻想的客体似乎是这样统合的：每一个统合的步骤都会导致意象的再次分裂；不过，当幼儿越来越适应外在世界时，这种分裂发生的层面也将会越来越接近现实，并一直会持续到妥善建立起对于真实和内化客体的爱以及信任为止。那么，爱恨交织———一部分作为应对个体自己的恨和所恨的可怕客体的防护措施——将会在正常的发展中得到不同程度的减弱。"

如上文中描述的，在早期的毁灭和修复幻想中，全能感占据了非常重要的地位，并对升华与客体关系产生一定影响。然而，在潜意识中，全能感跟最初引发全能感的施虐冲动是密切相关的，因此，儿童会不断地认为自己的修复企图不会成功，并且在未来也不会成功。他会觉得自己非常容易受控于施虐冲动，而不能充分信任自己的修复与建设感，转而诉诸躁动全能感，正如我们所见到的那样。所以，导致幼儿——在一定程度上也会导致成人——强迫性地重复某些行为（我认为这是强迫重复的一个成因）的原因是，在早期发展阶段，自我没有合适的工具来成功地处理罪疚感和焦虑。或者，儿童也可能会采取相反的反应，也就是诉诸全能感与否认。当躁动本质的防卫机制（通

第二十章　哀悼及其与躁郁状态的关系

过自认全能的方式否认或者藐视来自各种源头的威胁）失败时，自我只好同时或者转向通过强迫式的修复方法来对抗退化（deterioration）或者去整合的恐惧。我在其他著作中曾说过，我认为强迫式心理机制是为了抵抗、修正偏执焦虑，因此在这里，我只对跟正常发展中忧郁心理位置相关的强迫式心理机制和躁动防卫机制的关联进行简单的说明。

由于躁动防卫机制和强迫式心理机制在发生作用时息息相关，因此导致自我担心强迫式心理机制的修复企图也会失败。在修复的行动中（以思想、活动或者升华进行的行动），可能会出现强烈的控制客体的欲望、征服或者羞辱客体的施虐满足以及打败客体的胜利感等，它们将会打断修复行动刚开始时的"善意"循环。因此，原本要修复的客体再次变成迫害者，被害恐惧也会再次苏醒。这些恐惧会导致偏执防卫机制（毁灭客体）和躁动防卫机制（将客体困住或者让客体动弹不得等）增强。进而干扰到正在进行中的修复行动，甚至使其中止，不过，影响的程度一般视这些机制而定。由于修复行动失败，自我不得不再次诉诸强迫和躁动的防卫机制。

在正常的发展过程中，当爱和恨意之间保持平衡、客体的各个层面也比较统一整合时，这些彼此冲突又息息相关的方法也就可以实现某种平衡，而且其强度也会有所减弱。在这方面，我想特别强调一下胜利感，这种胜利感跟鄙视和全能感密切相关，同时也是躁动心理位置的重要元素之一。我们知道，当儿童渴望取得跟成人一样的成就的愿望非常强烈时，竞争则开始扮演非常重要的角色。此外，这些愿望中掺杂的恐惧和渴望"长大脱离"自己的缺陷（最终可以将自己的毁灭性克服，将自己坏的内在客体征服，进而将它们控制）的想法，更是刺激他想要取得各种成就的主要原因。在我的分析经历中，凡是想要逆转儿童父母的关系、有力量掌控父母以及打败他们等的想法，从一定程度来说，都跟想要取得成功有关。在儿童的幻想中，有一天他会变得强壮、高大、变成大人、有力量、有钱、有能力，父母则变成无助、弱小的儿童，或者在他其他的幻想中变得老无所依、虚弱乏力、穷困潦倒。但是，战胜父母的这类幻想所引发的罪疚感常常会干扰个体在各个方面的努力。一些人认为自己可能不会成功，原因是对他们而来说，成功意味着一定要羞辱或者伤害到其他人，特别是他的父母跟兄弟姐妹。他们想要实现某个目标的做法可能具有高度建设性的本质，但是在个体的心中，其中暗示的胜利和伴随产生的伤害和损害可能会压过这些目标，并阻止它们实现。在个体的内心深处，他想要战胜的人就等同于他所爱的客体，因此他将再一次无法实现渴望修复所爱的客体的愿望，也消除不了罪疚感。对于主体来说，想要战胜客体暗示着客体也想战胜他，因此会导致他的不信任以及被害感。紧接着可能会导致忧郁或者躁动防卫机制增强，而更加暴力地控制客体。由于他无法恢复或者修复客体，也无法跟客体达成和解，因此被对方迫害的感觉再度占领高地。这所有都会对婴儿期的忧郁心理位置产生重大影响，也会决定自我能不能成功克服这个心理位置。幼儿的自我通过控制、羞辱以及折磨内在客体而获得胜利感，这种胜利感是躁动心理位置中的毁灭层面，会对主体弥补与重建和谐平静的内在世界产生干扰，因此也会阻碍早期的哀悼。

我们可以通过思考从轻躁的人身上观察到的一些特征来了解这些发展历程。对于某些人、事件或者原则，轻躁的人往往会倾向于夸大的评价，也就是过度欣赏（理想化）或者鄙视（贬低）。随之而来的是他会从大范围、大数量的角度去思考所有事物，同时抱持强烈的全能感，并借此对抗自己最大的恐惧，即害怕失去独一无二的、无人可替的客体——他内心深处仍旧在哀悼的母亲。他常常贬低细节和小数目，鄙视认真负责，对细节也漫不经心等，这些都跟强迫式心理机制中的小心谨慎、专注微小细节（弗洛伊德）等形成鲜明对比。

然而，从某个程度上来讲，这种鄙视也来自否认。他必须否认自己渴望全面而巨细无遗地修复的冲动，因为他不得不否认自己渴望修复的动机，也就是否认他对客体的伤害和因伤害而带来的哀伤和罪疚。

我们回到早期发展的路径，可以说，自我会把情感、智能以及精神成长历程中的每一步都当成工具来克服忧郁心理位置。儿童日益增长的技能、天分以及艺术能力都让他在精神现实上更加相信自己具有建设性的能力，也让他更加相信自己能够控制及掌握他的敌意冲动以及"坏的"内在客体。来源于各方面的焦虑因此得以缓解，攻击性得以降低，他对"坏的"外在和内在客体的怀疑也进一步减少。个体对人的信任也会增强，自我得到强化，而能进一步统一它的众多意象——外在、内在、爱的、恨的，并通过爱来降低憎恨，最终迈向整体的整合。

当儿童通过考验外在现实获得越来越多的证据和反证，而对自己爱和修复的能力、好的内在世界的整合与安全更加信任，就能减少他的躁动全能感，同时，修复冲动的强迫特质也会减弱，总的来说，这就意味着他已经安然度过了婴儿期神经官能症。

接下来我们将婴儿期忧郁心理位置跟正常的哀悼结合起来。我认为，当哀悼者在失去所爱的人时，会由于在潜意识中幻想自己同时失去了内在的"好"客体而感到更加痛苦。他会认为他的内在世界即将面临着分崩离析的危险，原因是他感觉到自己内在的"坏"客体占领了高地。如我们所知，哀悼者会因为失去所爱的人而产生在自我中恢复失去的客体（弗洛伊德和亚伯拉罕）的冲动。而我认为，哀悼者不仅会将失去的所爱的人融入自己的内在（重新吞并），还会将他在发展之初就已经内化到内在世界的好客体（也就是他所爱的父母）恢复

（reinstate）。每当个体感受到失去了所爱的人时，同时也会认为这些客体被伤害或者被毁灭了。此时，早期的忧郁心理位置，以及紧随而来的，由乳房受挫情景（breast situation），即俄狄浦斯情景跟其他一切源头衍生的焦虑、罪疚、失落感和哀悼感等，全部再次重启。在所有情绪当中，担心遭受可怕的父母的剥夺和惩罚，即被害感，会在内心深处再次被唤醒。

举个例子，当一个女人的孩子去世了，除了哀悼和痛苦以外，她早期认为"坏"母亲会报复并剥夺她的恐惧也会被重新启动并得到确认。在她早期的攻击幻想中，她曾因为夺走了母亲的婴儿而担心受到母亲的惩罚，这也使得她对母亲的爱恨交织受到了强化，导致她对他人产生了憎恨与不信任。在哀悼的状态下，受到强化的情绪和被害感会带来更多的痛苦，因为它会增加爱恨交织与不信任感，而阻碍本来在这个时候可能获得的帮助以及友善关系。

因此，个体在哀悼的漫长现实考验历程里感受到强烈痛苦的原因，有一部分可能来源于他不仅必须恢复跟外界的联结，持续地再次体验这项失落，同时还必须借此痛苦来重建他认为有分崩离析危险的内在世界。犹如经历忧郁心理位置的幼儿不得不在潜意识中挣扎着建立并整合他的内在世界一样，哀悼者也不得不经历重建并整合内在世界的痛苦。

在正常的哀悼里，早期的精神病式焦虑会被再次唤醒。事实上，这是哀悼者生病了，但是由于这种心理状态十分普遍，因此被认为是自然状态，更不会称之为疾病（同样地，在近几年之前，正常儿童的婴儿期神经官能症也不被认为是神经官能症）。更精确地说，我认为：主体在哀悼时，会经历比较轻微的、暂时性的躁郁状态，然后进行克服，这也重复了儿童在正常的早期发展中的历程，虽然两者身处不同的外在环境，也有不同的表现。

第二十章 哀悼及其与躁郁状态的关系

对于哀悼者来说，最大的危险便是他将对死者的憎恨转到自己身上。这种憎恨表现在哀悼情境中，就是感受了胜利感，这种胜利感来自对死者的战胜。我在本文的前面曾指出，胜利感是婴儿发展中躁动心理位置的一部分。每当有爱的人去世时，其实就是婴儿希望父母或者兄弟姐妹死亡的愿望实现了，因为从某种程度上来说，去世的人必定代表某个最初的重要形象，也因此承受着一些跟这个形象相关的情感。因此，对于哀悼者来说，所爱的人去世了，虽然在某些方面给他带来了非常大的打击，但是在一定程度上，会让哀悼者感受到像是获得胜利一般，引发他的胜利感，当然，也会引发更多的罪疚感。

关于这个观点，我跟弗洛伊德的看法有所不同。他认为："首先，正常的哀悼会克服失去客体的失落，而当持续进行哀悼时，自我的所有能量则会被全部耗尽。那么，就能量状况来说，为什么在哀悼完成之后，却没有暗示显现出胜利的阶段？针对这个异议，我认为我们难以给出一个简单明了的答案。"而基于我的经验我认为，即便在正常的哀悼中，也会不可避免地出现胜利感，并且很有可能会影响到哀悼工作，或者在一定程度上导致哀悼者更加困难和痛苦。哀悼者对死者的憎恨会通过各种方式呈现出来，而当憎恨在哀悼者的心里占据主导地位时，哀悼者不仅会把死去的人变成迫害者，他自身的信念还会受到动摇，让他不再相信内在的好客体。不再相信内在的好客体将会造成一个非常痛苦的影响，那就是导致理想化的历程受到干扰，而理想化的历程却是心理发展中一项十分重要的中介步骤。对于幼儿来说，理想化的母亲能够抵抗报复的或者死去的母亲以及所有坏的客体，因此象征着安全与生命本身。我们知道，哀悼者可以通过回忆死者的善良和美好的特质以得到大量的安慰，其原因之一就是他可以暂时地理想化所爱的客体，而感到安心。

短暂出现于正常哀悼历程的哀伤和沮丧之间的亢奋状态（elation）

具有躁动的特质,而且来自主体认为他的内在拥有的完美的所爱客体(理想客体)。但是当哀悼者的心中出现了针对死者的憎恨时,他对客体的信念便会被瓦解,理想化的历程也会被打断(哀悼者对死者的恨来自担心所爱的人借由死来试图惩罚或者剥夺他,就如同小的时候他想要母亲而母亲不在时,他就会觉得母亲是借由死去来对他进行惩罚或者剥夺)。正常的哀悼者只有逐渐重拾对外在客体的信任以及各种各样的价值之后,才能再一次对失去的死者产生信任,并愿意重新领悟死者的不完美,但他不必因此减少对死者的爱和信任,也不必担心死者的报复。当哀悼者达到这个程度时,则意味着他完成了哀悼中非常重要的一步,也就是在克服哀伤方面迈进了一大步。

下面我将用一个案例来说明正常的哀悼者是怎么重新跟外在世界建立起关联的。A太太的儿子还很年轻,却因突发意外而死在学校里,这对她的打击非常大。A太太在她儿子去世后的头几天里,她一直埋头整理信件,即丢掉其他的所有信件,只留下儿子的。这表示她在潜意识中企图在心里将他修复,并安全地保存起来,同时丢掉她认为漠然的,甚至是怀有敌意的其他的一切,即"坏"的客体、危险的排泄物以及不好的情绪等。

而另外一些哀悼中的人可能会收拾房间、更换家具的摆放位置等。这些行为则来自强迫式心理机制,也就是婴儿抵抗婴儿期忧郁心理位置的防卫机制之一。

A太太在儿子死后的第一个星期里哭得并不多,那时候泪水带给她的安慰也不如之后那么多。她整个人是麻木的,将自己封闭起来,身体状态几乎崩溃。但是当见到一两个亲近的人时,她也能感受到一些安慰。在这段时期,曾经每天都会做梦的A太太完全停止了做梦,原因是潜意识深刻地否认了她实际的失落。但是当第一个星期结束时,她做了一个梦:

第二十章　哀悼及其与躁郁状态的关系

　　A太太看到两个人，一个母亲和一个儿子。母亲身穿一件黑色的洋装。在梦中，A太太知道这个儿子已经死了或者即将死去。但是她并没有感觉到一丝哀伤，也没有对这两个人有任何敌意。

　　A太太在描述关于这个梦的联想时，讲述了一段儿时重要的记忆。在她小时候，她的哥哥由于成绩不好，不得不请跟他差不多大的B同学来给他辅导功课。当A太太回忆起B同学的母亲来找A太太的母亲安排辅导功课的事时，情绪非常强烈。她记得当时B同学的母亲看起来居高临下的样子，而自己的母亲则看起来非常气馁。A太太认为，她原本非常崇拜和爱慕哥哥，但是现在有种耻辱降临在了哥哥的身上，甚至整个家庭里，这种耻辱让人感到害怕。在她的眼中，大她几岁的哥哥原本是一个拥有丰富的知识、技巧以及力量的人——集所有优点于一身。但是当她发现哥哥的功课不好之后，哥哥在她心中的形象就破碎了。然而，这么多年来她一直对这件事怀抱强烈而持续的感觉，认为这是无法挽回的不幸，最大的原因似乎是这让她想伤害哥哥的愿望得到了实现，进而引起了她潜意识中的罪疚感。对于这件事，A太太的哥哥显然也非常懊恼，他明确地表现出了对B同学的厌恶和憎恨。而当时，A太太也对哥哥的这些厌恶的情绪表示了强烈的认同。出现在A太太梦中的那对母子就是B同学和他的母亲，A太太在梦中知道那个男孩子已经死了或者即将死了，则表现了A太太小时候希望B同学死掉的愿望。而与此同时，她也在梦中希望实现她的一个被潜抑得很深的愿望，即她希望借着哥哥的死来惩罚和剥夺她的母亲。因此我们可以看出，A太太一方面非常崇拜和爱慕哥哥，但是另一方面也嫉妒他，嫉妒他知识丰富、在心智上和生理上优越于她，而且还拥有阴茎等。同时，她也嫉妒她挚爱的母亲拥有这么优秀的儿子，因此她希望哥哥死掉。因此她在梦中有一个想法，那就是："某个母亲的儿子死了，或者即将死去。而死的人应该是那个伤害了我母亲和哥哥的、让人讨厌的女人的儿子。"但是从更深的层面来说,也重启了她希望哥哥死掉的愿望,因此她在梦里的另外一个想法是:"死的人是我母亲的儿子,不是我的儿子。"(事实上,她的母亲和哥哥都已经去世了)这引发了另一个彼此矛盾的感受,即对她母亲的同情和对自己的哀伤。她认为:"这样的死亡一次就够了。我的母亲已经失去了她的儿子,不应该再失去孙子了。"她的哥哥去世时,除了感到痛苦以外,她在潜意识里也觉得自己战胜了他。这种战胜哥哥的胜利感来自她小时候对哥哥的嫉妒,但同时也引发了相应的罪疚感。她把自己对哥哥的某些感受带到了对儿子的感情里,她爱自己的儿子时也等于在爱自己的哥哥。她强烈的母性情绪虽然修正了某些对哥哥的矛盾情绪,但或多或少地还是转移到她儿子的身上。当她在哀悼哥哥时,除了哀伤以外,还伴随着胜利感跟罪疚感,而这些感受也进入了她现在的哀悼中,呈现在这个梦里。

现在我们来讨论一下这个案例的素材中体现的各种防卫机制的交互作用。当个体失去所爱的人时,便会强化躁动心理位置,其中尤其活跃的是否认机制,所以A太太在潜意识中强烈否认儿子已经去世了。当她再也不能继续这么强烈否却又面对不了痛苦跟哀伤时,躁动心理位置的另一个元素,也就是胜利感,便受到了强化。正如分析中的联想所显示,这个思绪的内容似乎是这样的:"一个男孩去世带来的不一定全是痛苦,也有可能会是满足。现在我已经对那个伤害我哥哥的讨厌男孩进行了报复。"我们只有经历艰辛的分析工作,才能洞察到她感受到的战胜哥哥的胜利感,以及此时这种胜利感再次被唤起和强化。但是这项胜利是来自她能够控制并打败的内化的母亲和哥哥。在这个阶段,对内在客体的控制受到了强化,于是她自己的不幸和哀伤也被转移到了内化的母亲身上。同时,她的否认机制重新启动,她否认自己的精神现实;否认内化的母亲跟她自己其实就是同一个人，并且正在一起受苦；否认对内化母亲产生同情和爱，反而强化对内化客体的报复和胜利感，其原因之一是因为她自己的报复感觉，这些内化客体变成了迫害的形象（persecuting figures）。

在A太太的梦中，有一个小小的征兆表示了A太太在潜意识中越来越认知到去世的人是她自己的儿子（显示否认正在减少）。在做这个梦的前一天，她穿了一件带白色领子的黑色洋装。而她梦中的那个女人穿的也是黑色洋装，领口处也有一圈白色的东西。

在那个梦的两天后，她又做了一个梦：

她跟她的儿子一起在飞，然后她的儿子消失了。她认为这代表他死了——他溺死了。她觉得自己好像也会溺死——但是这时她努力地挣脱了危险，回到了活着的世界。

A太太的联想表明，她在梦中决定不和她儿子一起死，而要继续活下去。即便是在梦中，她似乎也觉得活着比死了好。而且，在第二个梦中，她的潜意识比第一个梦更能接受她的儿子已经去世的事实。她的感觉变得更接近于哀伤和罪疚感。在表面上，她的胜利感似乎消失了，但是分析显示，实际上它只是减弱了而已。她的儿子已经死了，但是她还活着，她对此感到满足，这也是她呈现出的胜利感的原因。而浮现出罪疚感的部分原因也来自这种胜利感。

在此，我不禁想起弗洛伊德在《哀悼与抑郁》中说过的一段话："每一个显示原欲和失落客体链接的记忆跟预期，都会遭受客体已经消失的现实判决。而此时，自我就会跟过去一样，怀疑自己是否会跟客体一样有相同的命运。但是因为自己还活着而衍生出来的满足感，便能说服自我切断跟已死亡的客体的连结。"弗洛伊德认为，胜利感元素似乎不会出现在正常的哀悼中，但是我认为，这种"满足感"中其实就包含了较温和的胜利感元素。

在哀悼的第二周以后，A太太发现，参观乡下风景优美的房子以及渴望拥有这样一栋房子,能够给她带来一些慰藉。但是,突如其来的哀伤和绝望很快就会将这些许慰藉打断。现在她常常哭泣,因为她能从流泪中获得纾解。而她能从参观风景优美的房子中获得慰藉的原因,是她能通过这些兴趣在幻想中重建她的内在世界,同时也借由知道其他人的房子跟好的客体仍旧存在而获得满足。从根本上来说,这意味着她在内在世界和外在世界重新创造了自己的好父母,将他们互相结合,并让他们快乐而有创造性。在她的心里,她借此补偿了父母以及自己在幻想中杀死了他们的孩子的罪过,同时也避免了他们的愤怒。因此她不再害怕自己儿子的死是她的父母对她的报复,也不再如此强烈地认为她的儿子是借由死来打击她、惩罚她。当这些怨恨跟恐惧得以减轻后,才能彻底地将哀伤宣泄出来。之前由于怀疑与恐惧感的强化,使得她被内在客体迫害与掌控的感觉受到了强化,于是她希望反过来掌控他们的想法更加强烈。这些都在她的内在关系与感觉的僵化(hardening)上表现出来——也就是她躁动防卫机制的增加(显现于第一个梦中)。如果哀悼者能够相信自己以及他人的"好",那么恐惧将得以减少,防卫机制也能够降低,也就可以完全臣服于自己的感觉,并用哭泣的方法来宣泄对实际失落的哀伤。

在某些哀伤的阶段,一种广泛的躁动控制似乎会抑制着跟感觉的宣泄息息相关的投射和射出(ejecting)历程,而当这种控制减轻后,这些投射和射出才可以再次较为自由地运作。哀悼者不仅通过哭泣来表达自己的感受、缓解紧张感,还有一个原因是在潜意识中,泪水和排泄物等同,因此他也借由哭泣将他的"坏的"感觉和"坏的"客体排出,从而在哭泣中得到更多的纾解。当内在世界能够自由活动时,就意味着自我不在死死地控制着内化的客体,内化的客体已经拥有了更多的自由,也就是客体本身在感觉上拥有了更多的自由。在哀悼者的心中,跟他一样,他内在的客体也感到哀伤,因为这些内在的客体会跟他真实的父母一样分享他的哀伤。有位诗人曾说："天地同悲。"我相信，这里的"天地"代表的就是内在的好母亲。但是内在的客体之间是不是可以一起分享哀伤，我认为跟外在的客体密切相关。如我之前说的，当A太太对现实中的人和事物的信任逐渐增加，并获得外界的帮助时，她对自己内在世界的躁动控制便可以得到减轻。因此，当内射和投射的运作越来越自由时，主体从外界获得的"好"和爱以及在内心感受到的善和爱都会越来越多。在哀悼的早期，从某种程度上来说，A太太认为她的失落来自她试图报复的父母给予她的惩罚，但是现在，她在幻想中已经可以感受到她（已经去世）父母的同情以及来自他们的支持和帮助。她感觉父母跟她一样承受了严重的失落，跟她一样哀伤，就如同他们如果还在世会有的感受一样。在她的内在世界里，严苛和怀疑已经减少，哀伤有所增加。从某种程度上来说，她流下的眼泪等同于她内在父母流下的眼泪，而她想要安慰他们，就像在她的幻想中，他们也会安慰她一样。

当主体渐渐重新获得内在世界的安全感之后，便会逐渐容许自己的感觉与内在客体重生，并重新展开创造的历程，希望也会再次出现。

如我们在前面所见，这种变化来自构成忧郁心理位置的两组感觉的特定转变：被害感得以减少，以及感受到了对失落客体的渴慕。也就是说，怨恨消退，而爱被释放。在本质上，被害感和怨恨是互相滋长的。详细地说就是，主体受到"坏"客体的迫害和监视的感觉迫使主体觉得有必要对这些客体进行持续的监视，进而导致主体对躁动防卫机制的依赖更加强烈。由于这些防卫机制主要用来对抗被害感（而不是用来对抗所爱客体的恋慕），因此具有非常强烈的施虐性质。当迫害减轻时，相应地，对客体的敌意和伴随的怨恨也会降低，躁动防卫机制也会有所放松。主体会渴慕和依赖失落的所爱的客体，而这种依赖又会激发主体去修复与保存客体。因为这种依赖是以爱为基础的，因此具有创造性。但是，如果这种依赖是以迫害和怨恨为基础的，那么它不仅贫瘠，甚至还具有破坏性。

因此，当哀悼者的哀伤过于强烈，绝望达到巅峰时，对客体的爱也是最为深刻的时候，这时候，哀悼者认为内在与外在的生命终究会延续下去，失去的所爱客体可以被保存在心里的感觉会更加强烈。在这个哀悼阶段，痛苦可以带来创造力。如我们所知，很多痛苦经验可能会激发升华或者某些人新的天赋，让他们在挫折与磨难的压力下，开始画画、写作或者从事一些创造性活动。而有些人可能会在其他方面变得更有创造力，比如更能欣赏其他人和事物、能够更加宽容地跟别人相处，或者变得更有智慧。我认为，人便是在经历了上述我们讨论的种种哀悼历程之后才能获得这样的收获。也就是说，不快乐经验引起的、无论是什么性质的痛苦都跟哀悼有着共通点。它会再次启动婴儿期的忧郁心理位置。遭遇与克服所有类型的逆境所需的心理工作都跟哀悼有相似之处。

似乎哀悼历程中的所有进展都能让个体跟内在客体的关系有所加深；让个体在失去客体后又重新感受到获得客体的快乐（"天堂失落又重得"）；由于客体被证实是善良而且有帮助的，因此个体对客体的信任和爱有所增加。这就类似于年幼的孩子逐渐建立自己跟外在客体的关系。因为幼儿对客体的信任不仅来自快乐的经验，还来自发现自己在克服挫折与不愉快的经验后，还可以保存好的客体（在外在和内在世界里）。在哀悼工作中，躁动防卫逐渐放松，生命在内在世界里重生，内在关系变得更加深化，这个阶段和婴儿在早期发展中渐渐独立于外在与内在客体的阶段非常相似。

我们再来看看A太太的案例。她可以通过参观漂亮的房子而得到慰藉的原因是她慢慢地认为自己可以重新创造自己的父母和儿子，在

第二十章　哀悼及其与躁郁状态的关系

她的内在和外在世界中，生命可以重新开始。而且这时候她已经开始做梦，并且在潜意识中开始面对自己的失落。现在，她已经开始想见朋友了，但是每次只能见一个人，而且见的时间不能太长。然而，这种获得较大慰藉的感觉时不时地会被痛苦打断（就如同幼儿发展一样，在哀悼的历程中，主体内在的安全感并不是以直线的方式增加，而是一波波不断后退又前进）。比如，在哀悼几周后的一天，A太太和一个朋友在一条熟悉的街道上散步，希望能够重新建立旧有的情感联结。但是，当看到街道上有那么多人时，她突然觉得无法承受，街道两旁的房子显得十分怪异，阳光也像是人造的一般不真实。于是她躲到了一间安静的餐厅里。但是在餐厅里，她又觉得天花板快要掉下来了，周围的人则变得模糊不清。这时候，她认为自己的房子才是全世界唯一最安全的地方。对她的分析表明，周围那群人令人感到害怕的漠然态度，事实上反映出的是她自己的内在客体。在她心里，这些内在客体已经变成了很多"坏的"迫害客体。而她觉得外在世界是人造的、不真实的，原因是她暂时还无法再相信内在世界的"好"。

很多哀悼者在跟外在世界重新建立联系的时候，进展很小、很慢的原因是，他们不得不跟内在的混乱对抗。同样地，婴儿的客体关系发展缓慢的原因虽然都很多，比如他智能还不成熟，但是我认为，他内在世界的混乱状态也是原因之一。因此，婴儿在客体世界中发展信任时，一开始只能跟少数几个他爱的人建立联系。

与正常的哀悼相比，幼儿忧郁心理位置的一个不同之处在于，当幼儿失去对他来说代表"好"的、有帮助的以及保护的客体的乳房或者奶瓶时，即便在母亲的面前，他也会感觉到哀伤。大人则不同，是因为现实中失去了真实的客体，才会感觉到哀伤。但是对于大人来说，能够抵御令人无法承受的失落的原因，是他在生命的早期已经在自己的心里建立了"好的"母亲的形象。然而，由于年幼的孩童还没有在心理建立起牢固的内在的母亲,因此对于同时失去外在和内在的母亲会感到非常恐惧。在这种挣扎中,年幼的孩童跟真实的母亲的关系会给他带来很大的帮助。同样地,如果哀悼者有自己所爱的、能跟自己分担哀伤的人,而且自己能够接受来自这些人的同情,那么,他就能够恢复内在世界的和谐,也能够更容易减轻恐惧与痛苦。

在上述内容中,我描述了一些我在哀悼工作以及忧郁状态中观察到的历程,下面,我想将我的论点跟弗洛伊德以及亚伯拉罕的研究进行比较。

以弗洛伊德的理论为参照,亚伯拉罕在对抑郁症背后古老心理历程的本质进行了研究以后,认为同样地,正常的哀悼中也会有这些心理历程。他的观点是,在哀悼时,正常的个体能够在自我里面成功地重建失去的所爱的人,但是抑郁症患者则做不到这一点。同时,亚伯拉罕还描述了某些影响哀悼工作成功或者失败的基本要素。

但是基于我的经验,我认为虽然个体能在内心重建失落的所爱的客体是正常哀悼的重要特征,但是这并不是他首次这么做。在哀悼的过程中,他只是重新恢复(reinstate)这个失落的所爱的客体,以及他已经失去的其他所有所爱的内在客体。所以他其实是在重新发现他童年时就已经拥有的东西。

我们知道,在早期发展时,个人就已经在自我中建立了自己的父母(如我们所知,弗洛伊德是在了解抑郁症以及正常哀悼中的内射历程时,发现了正常发展过程中超我的存在)。但是对于超我的本质以及个人发展超我的历史,我跟弗洛伊德的结论则有所不同。我曾经指出,内射和投射的历程在生命之初就已经开始了,并让我们在心里建立了所爱和所恨的客体。这些客体之间不仅互相关联,也跟自我互相关联,它们被称之为"好的"客体和"坏的"客体。他们之间构成了一个内在世界。这些内化的客体被组织起来,并伴随着自我的构成,在心智的较高层次形成了超我。因此，弗洛伊德的结论是，超我是一种现象，是在自我中建立的现实中父母的声音和影像。但是我根据观察得出的结论是，超我是一个复杂的客体世界，个人在其深层潜意识中感觉这个客体世界是具体存在于他的体内的，因此，我和同事们将其称之为"内化的客体"以及"内在世界"。自我将不计其数的客体包括进来因此形成了内在世界，这些客体中的一部分来自儿童在各个阶段的发展过程中，出现在儿童潜意识中的各种不同层面（不论好坏）的父母（和其他人）。此外，这些客体也是由很多实际的人在持续变化的外在经验以及幻想经验中被个人不断内化的结果。所有内在世界里的客体互相之间，以及跟自我之间，都有着非常复杂的关系。

在此，我将超我组织的描述应用于哀悼的历程，并跟弗洛伊德的论述进行比较，便可以更加清晰地呈现我论述这项历程时的特点。我认为，在正常的哀悼中，个人重新内射和恢复的不仅仅是他实际上失去的客体，还重新内射和恢复了他认为的"好的"内在客体，即他所爱的父母。当失落真正地发生时，个人的内在世界，即他从小就开始建立的世界也在幻想中同时崩塌了。而只有当个人再次建立起这个内在世界时，才能够成功地完成哀悼工作。

分析师只有对这个复杂的内在世界有了深入的了解，才能找出过去未知的各种早期焦虑情境并将其消除。因此对于跟其有关的理论与治疗的认知是非常重要的。而且我也相信，只有将这些早期的焦虑情境纳入考虑范围，才能够更加完整地了解哀悼问题。

在此我要对一种焦虑情境进行说明，这种焦虑情境不仅跟哀悼有关，也跟躁郁状态息息相关。那就是个人会对内化的父母进行毁灭性的性交感到焦虑，并会认为内化的父母以及自我都会不停地受到暴力毁灭的威胁。下面我将摘录一位病人D的几个梦来加以说明。病人D是一位四十岁多岁的男人，其偏执和忧郁特质非常强烈。在此我将不对该案例的整体细节进行描述，而只集中于说明病人D母亲的死是怎么在他心中引发这些特定的恐惧与幻想的。在我对病人D分析的时候，他的母亲已经病重了一段时间，并且处于半昏迷状态。

有一天在分析时，D谈到他的母亲时口吻带着怨恨和刻薄，他说母亲一直让他的父亲不快乐。他还谈到了他母亲家族里的两个人，其中一个人自杀了，另外一个发疯了。他说他的母亲已经"一塌糊涂"好长一段时间了。同样地，他也曾两次用这个词形容自己，然后说："我知道你就是想把我逼疯，然后把我关起来。"他讲到一头动物被关进了笼子里。我解释道，他认为母亲家族里发疯的那个人跟他一塌糊涂的母亲都在他体内。此外他害怕被关进笼子里，部分暗示着他在内心深处害怕把这些人包含在自己体内，因为这会让他自己也发疯。然后他跟我说了他头天晚上做的梦：

他看到一头还没有彻底死掉的公牛躺在农场的院子里，它看起来非常恐怖也很危险。他和母亲分别站在公牛的两边。然后他逃进了屋子里，但他觉得自己不应该留下母亲独自面对危险，因此他隐约地希望她也能逃走。

病人D对这个梦产生的第一个联想是一只黑鹂鸟，这让他自己都觉得非常惊讶。这只鸟在当天早上把他吵醒，让他非常不高兴。接着他讲到他出生的地方的水牛，也就是美国的水牛。一直以来，他非常喜欢水牛，常常被它们吸引。然后他说有人想杀死水牛，把它们当作食物吃掉，但是水牛应该受到保护，因为数量已经少到快要绝种了。接着他讲了一个故事，有一个男人由于害怕被站在旁边的公牛踩死，因此在地上一动不动地躺了好几个小时。他还联想到一个朋友农场里的一头真正的公牛。他是最近才见到那头公牛的，但是他认为那头公牛让人感到恐惧。在他的联想中，这座农场代表他自己的家，他的父亲拥有一座农场，而他的大部分童年时光都是在这座农场里度过的。

第二十章 哀悼及其与躁郁状态的关系

在这个过程中，他还联想到花的种子从乡村散播出来，落在城市的花园里。在病人D见到那座农场的主人的那天晚上，他还强烈地劝农场的主人一定要小心控制那头公牛（D之前曾听说过那头公牛在不久前破坏了农场里的一些建筑）。而就在同一天晚上，病人D接到了母亲去世的消息。

在接下来的分析里，病人D一开始并没有提到他母亲的死讯，而是说他恨我，说我的治疗会把他害死。于是我提醒他关于那头公牛的梦，并解释说，在他的心里，他的母亲已经跟那头会攻击人的公牛，也就是他的父亲，结合在一起，而变得非常危险，让人感到恐惧。那时候，他父亲也身患重病而濒临死亡。我本人跟精神分析治疗则在当下则代表了这个已经结合在一起的父母形象（parentfigure）。我继续解释道，他近期对母亲越来越强的憎恨是一种防卫机制，用于防卫她即将死亡而带来的哀伤与绝望。他在攻击幻想中将父亲变成一头危险的公牛，并且会杀死他的母亲，因此，他认为自己对即将发生的灾难有责任和罪疚感。而关于人们想要杀死水牛来吃掉，我解释说，他已经将结合在一起的父母形象并到自己体内，因此害怕这头公牛会摧毁自己的内心。更多的素材表明，他对这种危险会控制和攻击他的内心感到恐惧，而这种恐惧则导致了他的很多行为，比如有时候他会呈现出十分僵硬、无法动弹的姿势。而他说一个男人因为害怕被公牛踩死而一动不动地躺了好几个小时的事，我认为就代表了他觉得他的内在被很多危险威胁着。

接下来我对病人D指出，这头公牛攻击他的母亲带有性的意涵，并将此跟他那天早晨被鸟吵醒的不高兴（他对关于公牛的梦所做的第一个联想）联结在一起。我对他解释道，在他的联想中，鸟常常代表人，而这些鸟发出的声音对他来说——其实他早已经习惯这种声音了——则代表的是他父母之间危险的性交。那天早上鸟的叫声让他非常不高兴的原因,跟那头公牛的梦有关,同时,也跟他对母亲的病危感到强烈的焦虑有关。对他来说,母亲的去世代表着被他的内心已经被公牛摧毁,因为他已经开始哀悼,所以他把母亲内化在这样危险的情境里。

我也指出了他的梦中代表希望的方面,比如他认为不应该留下母亲独自面对公牛,母亲应该自己逃离公牛的危险,事实上他非常喜欢黑鹂鸟以及其他鸟类等。同时我也指出了这些素材中呈现的修复与再创造的倾向,比如水牛(他的父亲)应该被保护,也就是不被病人本身的贪婪所伤害。我还提醒他,他希望将乡村的花朵种子散播到城市的花园里,这代表他想要跟父亲创造出新的婴儿,来补偿他的母亲——这些新生婴儿也可以让母亲的生命延续下去。

在我对病人D进行了这些诠释以后,他终于跟我说,他的母亲在前一晚就已经过世了。接着他出乎我的预料地承认道,我对他诠释的这些内化历程,他几乎全部了解。他说当他知道母亲去世的消息以后,感觉恶心想吐,但是在当时,并没有任何生理因素可以引起这个反应。现在他认为这基本上让我的诠释得到了确认,显示他确实内化了他跟垂死父母对抗的整个想象情境。

在这次的分析中,他呈现出了强烈的憎恨、焦虑以及紧张,但基本上没有任何哀伤。但是当我诠释之后,分析快结束时,他的情绪软了下来,同时呈现出了一些哀伤,他也因此感受到了一些慰藉。

在母亲葬礼结束的那天晚上,病人D梦见了X(一个对他来说形同父亲的人)和另外一个人(代表我)想要帮助他,但是他却必须要跟我们对抗才能活下去,就像他说的:"死神要取我的性命。"在这次的分析中,他再次抱怨说,精神分析会害死他,会让他崩溃瓦解。我对他解释道,他梦见的想要帮助他的外在父母,跟他同时也是对立的,他们试图将他瓦解,并攻击和摧毁他的亲生父母,也就是他内心深处那头半死的公牛以及垂死的母亲。与此同时，他还觉得我本人以及精神分析代表的是他体内危险的人和物事。他告诉我，他在母亲的葬礼上曾一再怀疑他的父亲是不是也死了，这也确认了在他的心里，他内化的父亲濒临死亡或者已经死去（在现实中，他的父亲仍然活着）。

当这次分析快要结束的时候，病人D的憎恨与焦虑得到了缓解，他变得合作起来。他跟我说，他在前一天通过父亲房子的窗户朝花园望去时，觉得非常寂寞，并在那时看到了一只鲣鸟在草丛中，觉得它非常讨厌。因为他觉得这只讨厌的鸟可能会破坏和干扰别的鸟，甚至会在别的鸟的鸟巢里下蛋。接着他联想到他在不久前看到的一个现象，那就是很多野花被丢在地上——也许是小孩子摘下来之后乱丢的。我再次解释说，他的憎恨与苛刻是他的防卫机制之一，是用来对抗哀伤、孤独以及罪疚感的。而那只会带来破坏的鸟以及那些乱扔野花的小孩子，就跟以前经常看到的例子一样，代表的都是他自己，原因是他认为自己摧毁了父母的家和幸福，不仅杀害了他母亲肚子里的孩子，还杀害了他的母亲。在这方面，他的罪恶感来源于他曾在幻想中对母亲的身体发起的攻击。而在关于公牛的梦中，他的罪恶感则来源于他通过将父亲变成一头危险的公牛，进而让他的施虐愿望得到了实现，并间接攻击了他的母亲。

在母亲葬礼结束后的第三天晚上，病人D又做了一个梦：

有一辆巴士不受控制地朝他冲来——明显是没有人驾驶。巴士朝着一间房子冲去。他看不到那间房子怎么样了，但是他知道，那房屋子"肯定会烧起来"。然后他的身后出现了两个人，这两个人打开了房子的屋顶，朝房子里看去。病人D说他"不知道这么做有什么意义"，但是那两个人似乎认为这样会有帮助。

这个梦显示他害怕父亲借由同性恋行为（同时也是他自己希望

的）将他阉割。此外，跟公牛的梦一样，这个梦也表达了他的内在情境——他的母亲在他心里的死亡，以及他自己的死亡。那间房子代表了它自己、他母亲的身体以及他内在的母亲。在他心里，巴士摧毁房子象征着危险的性交，这种危险的性交不仅发生在他母亲的身上，也发生在他的身上，最重要的是，还发生在他内在的母亲身上，这也是他焦虑的最主要来源。

他在梦中看不到那间房子怎么样了，显示他觉得这个灾难是发生在内在。他虽然看不见，但是他知道房子"肯定会烧起来"。而巴士"朝他冲来"，除了代表性交以及他父亲对他的阉割之外，也表示是"发生在他的内心中"。

出现在他后面（他当时指着我的椅子）的两个人打开了屋顶朝里面看去，表示我和他自己两个人朝他的里面和他的心底看去（精神分析）。这两个人也表示了我是他的父母结合在一起的"坏"角色，其中包含了他危险的父亲，因此，他怀疑朝房子里看去（精神分析）对他来说有什么帮助。不受控制的巴士则代表的是他自己和母亲进行危险的性交，并表达了他对自己的"坏"生殖器的恐惧和罪疚。在他的母亲开始重病但是还没去世的时候，他发生了一场意外，开车撞到了路边的一根杆子，好在并没有导致严重的后果。这似乎是潜意识中的试图自杀，原因是他希望摧毁内在的"坏"父母。这场意外也代表他的父母在他的内心进行的危险性交，因此是一场内在灾难的行动化（acting out）以及外化。

父母通过"坏的"性交结合在一起的幻想，或者说，是伴随而来的种种情绪的累积，包括欲望、恐惧以及罪疚感等，在某种程度上对他跟父母之间的关系造成了干扰，同时在他的疾病和他整体的发展中扮演了非常重要的角色。通过分析父母的实际性交所引起的情绪，特别是通过对这些内化的情境分析之后，病人D才开始感受到对母亲

第二十章 哀悼及其与躁郁状态的关系

的哀悼。但是因为他从小到大一直在对抗由婴儿期的忧郁感觉衍生出来的，关于失去母亲的忧郁以及哀伤，也一直在否认自己对母亲深刻的爱，因此在潜意识中，他始终在强化自己的憎恨与被害感，以免要承受失去深爱的母亲的恐惧。当他对自己的破坏性的焦虑减轻，越来越信任自己修复与保存母亲的能力之后，他的被害感也得到了减轻，而对母亲的爱也渐渐浮现出来。但同时，他也越来越感受到对母亲的哀悼和渴盼，这是他从小到大一直潜抑否认的。当他在这段哀悼历程中表现出真正的哀伤和绝望时，他对母亲深埋的爱也越来越明显，他跟父母的关系也有所改变。比如，有一次他谈到了一段愉快的童年回忆，并且说出了"我亲爱的老爸老妈"——这在之前，他可是从来没有说过的。

我在本文以及前面的一篇论文中，都探讨过个人克服不了婴儿期忧郁心理位置的深层原因。这种失败可能会导致忧郁症、躁症或者妄想症。我在论文中还指出，自我为了逃避忧郁心理位置带来的痛苦，可能会采取几个方法，其中包括投奔内在的和外在的好客体，不过这两种方法可能会导致严重的精神病和神经官能症。除此之外，还有许多基于强迫、躁动和偏等执防卫机制而产生的方法。虽然每种方法的使用比例会有所不同，但根据我的经验，它们都有一个相同的目的，即让个人逃避忧郁心理位置带来的痛苦（如我之前所说，在正常的发展中，这些方法也扮演着一定的角色）。我们从对那些无法感受哀悼的人的分析中，清晰地看到了这点。他们认为自己无法拯救并在内心恢复这些所爱的客体，因此跟之前相比，他们对所爱的客体的抗拒更加强烈，并且还会否认对所爱的客体的爱。这表明有可能他们整体的情绪都被抑制了，不过，有些人被抑制的可能只有爱的感觉，相反，憎恨的感觉可能会被增强。与此同时，自我还会通过各种各样的方式来处理被害恐惧（憎恨越被强化，被害恐惧就会越加强烈）。比如，通过躁动的方式将内在的"坏"客体征服,让其动弹不得,并同时将其否认,然后强烈地投射到外在世界中。而有些无法感受哀悼的人则可能不得不严格地限制自己的情感生活,让自己的整体个性变得无趣,才能避免产生躁郁症或者妄想症。

这种类型的人能不能在一定程度上维持心理平衡,往往由这些方法怎么交互作用,以及个人能不能在其他层面继续保有他们否认的、对失去的客体的爱而决定。跟那些在他们心里不太会跟失去的客体接近的人维系关系,或者对某些事物或者活动产生兴趣,也许能够接收一些属于正在失去的客体的爱。虽然这些人际关系以及升华会有一些躁动与偏执特质,但是对于他们来说,确实能够感受到一些慰藉,并让罪疚感得以减轻,因为通过这些关系和活动,从某种程度来说,也许可以恢复并保有那些被拒绝并因此被摧毁的所爱客体。

通过精神分析,如果我们的病人对带有破坏和迫害性质的内在父母的焦虑能够减少,那么,他的憎恨也会随之减少,焦虑便能够进一步得到降低。此时,病人便可以修复他们跟父母之间的关系——无论父母是不是还在世——并在一定程度上将他们恢复,即便实际上他们仍然还有怨恨的理由。当病人越来越宽容以后,他们就可以在心里的"坏的"内在客体所在之外的地方,安稳地建立"好的"父母形象,或者由于对"好的"客体的信任有所增加,而减轻对"坏的"客体的恐惧。这表示他们将可以更加充分地去感受比如哀伤、罪疚、哀悼、爱以及信任等情绪,顺利度过哀悼历程,之后,还能克服小时候未能克服的婴儿期的忧郁心理位置。

总的来说,在躁郁状态以及无论是正常的还是异常的哀悼中,婴儿期忧郁心理位置都会再次启动。而包含在这个专用词汇下的复杂的情感、幻想以及焦虑,其本质都能够支持我的论点,即儿童在早期发展时都会经历短暂的躁郁状态和哀悼状态,并由婴儿期神经官能症进行修正。当成功度过婴儿期神经官能症之后,婴儿期忧郁心理位置就会得到克服。

正常哀悼跟异常哀悼和躁郁状态之间的根本不同在于:无法进行正常哀悼的人跟躁郁症患者之间的防卫机制虽然有所不同,但是它们之间有一个共同之处,那就是在童年早期,他们都无法在内在世界中建立内在的"好的"客体,并获得安全感。换句话说,他们都没有成功克服婴儿期的忧郁心理位置。相反地,在正常的哀悼中,由于失去所爱的客体,早期的忧郁心理位置会再度被唤起和修正,并通过自我在童年时期使用过的类似方法进行克服。当个人在内心修复他现实中失去的所爱的客体时,同时也是在内心重新建立他最初的爱的客体——即"好的"父母——因为当失落实际发生时,他会害怕这些内心的客体也会随之失落。个人通过在内心恢复"好的"父母以及实际上失去的人,重新建立因此而分崩离析的、遭到威胁的内在世界,从而克服自己的哀伤,重新获得安全感,并达到真正的和谐跟平静。

第二十一章

从早期焦虑讨论俄狄浦斯情结

第二十一章　从早期焦虑讨论俄狄浦斯情结

女孩俄狄浦斯发展之案例摘录

接下来，我将讨论一些取自我的小患者莉塔的案例中的素材。在早期发表的论文中，我已经从不同的角度讨论过这个案例。由于这个素材简单直接，因此它非常适合用于说明。而因为之前我已经发表过大部分关于这个案例素材的细节，所以在这里，我只讨论一些到现在为止还没有发表过的细节，以及我当时无法做出，但是现在回顾起来，发现可以充分从该素材中推论而得的诠释。

莉塔是我的一个小病人，她来接受分析的时候两岁零九个月大，她是个不好带的孩子，有很多焦虑问题，包括忍受不了挫折、常常不开心等。她表现出明显的强迫特征，并且这种情况越来越严重。她坚持举行一些繁复的强迫性仪式。她有时候表现出夸张的、满怀歉意的"好"言行，有时候却又想要控制周围的所有人。同时，她还有饮食方面的问题，比如常常"心血来潮"想吃一些特定的东西，有时候又常常没有胃口。她虽然非常聪明，但是因为严重的神经官能症，她的发展与人格整合却停滞不前。

她常常无缘无故地哭泣。当她的母亲问她为什么哭泣时，她回答说："因为我好难过。"如果继续问她："你为什么难过？"她则会回答："因为我在哭。"她的罪疚感和不快乐常常表现在她问母亲的问题中，比如："我是好孩子吗？""你爱我吗？"等。她忍受不了任何的责怪。她如果受到了责骂，要么就是放声大哭，要么就是变得挑衅叛逆。以她一岁多时的一件事为例，就能够看得出她跟父母关系中的不安全感。据我所知,有一次她的父亲因为她将自己认同为绘本中的一头熊,而威胁了她后,她就哇哇大哭起来。

很明显,莉塔的游戏中呈现出了抑制。比如,她对娃娃做的唯一的事情就是通过强迫的方式,帮她们洗澡和换衣服。而一旦将任何想象的元素引入进来,她就会非常焦虑,而中断游戏。

下面是莉塔的一些人生经历。塔利出生后,只吃过几个月的母乳,之后便换成奶瓶的方式喂奶,刚开始的时候,莉塔无法接受奶瓶。而在之后的断奶阶段,喂她吃固体食物的过程也非常困难。在她前来接受分析的时候,仍然有饮食方面的问题,那就是晚上还是会用奶瓶给她喝奶。她的母亲告诉我,她对让莉塔戒掉每天晚上一瓶奶的习惯已经不抱希望了,因为她每次尝试都会导致莉塔非常痛苦。至于莉塔的大小便问题,在她刚过一岁后不久就已经完成了训练,我有理由推断她的母亲对此非常紧张,而且莉塔的强迫性神经官能症也跟她早期的大小便训练息息相关,而事实也确实如此。

莉塔一直跟她的父母同睡一个房间,直到她快到两岁时,仍然如此,因此她曾很多次目睹了父母性交的场景。在她两岁的时候,他的弟弟出生了,也是在这个时候,她的神经官能症彻底爆发。另外,还有一个因素对她造成了影响,那就是她的母亲本身也非常神经质,显然对莉塔爱恨交织。

莉塔的父母告诉我,莉塔在一岁之前喜欢母亲的程度远远超过父亲。但是在一岁以后,这种情况开始反转,莉塔开始偏爱父亲,同时表现出对母亲强烈的嫉妒。在莉塔十五个月大的时候,有一次她坐在父亲的大腿上,非常清晰并反复地表达她想要跟爸爸两人单独待在房间里。而在她十八个月大左右的时候,情况又出现了改变,这些改变包括她跟父母双方之间关系的变化,以及表现出各种症状,比如夜惊和动物畏惧症(特别是对狗)等。这时候,她再次表现出对母亲的偏爱，但是明显地，她跟母亲的关系出现了强烈的爱恨交织。她极其黏母亲，母亲必须得待在她的视线范围以内。然而她也企图主宰母亲她，常常毫不隐瞒地表现出对母亲的憎恨。与此同时，莉塔也对父亲发展出明显的厌恶态度。

在当时，上述这些事实都能够被明显地观察到，我也是从她父母口中知道的。通常情况下，在较大的儿童的案例中，父母对儿童生命早期的报告往往并不可靠，因为随着时间推移，他们记忆中的这些事实可能会遭到篡改。但是在莉塔的案例中，这些细节在她父母的脑海中仍然记忆犹新，而分析结果也完全证实了他们所陈述的要点。

早期与父母的关系

在莉塔刚满一岁后不久，在她身上就已经可以洞察到一些俄狄浦斯情景的重要元素，比如她偏爱父亲，嫉妒母亲，甚至想要取代母亲在父亲身边的位置。在对莉塔一岁到两岁时的俄狄浦斯情结发展进行评估时，我们还必须将一些重要的外来因素考虑进来。直到两岁之前，莉塔一直跟父母同睡一个房间，因此目睹过很多次父母性交的场景，也因此不断地受到刺激，进而引发原欲欲望以及嫉妒、憎恨和焦虑。在她十五个月大的时候，她的母亲再次怀孕，而她潜意识里了解母亲有孕在身，因此她也渴望从父亲身上获得一个婴儿的欲望，以及她跟母亲的竞争，都受到了很大的强化。导致的结果就是她的攻击欲望与伴随而来的焦虑以及罪疚感也更加强烈，让她的俄狄浦斯欲望无法继续维持下去。

但是导致莉塔的发展困难的不仅仅是这些外来的刺激。因为同样有很多儿童也会暴露在类似的，甚至是更不利的经验之下，他们却没有产生严重的心理疾病。因此，我们还得考虑有哪些内在因素在跟外来影响交互作用之后，才导致了莉塔的疾病，干扰了她的性发展。

如分析所示，莉塔的口腔施虐冲动非常强烈，对所有紧张的忍受力都超乎寻常的低。这些体质上的特点从一开始就对她跟母亲的关系产生了强烈的影响，也决定了她对早期挫折的反应。在莉塔一岁左右的时候，她的正向俄狄浦斯欲望就已经完全浮现，而跟父母双方的这种新的关系使得她的挫折感、憎恨和攻击性受到了强化，同时伴随着焦虑和罪疚，导致她处理不了这些多重冲突，也维持不了性器欲望。

有两大焦虑来源主宰着莉塔和母亲的关系：被害恐惧与忧郁式焦虑。她的母亲一方面象征着一个恐怖的、会报复的形象，另一方面却是莉塔不可或缺的、挚爱的、好的客体，因此，莉塔担心自己的攻击性对她所爱的母亲造成威胁，非常害怕失去她。这些早期强烈的焦虑与罪疚感导致莉塔无法忍受对母亲的竞争和厌恶等这类俄狄浦斯感受，因此产生的焦虑与罪疚感更多更强烈。她通过潜抑自己的憎恨来做防卫，并以过度的爱来进行补偿，因此，被迫退化到更早期的原欲发展阶段。从根本上来说，这些因素也影响了莉塔和父亲的关系。她对母亲的厌恶部分会转移到父亲的身上，并使得她因为俄狄浦斯欲望受挫而对父亲产生的厌恶受到强化，且在她一岁多时，对父亲的爱明显超过了过去。

因此，莉塔的施虐幻想跟她在每个原欲位置上因受到挫折而产生的委屈密切相关。而她在正向和反向的俄狄浦斯情景中都感受到这些幻想。在莉塔的施虐幻想中，她父母的性交扮演了重要的角色，并在她心中变成一件危险恐怖的事，让她感觉父亲变成了施虐者，母亲成为受害者。导致在莉塔的心中，她的父亲不仅仅对母亲产生威胁——在莉塔的俄狄浦斯欲望认同母亲的范围以内，父亲也威胁到了她自己。莉塔对狗的畏惧症可以追溯到她对父亲危险阴茎的恐惧。她害怕由于自己有阉割父亲的冲动，父亲的阴茎会反过来咬她。她跟父亲的关系受到严重的干扰，因为父亲变成了一个"坏男人"。此外，父亲还变成莉塔对母亲施虐欲望的具体表现，因此她更加厌恶他。

莉塔的母亲告诉了我一件事，这件事说明了上述的最后一点。那就是在莉塔刚满两岁后的某天，她跟母亲一起散步时，碰到一个马车夫正在残忍地鞭打他的马。莉塔的母亲十分气愤，莉塔也表现得非常愤慨。但她接下来说的话却让母亲非常惊讶："我们什么时候才能再去看那个坏人打马呀？" 莉塔的这句话中显示了她从这次经验中获得了施虐快感（sadistic pleasure），并渴望重复这次经验。在她的潜意识中，那个马车夫象征她的父亲，马则象征她的母亲，而在性交的过程中，他的父亲实践了莉塔对母亲的施虐幻想。害怕父亲的坏生殖器，以及幻想母亲被自己的憎恨与坏父亲——马车夫——伤害并摧毁，都阻碍了莉塔正向和反向的俄狄浦斯欲望。莉塔既不能对这样被摧毁的母亲产生认同，也不容许自己在同性恋位置（homosexual position）中扮演父亲的角色。因此在这早期阶段中，两种性别位置都无法成功地建立起来。

来自分析素材的一些例子

我们可以从下面这段素材中看出莉塔在目睹了原初场景时感受到的焦虑。

在一次分析时，莉塔把一块三角形的积木放到一边，说："这是一个小女人。"然后她拿了一块被她称之为"小铁锤"的长椭圆形积木，用来敲积木的盒子，并说："铁锤非常用力地敲的时候，小女人好害怕。"在这个游戏中，三角形的积木象征她自己，"铁锤"

象征她的父亲，盒子则象征着她的母亲，而整个情景就象征着她目睹的原初场景。这里有一点值得注意，那就是她用铁锤敲积木盒子的位置，刚好是只用纸黏起来的，因此铁锤在上面敲出了一个洞。这是莉塔通过象征的方式对我表达出她潜意识中的阴道知识，以及她认为阴道在她的性理论中扮演的角色。她的分析素材中还有很多这种类型的例子。

接下来的两个例子则是关于莉塔的阉割情结与阴茎嫉羡的。莉塔在游戏中，带着她的泰迪熊去一个"好"女人家，而那个"好"女人将会给她"很好吃的东西"。但是这趟旅行似乎不太顺利。因为莉塔将火车司机赶走了，代替了他的位置，但是火车司机走了又回来，走了又回来，如此反复，反复让她非常焦虑。而火车司机想要跟她争夺的则是她的泰迪熊，莉塔认为，泰迪熊是成功的旅途中不可缺少的。在这里，这只泰迪熊象征她父亲的阴茎，她和父亲互相竞争，目的是要争夺阴茎的所有权。而她跟父亲争夺阴茎的一部分原因是出于嫉羡、憎恨以及报复，另一部分原因则是想要取代父亲在她母亲身边的位置，并借由她父亲有性能力的阴茎，对她在幻想中对母亲造成的伤害进行补偿。

另一个例子则是关于莉塔的上床仪式的。在这段时间里，她的上床仪式越来越复杂并具有强迫性，此外，她也要对洋娃娃进行跟她一模一样的仪式。仪式的重点是她（以及她的洋娃娃）一定要被被子紧紧地裹住，不然——如她自己所说——窗户里会进来老鼠或者"butzen"（她自己发明的词）将她的"butzen"咬掉。在这里，"butzen"象征她和她父亲的生殖器：因为她想阉割父亲的缘故，因此她父亲的阴茎要咬掉她想象中的阴茎。我现在看来，莉塔害怕有东西会从窗户里跑进来的原因之一是她害怕母亲会攻击她的身体"里面"。因为房间象征她的身体，攻击者则象征她的母亲，目的是为了报复她曾试图攻击母亲。她强迫性地将自己如此严密小心地裹起来，目的就是为了对抗这所有的恐惧。

超我的发展

我在上述两段中描述的莉塔的焦虑和罪恶感，跟她的超我发展密切相关。我发现莉塔的超我非常冷酷无情，简直就跟潜藏于患有严重强迫式神经官能症的成人心底的超我一样。在分析当时，我非常确定这样的发展可以追溯到她刚满两岁时。后来又积累了其他经验以后，我认为，莉塔超我的开端其实还能够远溯到她生命的头几个月。

我在前面提到的旅行游戏中，火车司机象征她真正的父亲，同时也象征她的超我。此外，在莉塔玩洋娃娃的偏执方式中，我们也看到了她的超我的影响。她在睡觉前做的所有的仪式都要对洋娃娃一模一样地再做一遍，比如小心翼翼地把洋娃娃放在上床，帮她盖好被子等。一次在分析的过程中，莉塔在洋娃娃的床边放了一头大象，并解释道，大象是为了防止"小孩子"（洋娃娃）起来，否则，"小孩子"（洋娃娃）就会偷偷跑进爸爸妈妈的卧室里去"伤害他们，或者拿走他们的东西"。这头大象象征的是莉塔的超我（她的父亲和母亲），而大象要防止有人攻击她的父母，则显示了莉塔自己对父母的性交以及她母亲的怀孕所感受到的施虐冲动。超我要防止这个孩子去夺走母亲身体里的婴儿，或者摧毁母亲的身体以及阉割父亲。

在莉塔过去的经历中，还有一个非常值得注意的细节，那就是在她两岁多的时候，一次她在玩洋娃娃时，曾反复强调自己不是洋娃娃的妈妈。根据分析的脉络来看，她似乎并不容许自己扮演洋娃娃的妈妈，原因是这个洋娃娃象征她的弟弟，对于自己会把弟弟从母亲身边夺走这件事，她既渴望又感到恐惧。她在母亲怀孕期间对母亲的攻击幻想是引发她罪疚感的因素之一。莉塔抑制自己，不让自己当洋娃娃的妈妈的原因是，她的罪疚感以及她对那比她现实中的母亲严厉得多的、残酷的母亲形象感到恐惧。莉塔一直觉得自己受到了内在的恐怖的母亲形象的威胁，因此她看待她现实中母亲的方式是扭曲的。我在前面提及过，莉塔幻想攻击她母亲的身体，并担心她的母亲报复她，夺走她幻想中自己的婴儿，以及害怕父亲会攻击或者阉割自己等。接下来，我将进行更深入的诠释。莉塔因为幻想外在的父母形象攻击了自己的身体，因此也害怕被内化的、严厉迫害的父母形象会攻击自己的内在，而这内化的、严厉的父母形象便是她超我的一部分。

在游戏分析中，莉塔常常表现出她的超我非常严厉。比如曾经她常常会残酷地处罚她的娃娃，随即又突然表现出愤怒与恐惧。她既认同进行严厉惩罚的父母，也认同因遭受残酷惩罚而愤怒的孩子。这点不仅仅体现于她的游戏中，也会体现在她平常的行为中。有的时候，她似乎会变成一个严酷无情的母亲角色，有的时候，她又会变成一个不受控制的、贪心的、想破坏一切的小婴儿。她好像很缺乏自我，因此不能将两个极端融合起来以减少矛盾的强度。而由于融合超我的渐进过程受到严重干扰，导致她发展不出属于自己的个体性。

干扰俄狄浦斯情结发展的被害与忧郁式焦虑

忧郁情绪是莉塔神经官能症的重要特征之一。她的忧郁式焦虑具体表现为她的哀伤情绪、莫名哭泣，以及反复地问母亲爱不爱她等。而导致这些焦虑的根本原因是她和她母亲乳房的关系。莉塔想要对母亲的乳房以及母亲整个人发起攻击的施虐幻想，导致她深陷恐惧之中，对她跟母亲的关系造成了重大影响。莉塔一方面很爱她的母亲，觉得母亲是美好而必不可少的客体，并因为自己在幻想中攻击和威胁了母亲而感到罪疚。另一方面，她又觉得母亲是压迫人的坏母亲（也就是坏乳房），因此讨厌她并惧怕她。这些有关于她外在和内在的母亲客体的恐惧与复杂情绪，构成了她的婴儿期忧郁心理位置。由于莉塔的能力还不足以处理这些强烈的焦虑，因此也克服不了自己的忧郁心理位置。

在她的早期分析中，有一些非常重要的素材便是跟这部分相关的。有一次她拿起笔在一张纸上乱画，然后再用力地把画面涂成黑色，接着又把纸张撕碎后扔进一杯水里，并把杯子拿到嘴边，做出要喝下去的样子。但在这个时候，她停了下来，轻声说："死掉的女人。"而在后来，她又重复过一次这个场景，一模一样的素材和话语。分析显示，莉塔将纸涂黑、撕碎、扔进水里，象征她的母亲通过口腔、肛门以及尿道等途径被摧毁，而这幅被摧毁的母亲的图画不仅仅代表她现实中的外在母亲，同时也代表她内在的母亲。莉塔潜意识中害怕会失去外在和内在的客体，因此将一切会让她对母亲更厌恶、让母亲死亡的欲望都切断了，也因此必须放弃跟母亲在俄狄浦斯情景中的竞争。当莉塔的母亲试着让她戒掉奶瓶彻底断奶的时候，口腔位置（oral position）引发的焦虑导致她更进一步地发展出显著的忧郁。莉塔不愿意用杯子喝牛奶，陷入忧郁状态，对所有食物都不感兴趣，拒绝吃东西，对母亲的依赖更加强烈，并反复追问母亲是否爱她，她是乖不乖等。分析表明，对她来说，断奶象征着一种严厉的惩罚，原因是她在幻想中攻击母亲并希望她死掉。因为失去奶瓶象征着永远失去了乳房，因此当不给她奶瓶吃奶时，莉塔会觉得母亲被摧毁了。哪怕当时母亲就在她的面前，也只能暂时减缓并无法消除这些恐惧。因此我们可以推论，失去的奶瓶象征失去的好的乳房，而在断奶后，莉塔在忧郁的状态下不愿意喝的装在杯子里的牛奶，象征被摧毁而死去的母亲，就像装着撕碎纸张的那杯水象征"死掉的女人"一样。

如我前面所说，莉塔对于母亲死掉的忧郁式焦虑跟害怕母亲企图报复并攻击她身体的严重恐惧，两者之间密切相关。事实上，对莉塔来说，这种来自母亲的报复攻击威胁的似乎不仅仅是她的身体，还有她"里面"所包含的一切，比如：小孩、好的母亲以及好的父亲等。

而莉塔最根本的焦虑之一便是保护不了这些所爱的客体免于遭受外来和内在的迫害。

莉塔跟父亲的大部分关系由她跟母亲相关的焦虑情境决定。她将大部分对坏乳房的厌恶与恐惧转移到父亲的阴茎上。同时，一起被转移到父亲身上的还有她对母亲的强烈的罪恶感与失去母亲的恐惧。以上种种，再加上她从父亲那里直接遭受的挫折，全部阻碍了她正向俄狄浦斯情结的发展。

她对父亲阴茎的嫉羡，以及她跟父亲在反向俄狄浦斯情景中的竞争，都使得她对父亲的厌恶受到了强化。为了响应自己的阴茎嫉羡，她对自己拥有想象中的阴茎更是确信无疑。然而，她觉得由于自己想要阉割父亲，因此自己的阴茎会被一个坏父亲阉割。莉塔害怕父亲的"butzen"会跑进房间来，咬掉她的"butzen"，就体现了她的阉割恐惧。

她想要吞掉父亲的阴茎，取代父亲在母亲身边的位置，就清晰地显示了她的阴茎嫉羡。我在前面引用的素材也证明了这点：她带着泰迪熊（象征阴茎）去旅行，去找那个"好女人"，那个"好女人"会给予他们"很多好吃的东西"。我在分析中发现，莉塔想要拥有属于自己的阴茎的原因是她对于所爱的母亲可能死亡的焦虑和罪疚感。之前，这些焦虑是阻碍她跟母亲的关系的主要因素，现在则是导致她无法发展出正向俄狄浦斯情结的主要原因。同时，这些焦虑还会使得莉塔渴望拥有阴茎的欲望受到强化，因为她认为只有拥有了属于自己的阴茎才能够满足她的母亲，给她小孩，对她在幻想中对母亲造成的伤害以及抢走母亲身边的小孩进行补偿。

因此，莉塔的忧郁心理位置是她处理不了自己的反向和正向俄狄浦斯情结的根源。随着这些焦虑得到缓解，她变得越来越能忍受自己的俄狄浦斯欲望，也越来越快地发展出一种女性和母性的态度。由于某些外在环境的因素，她的分析时间不得不缩短，但是在分析结束时，她跟父母以及弟弟的关系都得到了很大的改善。她对父亲的态度从之前的显著厌恶变成了爱恋；她跟母亲的关系也从之前的矛盾转变成了比较友善和稳定。

莉塔对泰迪熊和洋娃娃态度的变化，说明她的原欲发展有了很大的进步，以及她的神经质问题和超我的严厉特质缓解了很多。在一次分析快结束时，她拥抱并亲吻泰迪熊，称呼它的各种昵称，然后说："我再也不会不快乐了，因为我拥有了你这么可爱的小宝宝。"现在，她能够容许自己当她想象中孩子的母亲了。这种改变并不是新的发展，而是在一定程度上回到了早期的原欲位置。在一岁到两岁之间的时候，莉塔曾经希望拥有父亲的阴茎以及他给的小孩，但是这个欲望受到了她对母亲的焦虑与罪疚感的干扰。于是中断了她的正向俄狄浦斯发展，也导致她的神经官能症中包含了明显的攻击性。当莉塔坚决地拒绝当洋娃娃的母亲时，就已经清晰地表现出了她想抗拒拥有小孩的欲望。在焦虑与罪疚感的压力下，她无法保持女性位置，不得不强化男性位置，于是泰迪熊成为她渴望的阴茎。直到对父亲和母亲的焦虑与罪疚感都有所减轻之后，莉塔才开始容许自己想要拥有来自父亲的小孩，以及容许自己在俄狄浦斯情景中认同母亲。

理论总结纲要

两性的俄狄浦斯情结早期阶段

下面我将根据到目前为止，我对很多儿童和成人个案所做的分析工作，其中包括一些正常或者有严重疾病的个案，将对俄狄浦斯情结发展某些层面所综合出的理论进行描述。

要想完整地描述俄狄浦斯情结的发展，就必须将每个阶段的外来影响和经验，以及它们对孩子整个童年的影响展开一一讨论。在这里我并没有将所有外来因素一一展开讨论，原因是想让我们的议题更加清晰。

根据我的经验，我相信，人从出生的那一刻开始，他的原欲和攻击性就已经紧紧联系在一起，攻击性衍生的焦虑会影响着他人生每一个阶段的原欲发展。焦虑、罪疚感以及忧郁情绪有时会促进原欲发展，找到新的满足来源，有时候则会让对早期客体和目标的固着得以加强，而阻碍原欲发展。

由于婴儿的自我还没有成熟，完全受潜意识幻想左右，加上本能生活也处于非常多变的时期，因此，早期阶段的俄狄浦斯情结跟后期阶段比起来，样貌还比较模糊。早期阶段的俄狄浦斯情结的特征是婴儿会在不同的客体与目标之间迅速变动，与此同时，他的防卫机制的本质也会跟着快速变动。我的观点是，在婴儿出生后的第一年里，俄狄浦斯情结就会开始出现，并在两性身上都依循着相似的路线发展。因为婴儿跟母亲乳房的关系是决定婴儿的情绪和性发展的最重要因素之一，因此，下面我在描述两性俄狄浦斯情结的开端时，都会以婴儿跟母亲乳房的关系作为出发点。

第二十一章 从早期焦虑讨论俄狄浦斯情结

原欲在向前发展时寻找新的满足来源，似乎是其天生便有的本能。婴儿从母亲乳房那里获得的满足让他能够将欲望转向新的客体，而最早的客体就是父亲的阴茎。婴儿由于受到母亲乳房的挫折，便会使得这个新的欲望受到强化。一定要记住的是，这个挫折不仅来源于实际经验，也和其内在因素有关。在婴儿跟母亲的乳房关系方面，即便是在最顺利的情况下，婴儿仍然会受到一定程度的挫折，原因是实际上婴儿想要的是永无止境的满足。从母亲乳房那里经验到的挫折会使得儿童放弃乳房，将口腔欲望转向父亲的阴茎以寻求满足。因此，婴儿口腔欲望的主要客体便是乳房和阴茎。

从一开始，挫折和满足便对婴儿跟乳房的关系起着决定性的影响，无论这个乳房是他所爱的好乳房还是他所厌恶的坏乳房。为了对抗这种挫折以及随之而来的攻击性，婴儿将好乳房和好母亲理想化，同时对坏乳房和坏母亲更加厌恶和恐惧。从此，坏乳房和坏母亲便成为让儿童感到迫害和惊恐的人的原型。

婴儿对母亲乳房的爱恨交织将会延续到其跟父亲阴茎的关系上。婴儿在跟母亲乳房关系中受到的挫折，使得他对新的满足来源的需求和期望更加强烈，也唤起了他对新客体的爱。但是在新关系中也会出现一些难以避免的失望，这时候，婴儿又会想要回头去爱第一个客体。因此，导致婴儿情绪态度和原欲构成的各阶段都会非常不安定，出现很多波动。

此外，由挫折引发并强化的攻击冲动会使得幼儿将他攻击幻想中的受害者转变成受到伤害而想要报复的人物，他觉得这个人会试图用他在幻想中对父母施加的施虐攻击来对他发起攻击。因此，对于婴儿来说，强烈地需要一个他所爱，也爱他的对象——一个完美理想的对象——才能获得他希望的帮助和安全感。因此，所有客体都有可能在一些时候是好的，而在另外一些时候是坏的。婴儿会在主要意象的各个层面间来回移动,显示其正向和反向俄狄浦斯情结的各个早期发展阶段会彼此互动。

因为受到口腔原欲主宰的缘故,婴儿从一开始便会内射种种客体,而在他的内在世界中建立跟原初意象对应的人物。在他的自我中,母亲乳房和父亲阴茎的意象被建立起来,并构成趋找的核心。母亲被内射为好乳房和坏乳房,相对地,父亲则被内射为好阴茎和坏阴茎。因此,他们成为婴儿心中最初的表征物,一方面他们是给予婴儿保护和帮助的内在人物,另一方面,他们又是进行报复和迫害的内在人物,而这样的内在人物也是自我发展中的最初认同。

婴儿跟外在父母的爱恨交织关系,以及跟内在人物的关系,两者会通过各种方式交互作用。因为婴儿在将外在客体进行内射时,同时也会将内在人物进行外射。这样的交互作用会对婴儿跟现实中父母的关系,以及婴儿超我的发展产生影响。这种有时候向内、有时候向外的交互作用,会导致个人在内在和外在的客体跟情境之间来回波动。这些波动跟原欲在不同目标和客体之间的来回移动密切相关。因此,俄狄浦斯情结的演变过程与超我的发展也是息息相关的。

口腔、尿道和肛门原欲虽然一直影响着性器欲望,但它还是很快就会跟婴儿的口腔冲动融合在一起。儿童早期的性器欲望和口腔欲望的对象都是其父母。这也跟我的假设符合,那就是两性都有天生的潜意识知识,知道阴茎和阴道的存在。对于男婴儿来说,性器感官(genital sensation)让他预期父亲拥有阴茎。小男孩之所以渴望拥有阴茎,是因为他在潜意识中认为乳房等同于阴茎。与此同时,他的性器知觉与冲动也会暗示他寻找一个新的开口,插入他的阴茎。换句话说,他的母亲将会是这些欲望的对象。相对地,女婴的性器知觉会让她渴望接受父亲的阴茎进入她的阴道。因此,口腔欲望加上对父亲阴茎的性器欲望是女孩正向俄狄浦斯情结和男孩反向俄狄浦斯情结早期

第二十一章　从早期焦虑讨论俄狄浦斯情结

阶段的根源。

焦虑、罪疚感和忧郁情绪影响着原欲发展历程的所有阶段。我在早期的两篇论文中,反复指出婴儿期忧郁心理位置是早期发展中的核心位置。现在我想要提出以下论点:婴儿期忧郁情绪,即儿童担心由于自己的憎恨和攻击性而导致失去所爱客体的恐惧,从一开始就对他的客体关系和俄狄浦斯情结产生影响。

焦虑、罪疚以及忧郁情绪一定会引起修复的欲望。婴儿由于受到罪疚的驱使,想要凭借原欲工具(libidinal means)修复他因施虐冲动所导致的伤害的愿望非常强烈。因此由于修复欲望,跟攻击冲动并存的爱的感觉也会有所增强。修复幻想跟施虐幻想常常是一体两面。因此施虐全能感(sadistic omnipotence)的另一面则是修复全能感(reparative omnipotence)。举个例子,当婴儿感到憎恨时,尿液和粪便往往代表的是毁灭的工具,但是当婴儿感到爱时,它们又代表礼物。当他感到罪疚而渴望修复时,在他心中,"好的"排泄物就会变成一种工具,让他能够修复他的"危险的"排泄物导致的伤害。同样地,男孩和女孩之间虽然方式不同,但是在自己的施虐幻想中用来伤害和摧毁母亲的阴茎,在修复幻想中则会变成修复和治愈母亲的工具,这点是相同的。也因此,修复的欲望使得给予并接受原欲满足的欲望受到增强。婴儿借此认为受伤害的客体得以修复并重建,因此,他的攻击冲动便会随之减弱,爱的冲动则得以加强,罪疚得到缓解。

因此,修补驱力以及其背后的罪疚感会激发并强化原欲发展历程的所有阶段,但反过来说,激发修补驱力的罪疚感也会让原欲欲望受到抑制。因为当婴儿觉得自己被攻击性主宰时,就会觉得他爱的客体可能受到原欲欲望的威胁,因此必须被潜抑。

女孩的俄狄浦斯发展

接下来我描述一些在女孩俄狄浦斯情结中特有的重要特征。

当女孩子觉得自己的阴道接受特质的性器知觉增强时，其接受阴茎的欲望也跟着增加。与此同时，她在潜意识中已知道她的身体里包含了潜在的小孩，并认为这些小孩是她最重要的财产。由于她父亲的阴茎能够给予她小孩的缘故，因此父亲跟小孩等同，成为女孩子最大的欲望与爱慕的客体。把阴茎当成快乐和好的礼物的来源，跟阴茎的这种关系也会因为跟好乳房的爱和感激的关系，而得以强化。

当女孩子在潜意识中知道自己的身体里包含了潜在的婴儿的时候，也会对自己未来生育小孩的能力产生怀疑。原因是她觉得自己在很多方面都自己比不上自己的母亲。在女孩的潜意识中，母亲的乳房是一切美好事物的来源，而且她的体内还包含了父亲的阴茎和婴儿，因此，母亲拥有神奇的力量。男孩子觉得只要拥有了能够跟父亲的阴茎较量的阴茎，便可以拥有相应的力量。女孩子则不同，女孩子一方面没有工具可以确保自己未来的生育能力；另一方面，她对自己的身体的内容感到焦虑，因此也更加怀疑。这些焦虑导致她想要剥夺母亲身体里的小孩以及母亲所拥有的父亲的阴茎的冲动更加强烈，但是这种冲动又会反过来更让她的恐惧增强，担心想要报复她的外在和内在的母亲对她自己的里面发起攻击，抢走自己里面"好的"内容。

上面这些因素中的一部分也会在男孩身上运作，但是，女孩的性器发展核心是接受父亲阴茎的女性欲望，而她的主要潜意识围绕的是她想象中的婴儿，这些都是女孩发展中独有的特质。因此，女孩的幻想和情绪大部分都是关于她的内在世界与内在客体的；她的俄狄浦斯竞争主要体现在跟母亲抢夺父亲的阴茎与婴儿上；另外，在女孩的焦虑中，害怕母亲对她的身体进行报复和攻击，以及伤害或者抢夺她内在的好客体，扮演了十分重要和持久的角色。而且我认为，这也是女孩最主要的焦虑情境。

对于男孩来说，对母亲的嫉羡（认为母亲的体内包含了父亲的阴茎与婴儿），是他反向俄狄浦斯情结中的元素之一；但是对于女孩子来说，这种嫉羡则是她正向俄狄浦斯情结中的一个元素。这将会一直对她的性发展和情感发展产生重要的影响，同时，也会对她认同母亲在跟父亲的性关系中的角色以及她所扮演的母亲角色产生深远的影响。

如同男孩子想要成为女孩子一样，女孩子想要拥有阴茎，成为男孩子，是她天生就有的一个特质，也是她双性恋特质的表现。但是女孩想要接受阴茎的欲望大于想要拥有阴茎的愿望，而且这种想要拥有阴茎的愿望会因她的女性位置受挫以及在正向俄狄浦斯情结中感受到的焦虑与罪疚而大大增强。她渴望取代母亲在父亲身边的位置，并获得父亲给予的小孩，但是这种欲望注定会遭受挫，因此阴茎嫉羡在一定程度上就可以进行弥补。

在此，我只能稍提及一些影响女孩超我形成的特殊因素。在女孩的情感生活中，她的内在世界扮演了非常重要的角色，因此，她想用好的客体填满内在世界的愿望十分强烈。这造成她有非常强烈的内射历程，而这种内射历程又会受到她性器的接受特质的强化。她爱慕的内化父亲的阴茎成为她超我的本质上不可缺少的一部分。她在自己的男性位置中认同父亲，但是这种认同的前提是拥有想象的阴茎。她对父亲的主要认同建立在她跟内化的父亲阴茎的关系之上，而这种关系的根基包含她的女性和男性位置。在女性位置上，性欲与想要孩子的欲望会驱使她将父亲的阴茎内化，并彻底臣服于她爱慕的内化的父亲。但是在男性位置上，她则会跟父亲竞争，竞争的内容主要是男性化的志愿和升华层面方面。因此她对父亲的男性认同会跟她的女性态度结合在一起，而这种结合便是女性超我的特质。

从某种程度上来说，在女孩的超我形成中被爱慕的好父亲跟会阉割人的坏父亲相对应。但是女孩主要的焦虑客体是会迫害人的母亲。如果她能对内化的好母亲的母性态度产生认同，并且这个内化的好母亲可以跟来自坏母亲的被害恐惧相互抵消，那么她跟内化好父亲的关系便可以因为她对父亲的母性态度而得到强化。

在女孩的感情生活中，内在世界虽然占据了重要地位，但是女孩对爱的需求以及跟人的关系，都十分仰赖外在世界。不过这只是表面上的，因为她仰赖外在世界是为了她确认内在的世界。

与俄狄浦斯情结古典观的一些比较

现在我想将我和弗洛伊德对俄狄浦斯情结的某些观念进行比较，并厘清我的经验是怎么引导我跟他的意见产生分歧的。在俄狄浦斯情结的很多方面，我的研究工作完全认同弗洛伊德的发现，也在对俄狄浦斯情景的描述中一定程度上呈现了这点。但是因为这个主题非常庞大，我无法将所有层面展开讨论，因此只限于厘清部分意见的分歧。下面的摘要代表了我所认为的，弗洛伊德关于俄狄浦斯情结某些重要特征的结论。

弗洛伊德认为，性器欲望与确切的客体选择跟俄狄浦斯情结同时发生在性蕾期，而性蕾期大约是在三岁到五岁之间。在这个阶段，"只有一种性器，即男性性器会被注意到。因此，出现的不是以性器为首位（primacy of the genitals），而是以阳具为首位（primacy of the phallus）"。

对男孩来说，"摧毁儿童阴茎组织（phallic organization）的是可能是阉割的威胁"。此外，他的超我，即承继俄狄浦斯情结获得的结果,则是通过内化父母的权威而形成。罪疚感是自我跟超我间拉锯的表现。因此,只有当超我发展出来后,"罪疚"这个词才适用。另外,弗洛伊德还反复地强调,男孩的超我是内化的父亲的权威。他虽然也在一定程度上肯定了对母亲的认同也是男孩超我形成中的因素之一,但是从来没有在这个方面详尽地表达过自己的观点。

弗洛伊德认为,对于女孩来说,她对母亲的漫长"前俄狄浦斯依附"(pre-Oedipal attachment)完全涵盖了她进入俄狄浦斯情景前的阶段。他还说这个阶段是"排他性依附母亲阶段",也可以称为"前俄狄浦斯期"。因此在女孩子的性蕾期,女孩跟母亲的关系中最根本的、一直十分强烈的欲望集中于从她身上接受阴茎。女孩认为,阴蒂就是她的阴茎,因此阴蒂自慰就是她性器欲望的表现。而此时阴道还没有被发现,只会在她长大成人之后才产生影响。当女孩发现自己其实没有阴茎时,就会呈现出阉割情结。与此同时,她就会憎恨与厌恶没有给予她阴茎的母亲,并断绝对母亲的依附。而且,她也会发现她的母亲也没有阴茎,因此会将对母亲的依附转到父亲的身上。在女孩刚刚将依附转向父亲的时候,她希望接受父亲的阴茎,随着时间的推移,她则希望父亲能给予他小孩,"也就是获得一个婴儿,让他代替阴茎的位置,这也跟古老象征中,婴儿跟阴茎等同的意义相符"。因此她的俄狄浦斯情结便是由阉割情结通过这些方式引发。

对于失去爱的恐惧是女孩最主要的焦虑情境,弗洛伊德认为,这种对于失去爱的恐惧,跟对于母亲死亡的恐惧息息相关。

虽然女孩和男孩的超我发展在很多方面有所不同,但是,两者之间仍然有一个重要的共同特征,那就是他们的超我和罪疚感都是由俄狄浦斯情结引发而来。

弗洛伊德谈到了前俄狄浦斯期中女孩在跟母亲的早期关系中衍生出来的母性感觉,也谈到了女孩由俄狄浦斯情结衍生出来的对母亲的认同，但是他并没有将这两者联系起来，也没有指出在俄狄浦斯情境中对母亲的女性认同对女孩的俄狄浦斯情结产生了什么影响。他认为，当女孩的性器构成在成形时，她对母亲的认同主要是基于阳具层面。

下面，我将摘要我自己关于这些重要议题的观点。我认为，从很早的婴儿期开始，男孩和女孩的性发展以及情感发展，就已经包括了性器知觉与倾向，而这些知觉与倾向组成了反向和正向俄狄浦斯情结的最初阶段，其中以口腔原欲为主要经验，混合了尿道跟肛门的欲望和幻想。从婴儿刚出生的头几个月开始，这些原欲阶段就会一直彼此重叠。从一开始，正向和反向俄狄浦斯倾向就密切交互作用。而当到了以性器为首位的阶段时正向俄狄浦斯情结达到顶峰。

两性儿童的超我都出现于口腔期。由于受到幻想生活跟爱恨交织的情感深刻地影响，儿童在所有原欲组织阶段都会内射他的客体——主要是他的父母——并通过这些元素建立起他的超我。

两性儿童最早的罪疚感都来自想要吞并母亲，即想要吞并母亲乳房的口腔施虐欲望（亚伯拉罕）。因此，这种罪疚感并不是在俄狄浦斯情结结束时才出现的，而是在婴儿期就已经出现了，它是从一开始就存在的一个元素，会对俄狄浦斯情结的演变历程进行塑造，也会影响它的结果。

结　语

我在描述俄狄浦斯情结时，企图将某些重要发展层面的交互影响呈现出来。儿童的性发展跟他的客体关系以及从一开始就塑造的他跟父母关系的所有情绪必定密切相关。焦虑、罪疚以及忧郁感觉都是儿童情感生活中固有的元素，必定会渗透进儿童的早期客体关系中。这些客体关系包含了他跟现实中真人的关系，以及他跟内在世界中的表征人物的关系。超我从这些内射的形象——儿童的认同——中得以发展，并反过来对他跟父母的关系以及他整体的性发展产生影响。因此从一开始，情感跟性发展，以及客体关系跟超我发展，就交互作用。

婴儿的情感生活，婴儿在爱、憎恨以及厌恶的矛盾压力下建立起来的早期防卫机制，以及婴儿认同的不断变化等这些主题，在未来很长一段时间里可能都会占据着心理分析的研究领域。在这些方向上的进一步研究可以让我们更加深入地了解人的性格，也意味着我们将对俄狄浦斯情结与性发展有更加全面的认识。